設計技術シリーズ

Dynamic analysis of
磁気回路法によるモータの解析技術

[著]
東北大学 **一ノ倉 理**
秋田大学 **田島 克文**
東北大学 **中村 健二**
秋田大学 **吉田 征弘**

electric motor using magnetic circuit model

科学情報出版株式会社

まえがき

　モータの解析手法は、電気等価回路法、有限要素法、磁気回路法に大別される。電気等価回路法は、モータを抵抗、インダクタンス、および起電力でモデル化するもので、モータの過渡状態から定常状態まで高速に計算でき、駆動回路や制御系と組み合わせた解析も容易である。しかし、等価回路定数をあらかじめ実験などで求める必要があり、鉄心の非線形磁気特性を考慮することも難しい。

　有限要素法はモータを要素分割し、各要素で電磁界方程式を近似計算するもので、鉄心形状や寸法、および非線形磁気特性を考慮した詳細な解析が可能なため、電磁機器の設計ツールとして欠かせない。しかし、解析対象によっては計算時間が長大になる場合も多く、駆動回路や制御系も含めた動特性の解析は難しい。

　磁気回路法は、起磁力と磁束を電気回路における電圧と電流の関係と同様に扱うことにより、機器内部の磁気現象を巨視的に解析する手法である。歴史は古いが電磁機器の大略的な解析設計に便利な手法として現在も利用されている。しかし、従来の磁気回路法は、①磁心形状が複雑な場合の解析には不向き、②磁気特性の非線形性を考慮した解析は難しい、③回転状態のモータ解析には適用できないと考えられてきた。

　筆者らは早くから磁気回路法の特長に着目し、①に対しては解析対象を分割して各要素を磁気抵抗で表現、②に対しては多項式による非線形磁気抵抗の導入、③に対しては可変磁気抵抗や可変起磁力源による回転子モデルを提唱してきた。本書は、これまでの解析事例をベースに、磁気回路法の基礎からモータ解析への適用についてまとめたものである。

　1章では、磁気回路による基本的な計算手法について述べる。さらに、数値計算ツールとして、Excel および汎用の回路シミュレータ "SPICE" を利用する方法について紹介する。

　2章では、鉄心の非線形磁気特性を考慮した解析として、磁性材料の B-H 特性を多項式で近似し、導かれる非線形磁気回路モデルを Excel ならびに SPICE で計算する方法について述べる。

◆まえがき

　3章では、鉄心および鉄心外空間を要素分割して導かれる磁気回路網（リラクタンスネットワーク）モデルによって、鉄心内の磁束分布や漏れ磁束を考慮した磁気回路解析が可能になることを述べる。

　4章では、モータの基本的な磁気回路について述べる。PMモータの回転子は可変起磁力源、SRモータは可変磁気抵抗でモデル化することによって、回転状態をシミュレーション可能であることを示す。

　5章では、PMモータ並びにSRモータのトルクの計算方法と、運動方程式を組み込んだ磁気回路モデルについて述べ、駆動回路と連成させたダイナミックなモータシミュレーションに適用する。

　6章では、非線形磁気特性を考慮したSRモータの解析として、SRモータの磁化曲線に基づく解析モデル、ならびに磁束分布と漏れ磁束を考慮したSRモータの解析モデルについて述べる。

　7章では、3章で述べたリラクタンスネットワーク解析をモータへ適用するための基礎として、PMモータの磁気回路網モデルの導出方法と、磁気回路網におけるトルクの計算方法について述べる。

　8章では、磁気回路網モデルに基づく集中巻表面磁石モータと、分布巻表面磁石モータの解析手法について述べる。さらに、埋込磁石モータの解析例について紹介する。

　9章では、PMモータの回転子磁石を電気回路網でモデル化し、モータの磁気回路モデルと組み合わせることによって、PMモータの磁石うず電流損失の計算が可能であることを述べる。

　10章では、磁気特性のヒステリシスを制御電源とインダクタンスでモデル化することによって、鉄損を考慮した磁気回路の解析が可能になることを述べる。

　本書で紹介する磁気回路法は、比較的簡便なモデルで、駆動回路も含めたモータの電気・磁気・運動連成解析を行うもので、モータの開発設計に携わる方々や、これからモータを学ぶ方に役立つことを期待する。無論、本手法はここで完成されたものではなく、今後も改良を加えていく予定である。読者の方々のご批判やご指摘をいただければ幸いである。

一ノ倉　理

目　　次

まえがき

記号表 ･･･ XI

第1章　磁気回路法の基礎

1－1　磁気回路と磁気抵抗 ･････････････････････････････ 3
1－2　磁気回路の計算例 ･･････････････････････････････ 5
1－3　節点方程式と閉路方程式 ････････････････････････ 9
1－4　多巻線系の場合 ････････････････････････････････ 12
1－5　磁気抵抗とインダクタンス ･･････････････････････ 13
1－6　磁気抵抗とパーミアンス ････････････････････････ 15
1－7　Excelを利用した磁気回路の解析 ････････････････ 16
　1－7－1　行列関数による三脚鉄心の計算 ･･････････ 16
　1－7－2　オイラー法による計算 ･･･････････････････ 21
1－8　回路シミュレータを利用した磁気回路の解析 ･････ 25
　1－8－1　基本的な使い方 ･････････････････････････ 26
　1－8－2　磁気回路と電気回路の接続 ･･･････････････ 28
1－9　まとめ ･･ 34

第2章　非線形磁気回路の解析手法

2－1　非線形磁気特性の取り扱い ･･････････････････････ 39
2－2　Excelを利用した非線形磁気回路の解析 ･･････････ 41
　2－2－1　分析ツールを利用した計算例 ･･････････････ 41
　2－2－2　ルンゲ・クッタ法による電圧入力時の計算 ･･ 46
2－3　回路シミュレータによる非線形磁気回路の解析 ････ 49
　2－3－1　非線形磁気抵抗のSPICEモデル ･････････････ 49

2－3－2　リアクトルの磁化曲線の計算 ················· 53
2－3－3　電圧入力時の計算 ························· 57
2－4　変圧器への適用例 ································ 60
2－5　DC-DCコンバータへの適用例 ······················ 63
2－6　まとめ ·· 66

第3章　磁気回路網（リラクタンスネットワーク）による解析

3－1　RNAモデル導出の基礎 ···························· 69
3－2　RNAによる解析事例 ····························· 73
3－2－1　ギャップ付き額縁型鉄心の3次元RNAモデル ········ 73
3－2－2　額縁型鉄心を用いた変圧器のRNAモデル ·········· 78
3－2－3　磁心磁束分布が複雑となる場合 ················ 79
3－3　回路シミュレータによるRNAモデルの構築方法 ············ 86
3－3－1　回路図エディタを利用する方法 ················ 86
3－3－2　額縁型鉄心リアクトルのRNAモデルの構築 ········· 91
3－4　まとめ ·· 94

第4章　モータの基本的な磁気回路

4－1　固定子の磁気回路 ································ 99
4－1－1　モータの基本的な磁気回路構成 ················ 99
4－1－2　固定子の磁気抵抗 ························· 100
4－1－3　ギャップの磁気抵抗 ······················· 103
4－2　永久磁石回転子の磁気回路 ·························· 103
4－2－1　基本的な考え方 ·························· 103
4－2－2　表面磁石型回転子の磁気回路 ················· 104
4－2－3　分割要素の磁気抵抗の計算式 ················· 107
4－3　永久磁石モータの磁気回路モデル ····················· 109
4－3－1　磁気回路モデルの計算例 ···················· 109

4－3－2　永久磁石モータのSPICEモデル･････････････････････113
4－4　突極形回転子の磁気回路･････････････････････････････････117
　　4－4－1　基本的な考え方･････････････････････････････････117
　　4－4－2　スイッチトリラクタンスモータ･････････････････････117
4－5　SRモータの磁気回路モデル･･････････････････････････････119
　　4－5－1　可変磁気抵抗によるモデル･･･････････････････････119
　　4－5－2　SRモータの磁化曲線･････････････････････････････120
　　4－5－3　対向状態の磁気回路の計算例･････････････････････123
4－6　SRモータのSPICEモデル････････････････････････････････126
　　4－6－1　$R\text{-}\theta$曲線の取り扱い･･････････････････････････････126
　　4－6－2　SRモータのSPICEモデル･････････････････････････127
4－7　まとめ･･･129

第5章　磁気回路に基づくモータ解析

5－1　永久磁石モータのトルク･････････････････････････････････133
5－2　SRモータのトルク･･････････････････････････････････････139
　　5－2－1　磁気随伴エネルギーとトルク･････････････････････139
　　5－2－2　$R\text{-}\theta$曲線に基づくSRモータのトルク計算･･････････143
5－3　運動方程式の取り扱い･･･････････････････････････････････149
5－4　永久磁石モータの起動特性･･･････････････････････････････152
5－5　インバータ駆動時のシミュレーション･････････････････････157
5－6　SRモータの動特性シミュレーション･･････････････････････160
5－7　まとめ･･･165

第6章　非線形磁気特性を考慮したSRモータの解析

6－1　磁化曲線に基づくSRモータの非線形可変磁気抵抗モデル･････169
　　6－1－1　SRモータの基本構成････････････････････････････169
　　6－1－2　非線形可変磁気抵抗モデルの導出･････････････････171

6－1－3　トルク算定式 ････････････････････････････････174
6－1－4　非線形可変磁気抵抗モデルによる特性算定結果 ･･･････175
6－2　磁束分布を考慮したSRモータの非線形磁気回路モデル ･････178
6－2－1　空隙の磁気回路 ･･････････････････････････････178
6－2－2　ヨークおよび磁極周辺の磁気回路 ････････････････183
6－2－3　非線形磁気回路モデルによる特性算定結果 ･･････････188
6－3　まとめ ･･194

第7章　リラクタンスネットワークによるモータ解析の基礎

7－1　モータのRNAモデル ････････････････････････････････199
7－2　RNAにおけるトルク算定法 ･･････････････････････････209
7－2－1　体積積分に基づくトルク式 ････････････････････210
7－2－2　面積分に基づくトルク式 ･･････････････････････212
7－2－3　トルクの計算例 ･･････････････････････････････214
7－3　まとめ ･･217

第8章　リラクタンスネットワークによる永久磁石モータの解析

8－1　集中巻表面磁石モータ ･･････････････････････････････221
8－1－1　RNA モデルの導出 ････････････････････････････221
8－1－2　回転運動を考慮した磁石起磁力のモデル化 ････････230
8－1－3　集中巻表面磁石モータの特性算定 ････････････････232
8－2　分布巻表面磁石モータ ･･････････････････････････････236
8－2－1　RNA モデルの導出および巻線電流起磁力の配置 ････236
8－2－2　セグメント磁石のモデル化 ････････････････････240
8－2－3　オーバーハングの考慮 ････････････････････････241
8－2－4　分布巻表面磁石モータの特性算定 ････････････････243
8－3　埋込磁石モータ ････････････････････････････････････248
8－3－1　RNA モデルの導出 ････････････････････････････248

8－3－2　埋込磁石回転子の回転運動の考慮 ･････････････････251
　　8－3－3　埋込磁石モータの特性算定 ･･････････････････････254
　8－4　まとめ ･･258

第9章　電気—磁気回路網によるうず電流解析

　9－1　電気—磁気回路によるうず電流解析の基礎 ･････････････263
　9－2　電気回路網の導出 ･･････････････････････････････････265
　9－3　電気—磁気回路網によるうず電流損の算定例 ･･･････････271
　9－4　永久磁石モータの磁石うず電流損解析 ･････････････････278
　　9－4－1　永久磁石モータの諸元と磁気回路網モデルの導出･･････278
　　9－4－2　回転子運動の取り扱い ･･････････････････････････281
　　9－4－3　磁石うず電流損の解析結果 ･･････････････････････284
　9－5　まとめ ･･288

第10章　鉄損を考慮した磁気回路

　10－1　鉄損を考慮した磁気回路モデル ･････････････････････293
　　10－1－1　磁気回路モデルの導出 ･････････････････････････293
　　10－1－2　鉄損の算定結果 ･･･････････････････････････････297
　10－2　直流ヒステリシスを考慮した磁気回路モデル ･･･････････300
　　10－2－1　磁気回路モデルの導出 ･････････････････････････300
　　10－2－2　関数 $g(B)$ および係数 β'_1 の導出 ･････････････301
　　10－2－3　鉄損の算定結果 ･･･････････････････････････････303
　10－3　異常うず電流損を考慮した磁気回路モデル ････････････305
　　10－3－1　磁気回路モデルの導出 ･････････････････････････305
　　10－3－2　係数 γ_1、γ_2 の導出 ･････････････････････308
　　10－3－3　鉄損の算定結果 ･･･････････････････････････････309
　10－4　まとめ ･･309

◆目次

付録

A　Excelを利用した計算 ･････････････････････････････････････315
B　Excelによる磁化係数の求め方 ････････････････････････････333

執筆分担

　一ノ倉　理：1章、2章、4章、5章、付録B
　田島　克文：3章
　中村　健二：6章、7章、8章、10章
　吉田　征弘：9章、付録A

記 号 表

磁気的な量を表す記号

R	磁気抵抗 [A/Wb] または [H^{-1}]
$P(=1/R)$	パーミアンス [H]
ϕ	磁束 [Wb]
F	起磁力 [A]
B	磁束密度 [T]
H	磁界の強さ [A/m]
μ	透磁率 [H/m]
μ_0	真空の透磁率（$=4\pi\times10^{-7}$[H/m]）
μ_s	比透磁率
α_1, α_n	B-H 曲線の磁化係数 $\alpha_1[Am^{-1}T^{-1}]$, $\alpha_n[Am^{-1}T^{-n}]$
a_1, a_n	非線形磁気抵抗の係数 a_1[A/Wb], a_n[A/Wb^n]
W_F	磁気エネルギー [J]
W'_F	磁気随伴エネルギー [J]
$F(\theta)$	磁石回転子起磁力（回転子位置角の関数で表すとき）
$R(\theta)$	可変磁気抵抗（回転子位置角の関数で表すとき）

電気的な量を表す記号

v	交流電源 [V]
e	誘導起電力（逆起電力）[V]
f	周波数 [Hz]
ω	角周波数 [rad/s]
β_s	電流位相角 [rad]
i_a, i_b, i_c	三相電流 [A]
r_1, r_2 など	巻線抵抗 [Ω]

機械的な量を表す記号

τ	トルク [N・m]
τ_m	モータトルク [N・m]
T_{ma}	モータ平均トルク [N・m]
τ_L	負荷トルク [N・m]
r_f	粘性摩擦係数 [N・m・s]
$f(\omega)$	クーロン摩擦 [N・m]
J	慣性モーメント [kg・m^2]

◆記号表

θ		回転子の位置角 [rad] または [deg]
ω_m		回転子の角速度 [rad/s]
一般的な寸法		
a, b, c		磁心寸法 [m]
l		磁路長 [m]
S		磁路断面積 [m²]
D_1		トロイダル磁心の外径 [m]
D_2		トロイダル磁心の内径 [m]
l_1		空隙付き鉄心の磁路長 [m]
l_2		空隙付き鉄心の空隙長 [m]
L_D		モータ外径 [m]
D		モータ積層長（積み厚とも表記）[m]
固定子の各部寸法および磁気抵抗		
R_{sp}		ポール磁気抵抗 [A/Wb]
l_{sp}		ポール磁路長 [m]
L_{sw}		ポール幅 [m]
R_{sy}		ヨーク磁気抵抗 [A/Wb]
l_{sy}		ヨーク磁路長 [m]
L_{sd}		ヨーク厚 [m]
L_{sr}		ヨーク内側の中心からの半径 [m]
δ_s		ヨーク分割磁路の開口角 [rad]
S_{sy}		ヨーク断面積 [m²]
ギャップの寸法と磁気抵抗		
R_g		ギャップ磁気抵抗 [A/Wb]
l_g		ギャップ長 [m]
L_{gw}		ギャップ幅（ポール幅に同じ）[m]
D		ギャップ厚（モータ積層長に同じ）[m]
永久磁石の寸法と磁気抵抗		
H_c		永久磁石の保磁力 [A/m]
F_c		保磁力に対応する起磁力 [A]
B_r		残留磁束密度 [T]
ϕ_r		残留磁束 [Wb]
μ_r		リコイル比透磁率

l_m	磁石長 [m]
S_m	磁石断面積 [m^2]
R_p	磁石の内部磁気抵抗 [A/Wb]
ξ	磁石回転子の d 軸からの回転角(時計方向を +) [rad]
永久磁石回転子の各部寸法および磁気抵抗	
r_1	回転子半径 [m]
r_2	回転子鉄心半径 [m]
r_3	軸受半径 [m]
D	回転子積み厚(モータ積層長に同じ) [m]
R_{rr}	回転子鉄心半径方向磁気抵抗 [A/Wb]
l_{rr}	R_{rr} の磁路長 [m]
S_{rr}	R_{rr} の断面積 [m^2]
$R_{r\theta}$	回転子鉄心周方向磁気抵抗 [A/Wb]
$l_{r\theta}$	$R_{r\theta}$ の磁路長 [m]
$S_{r\theta}$	$R_{r\theta}$ の断面積 [m^2]
突極形回転子の各部寸法および磁気抵抗	
r_1	突極部を含む半径 [m]
r_2	ヨーク部半径 [m]
r_3	軸受部半径 [m]
D	回転子積み厚(モータ積層長に同じ) [m]
R_{rp}	突極部の磁気抵抗 [A/Wb]
l_{rp}	R_{rp} の磁路長 [m]
L_{rw}	R_{rp} の極幅 [m]
S_{rp}	R_{rp} の断面積 [m^2]
R_{rr}	ヨーク部の半径方向磁気抵抗 [A/Wb]
l_{rr}	R_{rr} の磁路長 [m]
$S_{rr}\,(=S_{rp})$	R_{rr} の断面積 [m]
$R_{r\theta}$	ヨーク部の周方向磁気抵抗 [A/Wb]
$l_{r\theta}$	$R_{r\theta}$ の磁路長 [m]
$S_{r\theta}$	$R_{r\theta}$ の断面積 [m^2]

第1章
磁気回路法の基礎

本章では、磁気抵抗の定義と簡単な磁気回路の計算例を示す。次いで、三脚鉄心のように複数の磁路や巻線を有する場合の計算について説明する。さらに、Excel の行列計算機能や汎用の回路シミュレータを利用して磁気回路を数値的に解析する手法を述べる。また、電圧入力の場合の解析に必要な電気−磁気連成解析についても紹介する。

1−1 磁気回路と磁気抵抗

図 1-1 (a) に示したトロイダルコアの磁路長を l[m]、磁心断面積を S[m^2]、磁心材料の透磁率を μ[H/m] とすれば、磁気抵抗 R[A/Wb] は次式で与えられる。

$$R = \frac{l}{\mu S} \quad\quad\quad\quad\quad\quad\quad\quad (1\text{-}1)$$

コイルの巻数を N、巻線電流を i[A] とすると、起磁力 F[A] は

$$F = Ni \quad\quad\quad\quad\quad\quad\quad\quad (1\text{-}2)$$

なので、磁心磁束 ϕ[Wb] は

$$\phi = \frac{F}{R} = \frac{Ni}{R} = \frac{\mu S N}{l} i \quad\quad\quad\quad\quad\quad\quad\quad (1\text{-}3)$$

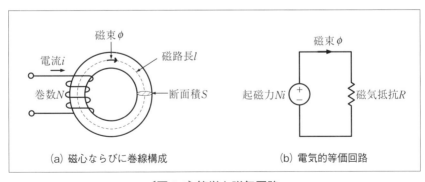

〔図 1-1〕簡単な磁気回路

と求められる。(1-3) 式は、起磁力と磁束の関係が、図 1-1 (b) のように、電気的等価回路で表されることを示す。このように、磁気回路では起磁力を電圧、磁束を電流とみなすことにより電気回路と同様の取り扱いが可能になる。以下、その基本となる電磁界の方程式に簡単に触れておく。

いま、図 1-2 に示される磁気回路において、磁界の強さを H[A/m] とすれば、任意の 2 点 ab 間の起磁力 F_{ab}[A] は、次式のように、H の線積分で与えられる。

$$F_{ab} = \int_a^b H dl \quad \cdots \cdots (1\text{-}4)$$

磁気回路の磁気特性は線形でその透磁率を μ とすれば、磁束密度 B[T] は次式で与えられる。

$$B = \mu H \quad \cdots \cdots (1\text{-}5)$$

(1-5) 式を (1-4) 式に代入すると次式を得る。

$$F_{ab} = \int_a^b \frac{B}{\mu} dl \quad \cdots \cdots (1\text{-}6)$$

磁気回路の断面内で磁束密度が一様とすれば、磁束 ϕ[Wb] は

$$\phi = \int B dS = BS \quad \cdots \cdots (1\text{-}7)$$

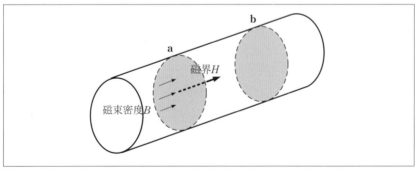

〔図 1-2〕磁界系

ここで $S[\text{m}^2]$ は磁気回路の断面積である。(1-6) 式と (1-7) 式より次式を得る。

$$F_{ab} = \int_a^b \frac{\phi}{\mu S} dl \quad \cdots\cdots\cdots\cdots\cdots\cdots\cdots\cdots\cdots\cdots\cdots\cdots\cdots\cdots\cdots\cdots (1\text{-}8)$$

磁気回路の任意の断面で磁束は等しいので、次のように書くことができる。

$$F_{ab} = \left(\int_a^b \frac{dl}{\mu S} \right) \phi \quad \cdots\cdots\cdots\cdots\cdots\cdots\cdots\cdots\cdots\cdots\cdots\cdots\cdots\cdots (1\text{-}9)$$

したがって、

$$R_{ab} = \int_a^b \frac{dl}{\mu S} \quad \cdots\cdots\cdots\cdots\cdots\cdots\cdots\cdots\cdots\cdots\cdots\cdots\cdots\cdots\cdots\cdots (1\text{-}10)$$

とおけば次の関係が得られる。

$$F_{ab} = R_{ab} \cdot \phi \quad \cdots\cdots\cdots\cdots\cdots\cdots\cdots\cdots\cdots\cdots\cdots\cdots\cdots\cdots\cdots\cdots (1\text{-}11)$$

(1-11) 式は電気回路のオームの法則に対応するもので、R_{ab} を ab 間の磁気抵抗または磁気リラクタンスと呼ぶ。図 1-1 (a) のように、巻数が N、電流が i のとき、起磁力は $F_{ab} = \oint H dl = Ni$、磁気抵抗は $R_{ab} = \oint (1/\mu s) dl = l/\mu s$ で与えられるので、(1-11) 式より次式を得る。

$$Ni = \frac{l}{\mu S} \phi \quad \cdots\cdots\cdots\cdots\cdots\cdots\cdots\cdots\cdots\cdots\cdots\cdots\cdots\cdots\cdots\cdots (1\text{-}12)$$

以上が磁気回路の基本的な考え方である。磁気抵抗の単位は [A/Wb] あるいは [H^{-1}] になるが、本書では [A/Wb] を使用する。

1－2 磁気回路の計算例

図 1-3 に示すように、トロイダルコアの外径および内径を $D_1[\text{m}]$、$D_2[\text{m}]$、断面積を $S[\text{m}^2]$ とすれば、磁路長 $l[\text{m}]$ および磁気抵抗 $R[\text{A/Wb}]$

は次式で与えられる。

$$l = \frac{\pi(D_1 + D_2)}{2} \quad \cdots\cdots\cdots\cdots\cdots\cdots\cdots\cdots\cdots\cdots\cdots\cdots\cdots\cdots (1\text{-}13)$$

$$R = \frac{l}{\mu S} = \frac{\pi(D_1 + D_2)}{2\mu S} \quad \cdots\cdots\cdots\cdots\cdots\cdots\cdots\cdots\cdots\cdots (1\text{-}14)$$

図1-4の額縁型鉄心の場合は次式となる。

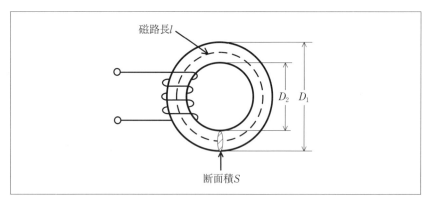

〔図1-3〕磁心寸法

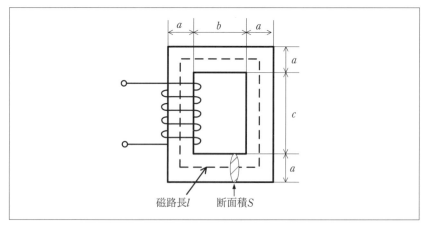

〔図1-4〕額縁型鉄心

$$l = 2(2a + b + c) \quad [\text{m}] \quad \cdots\cdots\cdots\cdots\cdots\cdots\cdots (1\text{-}15)$$

$$R = \frac{l}{\mu S} = \frac{2(2a + b + c)}{\mu S} \quad [\text{A/Wb}] \quad \cdots\cdots\cdots\cdots (1\text{-}16)$$

さらに、図1-5(a)のように磁気回路の一部に空隙が設けられた場合、鉄心および空隙の磁路長をそれぞれ l_1[m]、l_2[m]、鉄心断面積を S[m^2] とすれば、鉄心部の磁気抵抗 R_1[A/Wb] は次式で与えられる。

$$R_1 = \int_b^a \frac{dl}{\mu S} = \frac{l_1}{\mu S} \quad \cdots\cdots\cdots\cdots\cdots\cdots\cdots\cdots\cdots (1\text{-}17)$$

空隙における磁束のフリンジングを無視すれば、空隙部の磁路断面積も S[m^2] になるので、磁気抵抗 R_2[A/Wb] は次式で与えられる。

$$R_2 = \int_a^b \frac{dl}{\mu_0 S} = \frac{l_2}{\mu_0 S} \quad \cdots\cdots\cdots\cdots\cdots\cdots\cdots\cdots\cdots (1\text{-}18)$$

ここで μ_0 ($=4\pi \times 10^{-7}$[H/m]) は真空の透磁率である。

　図1-5(b)は空隙付き鉄心を電気的等価回路で表したものである。これより磁束は次のように計算される。ここで $\mu_r = \mu / \mu_0$ は比透磁率である。

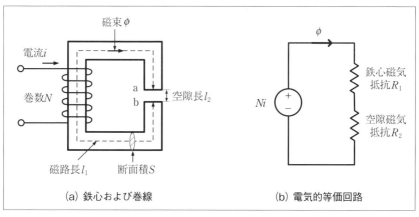

〔図1-5〕空隙付き鉄心

$$\phi = \frac{Ni}{R_1+R_2} = \frac{Ni}{l_1/\mu S + l_2/\mu_0 S} = \frac{\mu_0 SN}{l_1/\mu_r + l_2}i \quad \cdots\cdots\cdots\cdots (1\text{-}19)$$

計算例1-1

図1-6のように1[mm]の空隙を有する鉄心において、巻数N=100、電流i=2[A]のときの磁束および磁束密度を求めよ。ただし鉄心の比透磁率はμ_r=4000とし、空隙部の磁束のフリンジングは無視する。

◇解答

鉄心部の磁路長 l_1=2×(40+10)+2×(30+10) － 1=179[mm]=0.179[m]

空隙部の磁路長 l_2=1[mm]=0.001[m]

磁路断面積 S=150[mm^2]=1.5×10^{-4}[m^2]

より、鉄心部および空隙部の磁気抵抗R_1、R_2は

$$R_1 = \frac{l_1}{\mu_r \mu_0 S} = 2.38\times 10^5 [\text{A/Wb}], \quad R_2 = \frac{l_2}{\mu_0 S} = 53.1\times 10^5 [\text{A/Wb}]$$

したがって磁束は

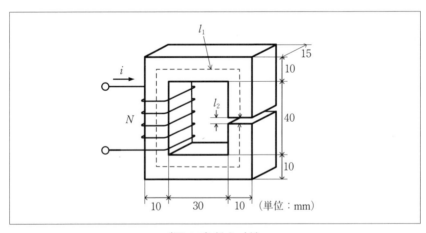

〔図1-6〕鉄心寸法

$$\phi = \frac{200}{(53.1+2.38)\times 10^5} = 3.6\times 10^{-5} [\text{Wb}]$$

磁束密度は

$$B = \frac{3.6\times 10^{-5}}{1.5\times 10^{-4}} = 0.24 [\text{T}]$$

と得られる。この計算例のように、空隙が存在する場合は、鉄心部の磁気抵抗 R_1 に比べて空隙の磁気抵抗 R_2 が非常に大きくなり、流れる磁束はほぼ空隙の磁気抵抗で決まる。

1－3　節点方程式と閉路方程式

　磁気抵抗を用いた等価回路では、電気回路のキルヒホッフの法則と同様に、以下のような性質が成り立つ。
(1) 複数の磁気回路が一点に集まっている点（節点）では磁束の代数和は零である。

$$\sum_i \phi_i = 0 \quad \text{節点方程式} \quad \cdots\cdots\cdots\cdots\cdots\cdots\cdots\cdots\cdots\cdots\cdots (1\text{-}20)$$

(2) 磁気回路の中の１つの閉じた岐路については次式が成立する。

$$\sum_i F_i = \sum_i R_i \phi_i \quad \text{閉路方程式} \quad \cdots\cdots\cdots\cdots\cdots\cdots\cdots\cdots (1\text{-}21)$$

　これらの性質を用いると、複雑な磁気回路も容易に計算できる。一例として、図1-7 (a) に示した3脚鉄心において、左の脚に施された巻線に電流 i_1 を流したときの磁束を求めてみる。巻数を N_1、各磁路の断面積、磁路長、および透磁率が同図 (b) で与えられるとすれば、この鉄心の電気的等価回路は図1-8のように表される。ここで、

$$R_1 = \frac{l_1}{\mu_1 S_1},\ R_2 = \frac{l_2}{\mu_2 S_2},\ R_3 = \frac{l_3}{\mu_3 S_3} \quad \cdots\cdots\cdots\cdots\cdots\cdots (1\text{-}22)$$

である。閉路方程式および節点方程式は次式で表される。

$$R_1\phi_1 + R_3\phi_3 = N_1 i_1$$
$$R_2\phi_2 - R_3\phi_3 = 0 \quad \cdots\cdots\cdots\cdots\cdots\cdots\cdots\cdots\cdots\cdots\cdots\cdots (1\text{-}23)$$
$$\phi_1 - \phi_2 - \phi_3 = 0$$

(1-23) 式より磁束を求めると次のようになる。

$$\phi_1 = \frac{N_1 i_1}{\Delta/(R_2 + R_3)}, \ \phi_2 = \frac{N_1 i_1}{\Delta/R_3}, \ \phi_3 = \frac{N_1 i_1}{\Delta/R_2} \quad \cdots\cdots\cdots\cdots (1\text{-}24)$$

ここで $\Delta = R_1 R_2 + R_2 R_3 + R_3 R_1$ である。

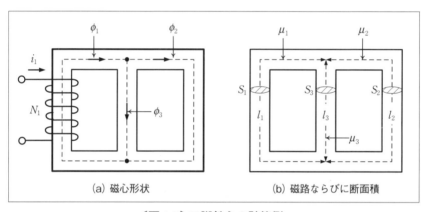

〔図1-7〕三脚鉄心の計算例

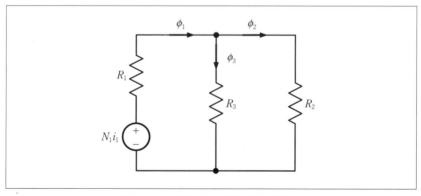

〔図1-8〕三脚鉄心の電気的等価回路

<u>計算例1-2</u>

三脚鉄心の寸法が図1-9で与えられる。巻数 N_1=100、電流 i_1=1[A] のとき、磁束 ϕ_1、ϕ_2、ϕ_3 を求めよ。ただし、鉄心の比透磁率は μ_r=4000 とする。

◇解答

磁路長および断面積は次のようになる。

$$l_1 = l_2 = 2(10+40+15)+10+60+10 = 210[\text{mm}] = 0.21[\text{m}]$$
$$l_3 = 10+60+10 = 80[\text{mm}] = 0.08[\text{m}]$$
$$S_1 = S_2 = 20\times 20 = 400[\text{mm}^2] = 4\times 10^{-4}[\text{m}^2]$$
$$S_3 = 30\times 20 = 600[\text{mm}^2] = 6\times 10^{-4}[\text{m}^2]$$

よって磁気抵抗は

$$R_1 = R_2 = \frac{0.21}{4000\times 4\pi\times 10^{-7}\times 4\times 10^{-4}} = 10.45\times 10^4 [\text{A/Wb}]$$
$$R_3 = \frac{0.08}{4000\times 4\pi\times 10^{-7}\times 6\times 10^{-4}} = 2.65\times 10^4 [\text{A/Wb}]$$

$\Delta = R_1R_2+R_2R_3+R_3R_1 = 164.6\times 10^8$ なので、(1-24) 式から磁束は

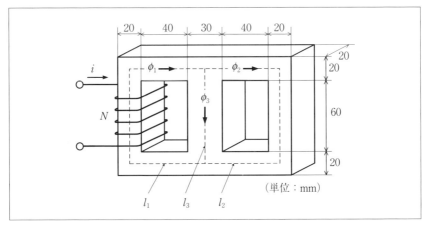

〔図1-9〕磁心形状並びに巻線

$$\phi_1 = \frac{100 \times 1}{164.6 \times 10^8 / 13.1 \times 10^4} = 7.96 \times 10^{-4} \, [\text{Wb}]$$

$$\phi_2 = \frac{100 \times 1}{164.6 \times 10^8 / 2.65 \times 10^4} = 1.61 \times 10^{-4} \, [\text{Wb}]$$

$$\phi_3 = \frac{100 \times 1}{164.6 \times 10^8 / 10.45 \times 10^4} = 6.35 \times 10^{-4} \, [\text{Wb}]$$

と求められる。

1−4 多巻線系の場合

図 1-10 (a) のように、三脚鉄心に複数の巻線が巻かれた場合の電気的等価回路は同図 (b) のようになり、次のような方程式が得られる。

$$\begin{aligned}
R_1\phi_1 + R_3\phi_3 &= N_1 i_1 \\
R_2\phi_2 - R_3\phi_3 &= N_2 i_2 \quad \cdots\cdots\cdots\cdots\cdots\cdots\cdots\cdots\cdots\cdots\cdots\cdots\cdots\cdots \quad (1\text{-}25) \\
\phi_1 - \phi_2 - \phi_3 &= 0
\end{aligned}$$

これより磁束は次のように求められる。ここで、$\Delta = R_1 R_2 + R_2 R_3 + R_3 R_1$ である。

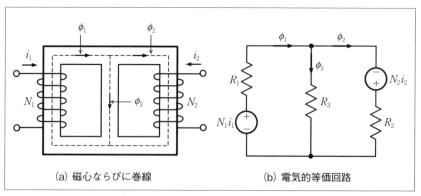

(a) 磁心ならびに巻線　　　(b) 電気的等価回路

〔図 1-10〕2 巻線を有する磁気回路

$$\phi_1 = \frac{N_1 i_1}{\Delta/(R_2+R_3)} + \frac{N_2 i_2}{\Delta/R_3}$$
$$\phi_2 = \frac{N_1 i_1}{\Delta/R_3} + \frac{N_2 i_2}{\Delta/(R_3+R_1)} \quad \cdots\cdots\cdots\cdots\cdots\cdots\cdots\cdots\cdots\cdots (1\text{-}26)$$
$$\phi_3 = \frac{N_1 i_1}{\Delta/R_2} - \frac{N_2 i_2}{\Delta/R_1}$$

1－5　磁気抵抗とインダクタンス

　巻線のインダクタンスを L とすると、巻線鎖交磁束と電流の間には $N\phi = Li$ という関係がある。図 1-1 (a) の磁気回路の磁束は (1-3) 式で与えられるので、インダクタンスは

$$L = \frac{\mu S N^2}{l} = \frac{N^2}{R} \quad \cdots\cdots\cdots\cdots\cdots\cdots\cdots\cdots\cdots\cdots\cdots\cdots (1\text{-}27)$$

となる。また、図 1-5 (a) の空隙付き鉄心の場合、(1-19) 式から巻線 N のインダクタンス L は次式のように表される。

$$L = \frac{\mu_0 S N^2}{l_1/\mu_r + l_2} \quad \cdots\cdots\cdots\cdots\cdots\cdots\cdots\cdots\cdots\cdots\cdots\cdots (1\text{-}28)$$

磁心の比透磁率が十分大きいとすれば、インダクタンスは次式のように近似することができる。

$$L = \frac{\mu_0 S N^2}{l_1/\mu_r + l_2} \approx \frac{\mu_0 S N^2}{l_2} \quad \cdots\cdots\cdots\cdots\cdots\cdots\cdots\cdots\cdots\cdots (1\text{-}29)$$

　図 1-10 (a) のように多巻線の場合は (1-26) 式から

$$N_1 \phi_1 = \frac{N_1^2}{\Delta/(R_2+R_3)} i_1 + \frac{N_1 N_2}{\Delta/R_3} i_2$$
$$N_2 \phi_2 = \frac{N_1 N_2}{\Delta/R_3} i_1 + \frac{N_2^2}{\Delta/(R_3+R_1)} i_2 \quad \cdots\cdots\cdots\cdots\cdots\cdots\cdots\cdots (1\text{-}30)$$

と得られるので、

$$L_1 = \frac{N_1^2}{\Delta/(R_2+R_3)}$$
$$L_2 = \frac{N_2^2}{\Delta/(R_3+R_1)} \quad \cdots\cdots\cdots\cdots\cdots\cdots\cdots\cdots (1\text{-}31)$$
$$M = \frac{N_1 N_2}{\Delta/R_3}$$

とおけば次式を得る。L_1、L_2 を自己インダクタンス、M を相互インダクタンスと呼ぶ。

$$N_1\phi_1 = L_1 i_1 + M i_2$$
$$N_2\phi_2 = M i_1 + L_2 i_2 \quad \cdots\cdots\cdots\cdots\cdots\cdots\cdots\cdots (1\text{-}32)$$

図 1-11 のように、巻線 N_1 に交流電圧 $v = \sqrt{2}V\sin\omega t$ が印加され、巻線 N_2 に負荷抵抗 r_2 が接続されたとき、次式が成り立つ。

$$N_1 \frac{d\phi_1}{dt} + r_1 i_1 = \sqrt{2}V\sin\omega t$$
$$N_2 \frac{d\phi_2}{dt} + r_2 i_2 = 0 \quad \cdots\cdots\cdots\cdots\cdots\cdots\cdots\cdots (1\text{-}33)$$

ここで r_1 は回路抵抗である。(1-32) 式を (1-33) 式に代入すれば、

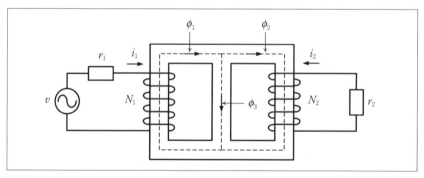

〔図 1-11〕交流電源が接続された場合

$$L_1 \frac{di_1}{dt} + r_1 i_1 + M \frac{di_2}{dt} = \sqrt{2} V \sin \omega t$$
$$M \frac{di_1}{dt} + L_2 \frac{di_2}{dt} + r_2 i_2 = 0$$
·············(1-34)

となり、よく知られた相互インダクタンスを含む回路方程式が得られる。

1－6　磁気抵抗とパーミアンス

以上述べたように、磁気抵抗を導入すれば、磁気回路は電気回路と同様の取り扱いが可能になる。ところで、電気抵抗の逆数をコンダクタンスというように、磁気抵抗の逆数をパーミアンスという。パーミアンスをPで表せば、磁束と起磁力の関係は

$$\phi = P \times Ni$$ ·············(1-35)

となる。参考までにパーミアンスも含めて電気回路と磁気回路の双対性を表1-1にまとめた。

パーミアンスを用いる計算はパーミアンス法と呼ばれ、古くから電気機器のもれ磁束の計算などに利用されている。磁気抵抗を用いた計算と本質的な違いはないが、もれ磁束のように複数の磁路に分かれ、並列磁路が形成される場合は、パーミアンスを使ったほうが計算は容易になる傾向がある。しかし、現在はさまざまな計算ツールが提供されているの

〔表1-1〕電気回路と磁気回路の双対性

電気回路		磁気回路	
電圧	v[V]	起磁力	Ni[A]
電流	i[A]	磁束	ϕ[Wb]
導体断面積	S[m^2]	磁路断面積	S[m^2]
導体長	l[m]	磁路長	l[m]
導電率	σ[S/m]	透磁率	μ[H/m]
電気抵抗 （レジスタンス）	$r = \dfrac{l}{\sigma S}$ [Ω]	磁気抵抗 （リラクタンス）	$R = \dfrac{l}{\mu S}$ [A/Wb]
コンダクタンス	$g = \dfrac{\sigma S}{l}$ [S]	パーミアンス	$P = \dfrac{\mu S}{l}$ [H]

で、磁気抵抗とパーミアンスのいずれを使っても大きな差はない。また、2章で述べるように、非線形磁気特性を考慮する場合、非線形性を磁束の多項式で表現できる磁気抵抗のほうが扱いやすい。このような理由から本書では磁気抵抗による計算を採用している。

1－7　Excelを利用した磁気回路の解析

　磁気特性が線形の場合の回路方程式は連立一次方程式で表される。簡単な回路の場合は筆算でも解が求められるが、回路規模が大きくなると計算が煩雑になる。このような場合はExcelなどを利用した数値計算が実用的である。ここでは簡単な例を用いてExcelによる計算方法を紹介する。

1－7－1　行列関数による三脚鉄心の計算

　図1-8の三脚鉄心の電気的等価回路において、閉路方程式および節点方程式は次式で表される。

$$\begin{aligned} R_1\phi_1 + R_3\phi_3 &= N_1 i_1 \\ R_2\phi_2 - R_3\phi_3 &= 0 \\ \phi_1 - \phi_2 - \phi_3 &= 0 \end{aligned} \quad \cdots\cdots\cdots (1\text{-}36)$$

これを行列で表すと、

$$\begin{pmatrix} R_1 & 0 & R_3 \\ 0 & R_2 & -R_3 \\ 1 & -1 & -1 \end{pmatrix} \begin{pmatrix} \phi_1 \\ \phi_2 \\ \phi_3 \end{pmatrix} = \begin{pmatrix} N_1 i_1 \\ 0 \\ 0 \end{pmatrix} \quad \cdots\cdots (1\text{-}37)$$

ここで

$$A = \begin{pmatrix} R_1 & 0 & R_3 \\ 0 & R_2 & -R_3 \\ 1 & -1 & -1 \end{pmatrix} \quad \cdots\cdots\cdots (1\text{-}38)$$

とおき、行列 A の逆行列 A^{-1} を (1-37) 式の両辺に掛けることにより、磁束 ϕ_1、ϕ_2、ϕ_3 は次のように求められる。

$$\begin{pmatrix}\phi_1\\ \phi_2\\ \phi_3\end{pmatrix}=\boldsymbol{A}^{-1}\begin{pmatrix}N_1 i_1\\ 0\\ 0\end{pmatrix} \quad \cdots\cdots\cdots\cdots (1\text{-}39)$$

(1) 巻線電流が直流の場合

いま、三脚鉄心の寸法は計算例1-2と同じで（図1-9参照）、巻数N_1=100、電流i_1=1[A]とする。このときの磁気抵抗は$R_1=R_2=10.45\times10^4$[A/Wb]、$R_3=2.65\times10^4$[A/Wb]なので、行列$\boldsymbol{A}$は

$$\boldsymbol{A}=\begin{pmatrix}10.45\times10^4 & 0 & 2.65\times10^4\\ 0 & 10.45\times10^4 & -2.65\times10^4\\ 1 & -1 & -1\end{pmatrix} \quad \cdots\cdots\cdots\cdots (1\text{-}40)$$

となる。また、(1-37) 式の右辺をベクトル$\boldsymbol{B}$とする。すなわち、

$$\boldsymbol{B}=\begin{pmatrix}N_1 i_1\\ 0\\ 0\end{pmatrix}=\begin{pmatrix}100\\ 0\\ 0\end{pmatrix} \quad \cdots\cdots\cdots\cdots (1\text{-}41)$$

逆行列$\boldsymbol{A}^{-1}$を求めるには、まず、(1-40) 式で与えられる行列$\boldsymbol{A}$を図1-12に示すようにセルA2からC4に入力する。

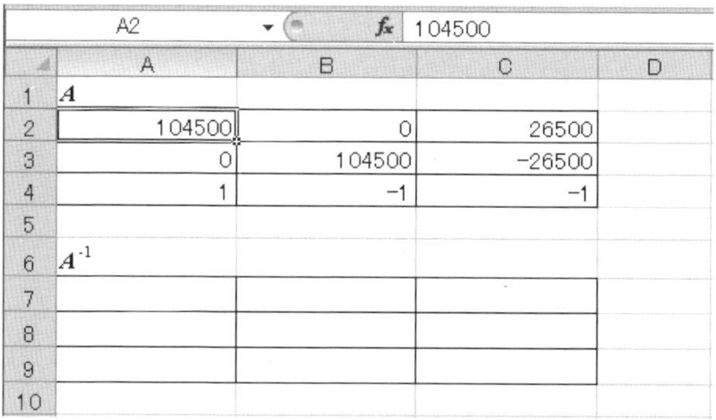

A2 | fx 104500

	A	B	C	D
1	***A***			
2	104500	0	26500	
3	0	104500	-26500	
4	1	-1	-1	
5				
6	***A***$^{-1}$			
7				
8				
9				
10				

〔図1-12〕行列***A***の入力

次いで、図 1-13 に示すように、セル A7 から C9 を選択し、「=MINVERSE(A2:C4)」と入力する。ここで、「MINVERSE」は逆行列を計算する Excel 関数であり、括弧で囲まれた「A2:C4」は行列 A の値が入力されたセルの選択を意味する。最後に、Ctrl キーと Shift キーを押したまま Enter キーを押すと、図 1-14 に示すように逆行列が計算される。

　次に、計算した逆行列を用いて連立方程式の解を求める手順を述べる。まず、図 1-15 に示すように、ベクトル B をセル F2 から F4 に入力する。次いで、図 1-16 に示すように、セル F7 から F9 を選択し、「=MMULT(A7:C9,F2:F4)」と入力する。ここで、「MMULT」は行列の積を計算する Excel

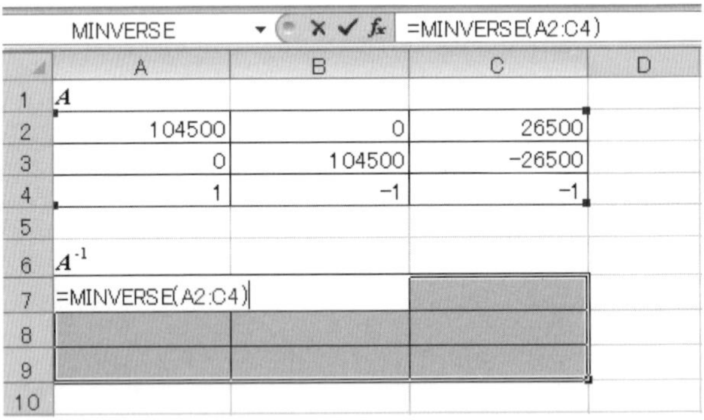

〔図 1-13〕関数「MINVERSE」の入力

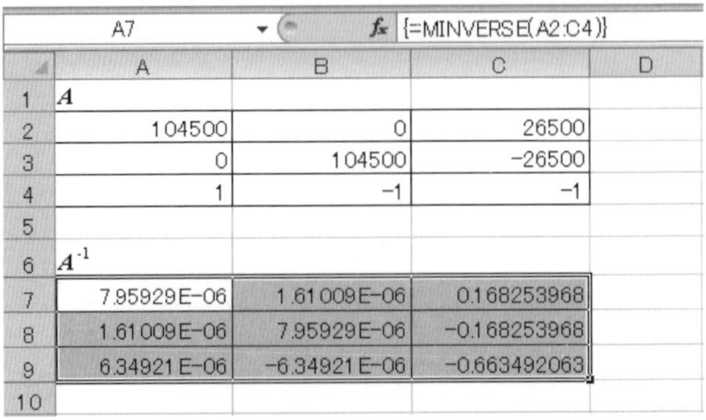

〔図 1-14〕逆行列 A^{-1} の計算結果

関数であり、括弧で囲まれた「A7:C9」は逆行列 $\boldsymbol{A}^{-1}$ の値が入力されたセルの選択を、「F2:F4」はベクトル $\boldsymbol{B}$ の値が入力されたセルの選択をそれぞれ意味する。

最後に、Ctrl キーと Shift キーを押したまま Enter キーを押すと、図 1-17 に示すように連立方程式の解 ϕ_1、ϕ_2、ϕ_3 がそれぞれ

$$\begin{aligned} \phi_1 &= 0.000795929 = 7.96\times10^{-4}\,[\mathrm{Wb}] \\ \phi_2 &= 0.000161009 = 1.61\times10^{-4}\,[\mathrm{Wb}] \\ \phi_3 &= 0.000634921 = 6.35\times10^{-4}\,[\mathrm{Wb}] \end{aligned} \quad \cdots\cdots\cdots\cdots\cdots\cdots\cdots\cdots \quad (1\text{-}42)$$

と求められる。

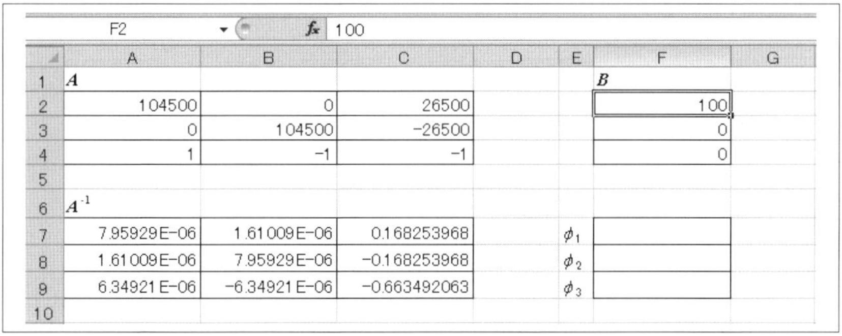

F2 | 100

	A	B	C	D	E	F	G
1	*A*					*B*	
2	104500	0	26500			100	
3	0	104500	-26500			0	
4	1	-1	-1			0	
5							
6	*A*-1						
7	7.95929E-06	1.61009E-06	0.168253968		φ1		
8	1.61009E-06	7.95929E-06	-0.168253968		φ2		
9	6.34921E-06	-6.34921E-06	-0.663492063		φ3		
10							

〔図 1-15〕ベクトル *B* の Excel 入力

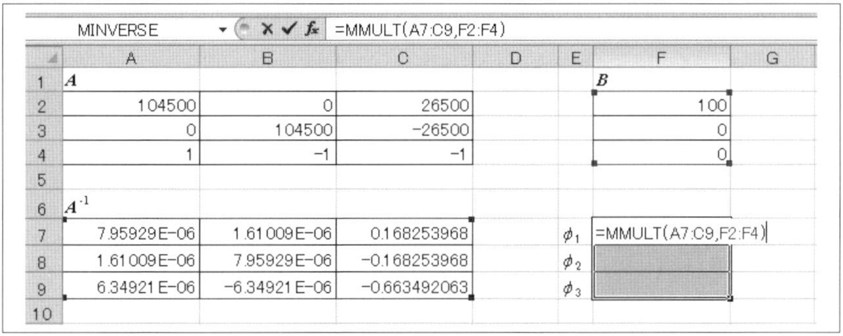

MINVERSE | =MMULT(A7:C9,F2:F4)

	A	B	C	D	E	F	G
1	*A*					*B*	
2	104500	0	26500			100	
3	0	104500	-26500			0	
4	1	-1	-1			0	
5							
6	*A*-1						
7	7.95929E-06	1.61009E-06	0.168253968		φ1	=MMULT(A7:C9,F2:F4)	
8	1.61009E-06	7.95929E-06	-0.168253968		φ2		
9	6.34921E-06	-6.34921E-06	-0.663492063		φ3		
10							

〔図 1-16〕関数「MMULT」の入力

(2) 巻線電流が交流の場合

巻線電流が交流の場合は、図 1-17 の起磁力ベクトル B が時間毎に変化するものとして、直流の場合と同様の操作をすればよい。図 1-18 は、

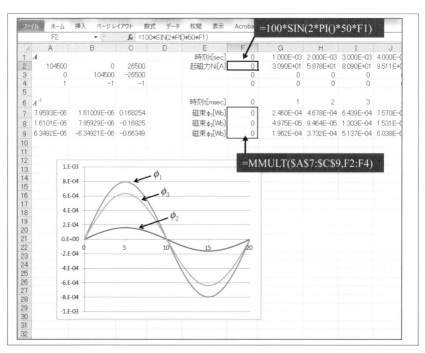

〔図 1-17〕連立方程式の計算結果

〔図 1-18〕巻線電流が正弦波の場合の計算例

巻線電流が正弦波 $i_1=I_1\sin(2\pi ft+\theta)$ で、その振幅を I_1=1[A]、周波数を f=50[Hz]、位相を θ=0[rad]としたときの計算例である。セル F1 に時刻 0、セル F2 には「=100*sin(2*PI()*50*F1)」と入力する。セル F3、F4 にゼロを入力すれば、F2 から F4 がこのときの起磁力ベクトル B となる。したがって、F7 から F9 を選択して「MMULT($A$7:$C$9,F2:F4)」と入力し、Ctrl キーと Shift キーを押したまま Enter キーを押すと磁束 ϕ_1、ϕ_2、ϕ_3 が計算される。G 列以降は同様の方法で 1[ms]おきの磁束を計算したものである。$A$7 のようにセルの記号と番号に $ を付けているのは、G 列以降の作成において、列をコピーした際に指定先のセルが変更されるのを避けるためである。求めた磁束波形を図 1-18 中にグラフで示す。

1－7－2　オイラー法による計算

上記の例題では巻線電流が与えられていたが、図 1-19 のように電圧入力の場合を考える。このときの等価回路は図 1-20 のように表すことができる。磁気回路の電源 A は、電気回路の電流 i_1 に対して N_1i_1 という値を出力する電圧源、電気回路の電源 B は磁気回路の磁束 ϕ_1 に対して $N_1(d\phi_1/dt)$ という値を出力する電圧源である。A、B のような電源は従属電源あるいは制御電源と呼ばれ、電子回路の等価回路などで使用されている。さて、$\phi_3=\phi_1-\phi_2$ よりこのときの磁気回路および電気回路方程式は次のようになる。

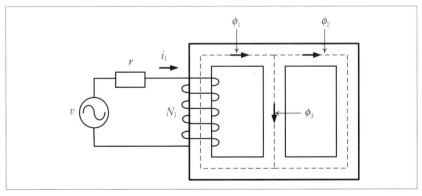

〔図 1-19〕電圧入力の例

$$(R_1 + R_3)\phi_1 - R_3\phi_2 = N_1 i_1$$
$$-R_3\phi_1 + (R_2 + R_3)\phi_2 = 0 \quad \cdots\cdots\cdots\cdots\cdots\cdots\cdots\cdots (1\text{-}43)$$
$$N_1 \frac{d\phi_1}{dt} + r i_1 = v$$

(1-43) 式は微分項を含むので Excel を利用する場合は、オイラー法やルンゲ・クッタ法によって微分方程式を離散化して計算すればよい。ここでは、比較的簡便なオイラー法による計算について紹介する。

まず、$d\phi_1/dt$ を以下のように近似する。

$$\frac{d\phi_1}{dt} = \frac{\phi_1^{(j+1)} - \phi_1^{(j)}}{\delta t} \quad \cdots\cdots\cdots\cdots\cdots\cdots\cdots\cdots (1\text{-}44)$$

ここで、

$\phi_1^{(j+1)}$：$j+1$ ステップにおける ϕ_1（求めたい値）
$\phi_1^{(j)}$：j ステップにおける ϕ_1（すでに求められている値）
δt：時間ステップ（十分小さく設定する）

(1-43) 式の微分項を (1-44) 式で置き換えれば次式を得る、

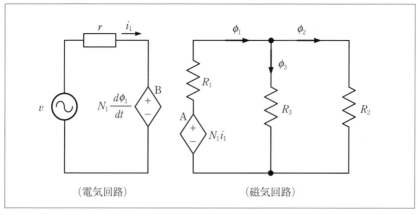

〔図 1-20〕等価回路

$$N_1 \frac{\phi_1^{(j+1)}}{\delta t} + r i_1^{(j+1)} = v^{(j+1)} + N_1 \frac{\phi_1^{(j)}}{\delta t} \quad \cdots\cdots\cdots\cdots\cdots (1\text{-}45)$$

したがって、(1-43) 式は次のように離散化できる。

$$\begin{aligned}
(R_1 + R_3)\phi_1^{(j+1)} - R_3 \phi_2^{(j+1)} - N_1 i_1^{(j+1)} &= 0 \\
-R_3 \phi_1^{(j+1)} + (R_2 + R_3)\phi_2^{(j+1)} &= 0 \\
\frac{N_1}{\delta t}\phi_1^{(j+1)} + r i_1^{(j+1)} &= v^{(j+1)} + \frac{N_1}{\delta t}\phi_1^{(j)}
\end{aligned} \quad \cdots\cdots (1\text{-}46)$$

行列で表記すれば以下のようになる。

$$\begin{pmatrix} R_1+R_3 & -R_3 & -N_1 \\ -R_3 & R_2+R_3 & 0 \\ \dfrac{N_1}{\delta t} & 0 & r \end{pmatrix} \begin{pmatrix} \phi_1^{(j+1)} \\ \phi_2^{(j+1)} \\ i_1^{(j+1)} \end{pmatrix} = \begin{pmatrix} 0 \\ 0 \\ v^{(j+1)} + \dfrac{N_1}{\delta t}\phi_1^{(j)} \end{pmatrix} \cdots (1\text{-}47)$$

ここで、

$$\boldsymbol{A} = \begin{pmatrix} R_1+R_3 & -R_3 & -N_1 \\ -R_3 & R_2+R_3 & 0 \\ \dfrac{N_1}{\delta t} & 0 & r \end{pmatrix}, \boldsymbol{B} = \begin{pmatrix} 0 \\ 0 \\ v^{(j+1)} + \dfrac{N_1}{\delta t}\phi_1^{(j)} \end{pmatrix} \cdots (1\text{-}48)$$

とおけば、

$$\begin{pmatrix} \phi_1^{(j+1)} \\ \phi_2^{(j+1)} \\ i_1^{(j+1)} \end{pmatrix} = \boldsymbol{A}^{-1} \boldsymbol{B} \quad \cdots\cdots\cdots\cdots\cdots\cdots\cdots\cdots\cdots\cdots (1\text{-}49)$$

となる。したがって初期値が与えられれば δt 毎の磁束と電流が計算される。例として巻数 N_1=100、電圧の振幅 V_m=15[V]、周波数 f=50[Hz]、位相 θ=0[rad]、r=5[Ω] とする。三脚鉄心の磁気抵抗は計算例 1-2 と同様に R_1=R_2=10.45×10^4[A/Wb]、R_3=2.65×10^4[A/Wb] である。時間ステッ

プ δt は1周期の 1/100〜1/200 に選ぶことが多いので、ここでは δt=20[ms]/100=0.2[ms] とした。このときの行列は以下のようになる。

$$A = \begin{pmatrix} 13.1 \times 10^4 & -2.65 \times 10^4 & -100 \\ -2.65 \times 10^4 & 13.1 \times 10^4 & 0 \\ 50 \times 10^4 & 0 & 5 \end{pmatrix}$$

$$B = \begin{pmatrix} 0 \\ 0 \\ v^{(j+1)} + 5 \times 10^5 \phi_1^{(j)} \end{pmatrix}$$ .... (1-50)

図 1-21 に Excel による計算方法を示す。セル A3〜C5 が行列 A、セル A9〜C11 がその逆行列である。F 列が初期値で G 列が t=0.2[ms] における値である。セル G3 には電圧「=15*sin(100*PI()*G2)」を入力する。セル G4 と G5 に 0、G6 に「G3+5×10^5*F9」を入力すれば、セル G4 から G6 が行列 B に対応する。行列 B に逆行列 A^{-1} を乗算した結果がセル G9、G10、G11 に出力され、それぞれ t=0.2[ms] における磁束 ϕ_1、ϕ_2 および電流 i_1 となる。H 列以降は G 列をコピーすればよい。図 1-22 に計算例を示す。同図の波形は電流と磁束の計算結果で、起動時の過渡現象を経て定常状態に達する様子がわかる。

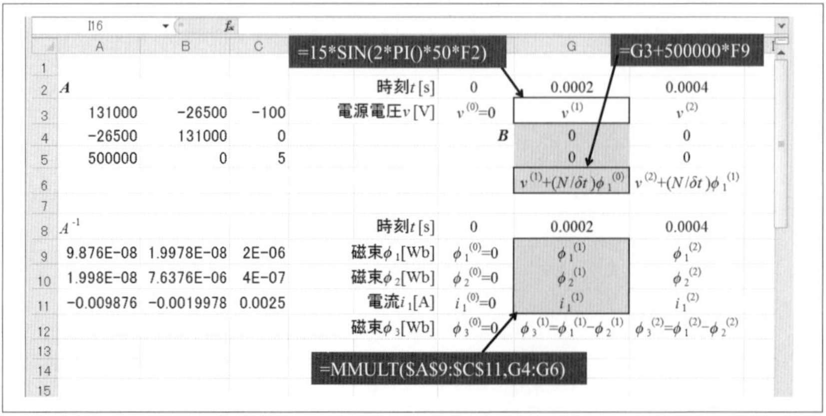

〔図 1-21〕オイラー法による計算のイメージ

1-8　回路シミュレータを利用した磁気回路の解析

　磁気回路における磁束は電流、起磁力は電圧、磁気抵抗は電気抵抗に対応するので、磁気回路の計算に汎用の回路シミュレータを利用することができる。市販の回路シミュレータはSPICE系が多く、評価版として企業のホームページからダウンロードできるようになっている。表1-2にフリーでSPICEをダウンロードできるHPを掲載した。通常の評価版は解析機能や扱える回路規模に制限あるが、LTspiceは機能制限がないためユーザが増えているといわれている。ここではLTspice（Version 4）を利用して磁気回路の計算を行う。それ以外のSPICE系シミュレータも基本的な使い方は同じであるが、作図エディタの操作やコマンドの記述形式など異なる点もある。詳細はそれぞれの取り扱い説明書を参照

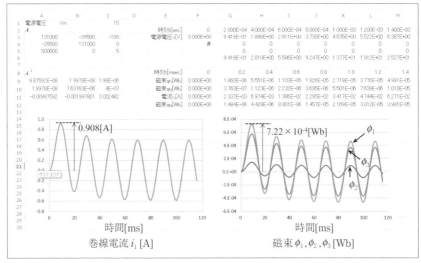

〔図1-22〕計算結果

〔表1-2〕SPICE系回路シミュレータ体験版がダウンロードできるURL

名称	URL
OrCAD/PSpice	http://www.orcad.com/jp/resources/orcad-downloads
TopSpice	http://penzar.com/topspice/topspice.htm
SIMetrix	http://www.intsoft.co.jp/products/product04_03.html
LTspice	http://www.linear-tech.co.jp/designtools/software/

されたい。

1−8−1 基本的な使い方

　SPICEで計算する場合、コマンドレベルでサーキットファイルを作成する方法もあるが、SPICEに付属する回路図エディタで解析モデルを作成するほうが手っ取り早い。簡単な例として図1-23に示した三脚鉄心を考える。この三脚鉄心の解析モデルが図1-24である。V_1が起磁力を与える電圧源、R_1, R_2, R_3が磁気抵抗である。図の番号はノード番号と呼ばれ、回路図エディタで作成するときは自動的に割り振られる。

　図1-25にLTspiceで作成したシミュレーションモデルを示す。電源は

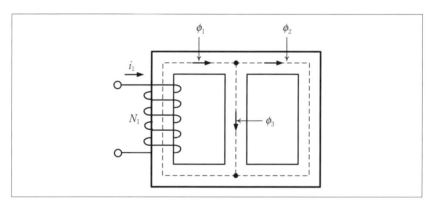

〔図1-23〕計算対象の三脚鉄心

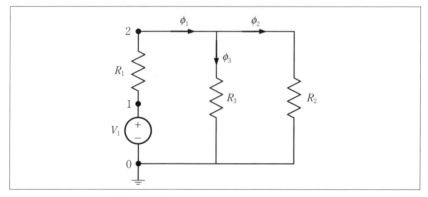

〔図1-24〕SPICEのための計算モデル

コンポーネントウインドウから選択する。電圧や抵抗値の指定は、それぞれの部品を右クリックして現れる属性設定画面で行う。ここでは、磁気抵抗および巻数は計算例 1-2 と同じく $R_1=R_2=10.45\times10^4$[A/Wb]、$R_3=2.65\times10^4$[A/Wb]、$N_1=100$ とした。また、電源電圧の振幅は 100[V]、周波数は 50[Hz] と設定した。これで起磁力 $Ni=100\sin100\pi t$[A] を加えたときの磁束が計算される。「.tran 0 80m 0 0.0001 uic」は計算条件、「.meas Rx max I(Rx)」は抵抗 Rx（x=1,2,3）を流れる電流（磁気回路上は磁束）のピーク値を検出するためのコマンドである。これらの値は SPICE に付属する波形ビューワの機能を利用して検出することができる。

図 1-26 に計算結果を示す。上段の波形が起磁力、下段が磁束である。磁束のピーク値はログファイルに出力されるので、SPICE の画面上で「View」→「SPICE Error Log」でログ画面を呼び出して確認できる。図 1-26 では破線の枠で囲んだ値がそれぞれのピーク値である。これは起磁力もピーク（1[A]）時の値なので、計算例 1-2 の直流起磁力が 100[A] の

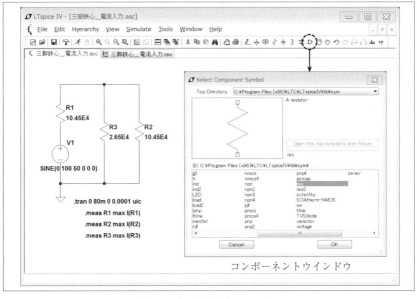

〔図 1-25〕三脚鉄心のモデル

ときの磁束値とほぼ一致していることがわかる。なお、計算波形から値を直接読み取りたい場合は、カーソル機能を利用すればよい。

1－8－2　磁気回路と電気回路の接続

図 1-27 のような電圧入力の場合を考える。1-7-2 でも述べたように、このときの等価回路は図 1-28 のように表される。A は電気回路の電流 i_1 で制御される従属電源で、SPICE コンポーネントでは電流制御電圧源（記号 "H"）を利用することができる。B は磁気回路の磁束 ϕ_1 の微分値を出力する従属電源で、SPICE ではアナログビヘビアモデルとして提供さ

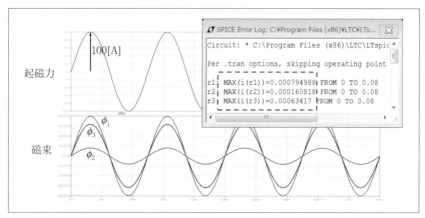

〔図 1-26〕計算結果

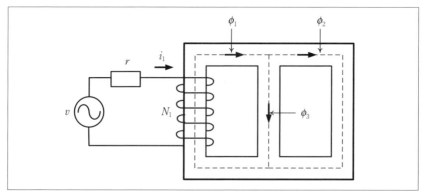

〔図 1-27〕電圧入力の場合

- 28 -

れている。

図 1-29 に LTspice で作成したシミュレーションモデルを示す。ここで磁気抵抗を $R_1=R_2=10.45\times10^4$[A/Wb] および $R_3=2.65\times10^4$[A/Wb]、巻数を $N_1=100$ とした。同図の H1 と B1 がそれぞれ図 1-28 の電源 A、B に対応する。V2 と V3 は値がゼロの電源で、それぞれ電流 i_1 および磁束

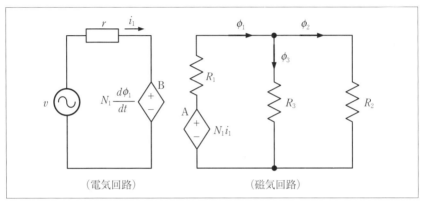

〔図 1-28〕等価回路

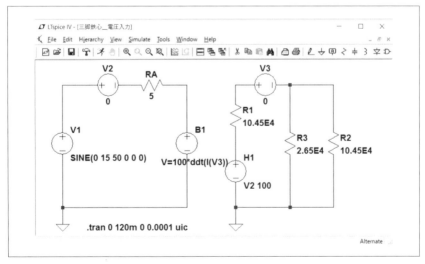

〔図 1-29〕電気回路との結合方法

◆第1章　磁気回路法の基礎

ϕ_1 の検出に用いている．これらの電流と磁束は I(RA)、I(R1) でも指定できるので V2 と V3 は必ずしも必要ないが，ここでは電流の流れる方向を視覚的に把握できるように挿入した．

図 1-30 (a) に示したように，従属電源 H1 はコンポーネント "h" (linear current dependent voltage source) を選択する．作図画面上で右クリック

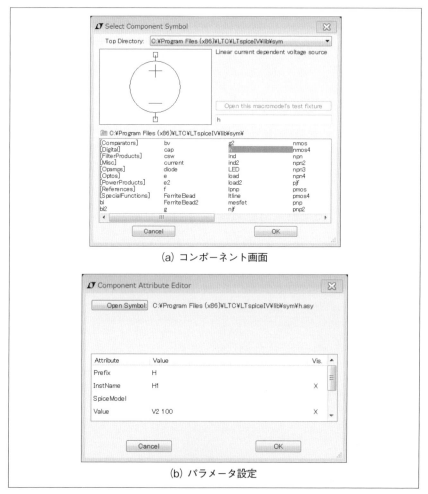

(a) コンポーネント画面

(b) パラメータ設定

〔図 1-30〕従属電源 H の設定方法

すると同図(b)の属性設定画面が現れるので、"value"欄に「V2 100」と入力すれば、H1の出力は$N_1 i_1=100 i_1$になる。

アナログビヘビアモデルB1は図1-31(a)の画面からコンポーネント"bv"(Arbitrary behavioral voltage source)を選択する。パラメータ設定画面の"value"欄に「V=100*ddt(I(V3))」と入力すれば、B1の出力電圧は

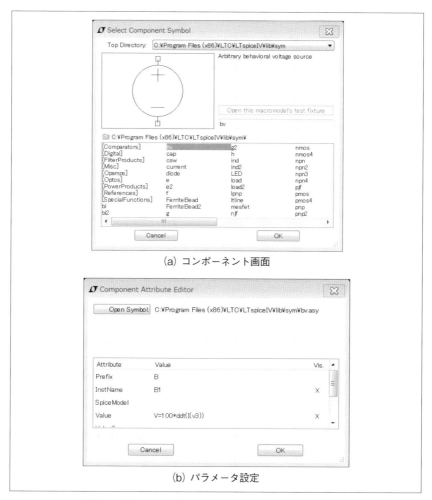

(a) コンポーネント画面

(b) パラメータ設定

〔図1-31〕アナログビヘビアモデル"bv"の使い方

◆第1章　磁気回路法の基礎

$N_1(d\phi_1/dt)$ になる。

　図 1-32 に電源電圧の振幅を 15[V] としたときの計算結果を示す。計算条件は 1-8-1 の Excel で計算した図 1-22 と同じとした。比較のために、起動後の磁束および電流が最大となる $t=9$[ms] における計算値を表 1-3 に示す。LTspice と Excel の計算結果は一致することが了解される。

　なお、SPICE によってはアナログビヘビアモデルによる微分演算ができないものもある。その場合は図 1-33 のように、標準の従属電源のみで構成する方法もある。同図のダミー回路のCは磁束 ϕ_1 で制御される

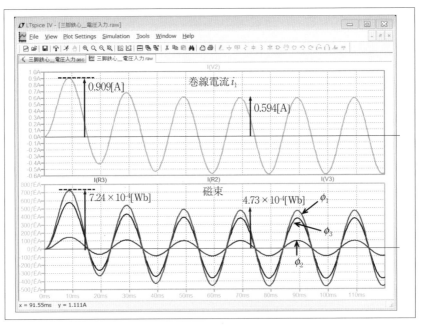

〔図 1-32〕LTspice による計算結果

〔表 1-3〕LTspice と Excel による計算値の比較

	LTspice	Excel
巻線電流 i_1[A]	0.909 (@9.03ms)	0.908 (t=9ms)
磁束 $\phi_1[\times 10^{-4}$Wb]	7.24 (@9.03ms)	7.22 (t=9ms)
磁束 $\phi_2[\times 10^{-4}$Wb]	1.46 (@9.03ms)	1.46 (t=9ms)
磁束 $\phi_3[\times 10^{-4}$Wb]	5.77 (@9.03ms)	5.76 (t=9ms)

電流制御電流源（回路記号"F"）で、ゲインを1とすればダミー回路の電流が ϕ_1、インダクタンスの端子電圧が $d\phi_1/dt$ となる。したがって、Bとしてインダクタンスの端子電圧で制御される電圧制御電圧源（回路記号"E"）を用い、ゲインを巻数に等しくとれば出力は $N(d\phi_1/dt)$ となる。

図1-33の回路を回路図エディタで作成したものを図1-34に示す。図中のE1、F1、H1が上記の従属電源で、E1とH1のゲインは巻数に等し

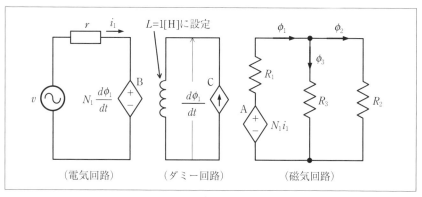

〔図1-33〕標準的な従属電源のみでモデル化する場合

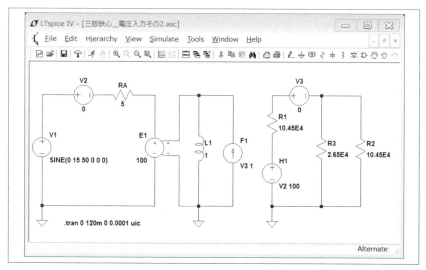

〔図1-34〕回路図エディタで作成した解析モデル（LTspice）

く100と設定している。図1-32と同じ条件で計算した結果を図1-35に示す。図1-32と比較して電流や磁束のピーク値に若干の違いが認められるが、実用上問題のない範囲で両者は一致していることがわかる。

1-9 まとめ

以上、磁気回路法の基本的な考え方と磁気抵抗を用いた磁気回路の解析手法を紹介した。鉄心の磁気特性が線形の場合は通常の電気回路と同様の方法で解析でき、回路規模が大きくなってもExcelや回路シミュレータを活用すれば比較的簡便な計算で解を求めることができる。本章では鉄心の磁気特性を線形としたが、モータや変圧器で局所的な磁気飽和が生じる場合など、非線形磁気特性を考慮した解析が必要な場合も多い。2章では非線形磁気特性を考慮した磁気回路の取り扱いについて述べる。

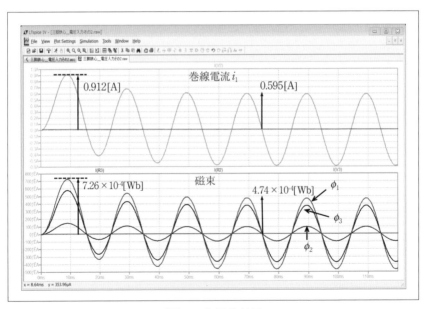

〔図1-35〕計算結果

参考文献

1) H. C. Roters：Electromagnetic Devices, John Wiley & Sons（1941）
2) 宮入庄太：電気・機械エネルギー変換工学、第2章、丸善（1976）
3) 山田一、山本行雄、山沢清人：R&Dのための磁気回路の計算法、第3章、トリケップス（1987）
4) 大川光吉：永久磁石磁気回路・磁石回転機設計マニュアル（第2版）、第2章、総合電子リサーチ（2005）
5) 松木英敏、一ノ倉理：電磁エネルギー変換工学、第2章、朝倉書店（2010）
6) 神足史人：EXCELで操る！ここまでできる科学技術計算（2009）
7) Paul W. Tuinenga：SPICE A Guide to Circuit Simulation & Analysis Using PSpice, PRENTICE HALL（1988）
8) 棚木義則：電子回路シミュレータPSpice入門編、CQ出版社（2003）
9) 神崎康宏：LTspice入門編、CQ出版社（2011）
10) 渋谷道雄：LTspiceで学ぶ電子回路、オーム社（2015）

第2章
非線形磁気回路の解析手法

磁性材料は磁気飽和と呼ばれる非線形磁気特性を持っている。通常の変圧器やモータでは磁気飽和領域まで使用することはないが、局所的に磁気飽和が生じることや、過渡的に磁気飽和に達することがある。また、機器の小形軽量化のために磁束密度を高く設定すると磁気飽和が生じやすくなる。さらに、可変インダクタのように非線形磁気特性を積極的に利用した機器もある。本章では非線形磁気特性を考慮した磁気回路解析について述べる。

２－１　非線形磁気特性の取り扱い

図2-1は、カタログから引用した無方向性ケイ素鋼板の直流磁化曲線である。非線形磁化曲線の近似式として、次のような多項式がよく使われる。

$$H = \alpha_1 B + \alpha_n B^n \quad \cdots\cdots\cdots\cdots\cdots\cdots\cdots\cdots\cdots\cdots\cdots\cdots\cdots\cdots \quad (2\text{-}1)$$

ここで指数nは3以上の奇数であり、磁化曲線の飽和が鋭いほどnは大きな値になる。α_1およびα_nは磁化係数と呼ばれる。これらの指数と係数は与えられた磁化曲線から最小二乗法などに基づいて決定される。付録BにExcelを利用して指数と磁化係数を決定する方法をまとめ

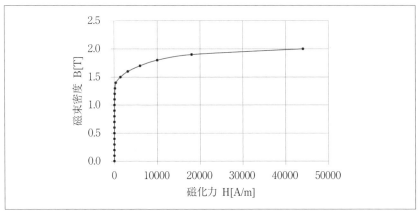

〔図2-1〕無方向性ケイ素鋼板の磁化曲線（カタログデータ）

たので参照されたい。図2-2は、図2-1の磁化曲線を付録Bで述べた方法によって近似したものである。ここで$n=13$、$\alpha_1=65[\mathrm{Am^{-1}T^{-1}}]$、$\alpha_{13}=5.1[\mathrm{Am^{-1}T^{-13}}]$とした。これを見ると、未飽和から飽和領域にわたって比較的良好な近似曲線が得られることがわかる。以下、多項式による近似曲線に基づく非線形磁気回路の取り扱いについて説明する。

図2-3のように、磁心磁束をϕ、巻線電流をiとすると次の関係が成立する。ここで、$S[\mathrm{m^2}]$は磁心の断面積、$l[\mathrm{m}]$は磁路長である。

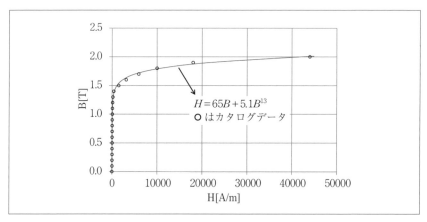

〔図2-2〕磁化曲線の近似例

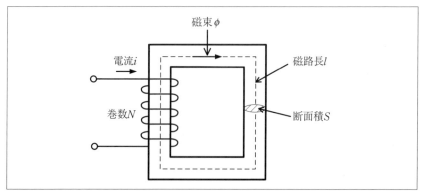

〔図2-3〕考察に使用するリアクトル

$$H = \frac{Ni}{l},\ B = \frac{\phi}{S} \quad \cdots\cdots\cdots\cdots\cdots\cdots\cdots\cdots\cdots\cdots\cdots\cdots\cdots\cdots \quad (2\text{-}2)$$

(2-2) 式を (2-1) 式に代入して、$a_1 = \dfrac{\alpha_1 l}{S},\ a_n = \dfrac{\alpha_n l}{S^n}$ とおくと次式を得る。

$$Ni = a_1 \phi + a_n \phi^n = R(\phi)\phi \quad \cdots\cdots\cdots\cdots\cdots\cdots\cdots\cdots\cdots \quad (2\text{-}3)$$

ここで、

$$R(\phi) = a_1 + a_n \phi^{n-1} \quad \cdots\cdots\cdots\cdots\cdots\cdots\cdots\cdots\cdots\cdots \quad (2\text{-}4)$$

(2-4) 式から、非線形磁気特性が無視できない場合、磁気抵抗は磁束の大きさによって値が変わる、いわゆる非線形抵抗として取り扱う必要があることがわかる。非線形素子が存在する場合の回路方程式は非線形方程式になり、解析的に解くことが難しいため、ニュートン・ラフソン法やルンゲ・クッタ法などの数値解析手法が適用される。以下ではExcelならびに回路シミュレータを利用した非線形磁気回路の解析方法について紹介する。

２－２　Excelを利用した非線形磁気回路の解析
２－２－１　分析ツールを利用した計算例
(1) ゴールシークによるリアクトルの計算

いま、図2-3の鉄心の磁気特性を $H=65B+5.1B^{13}$、磁路長を $l=0.18[m]$、磁路断面積を $S=1.5\times 10^{-4}[m^2]$、巻数を $N=100$ とすれば、(2-3) 式の係数は $a_1=65\times l/S=7.80\times 10^4[A/Wb], a_{13}=5.1\times l/S^{13}=4.72\times 10^{49}[A/Wb^{13}]$ となる。よって、

$$Ni = 7.80\times 10^4 \phi + 4.72\times 10^{49} \phi^{13} \quad \cdots\cdots\cdots\cdots\cdots \quad (2\text{-}5)$$

非線形方程式の解法としてニュートン・ラフソン法が代表的であるが、(2-5) 式のように1変数の場合はExcelのゴールシーク機能を利用すると便利である。図2-4において、まずセルC7に (2-5) 式を入力する。次いで、メニューバーから「データ」→「What-If分析」→「ゴールシーク」

を選択するとゴールシーク設定画面が現れる。数式入力セルを C7、変化させるセルを D7 と指定し、目標値に 500 を入力して OK ボタンを押すとセル D7 に $Ni=500[A]$ に対応する磁束が得られる。

計算例2-1

計算例 1-1 の空隙付きリアクトルの鉄心部の磁気特性が $H=65B+5.1B^{13}$ で与えられた場合の磁束と起磁力の関係を求めてみる。鉄心部の磁路長 $l_1=0.179[m]$、空隙部の磁路長 $l_2=0.001[m]$、磁路断面積 $S=1.5\times 10^{-4}[m^2]$ より、鉄心部ならびに空隙部の磁気抵抗は次式で与えられる。

$$R_1(\phi)=a_1+a_{13}\phi^{12}=\frac{\alpha_1 l_1}{S}+\frac{\alpha_n l_1}{S^{13}}\phi^{12}=7.76\times 10^4+4.69\times 10^{49}\phi^{12} \quad (2\text{-}6)$$

$$R_2=\frac{l_2}{\mu_0 S}=5.31\times 10^6 \quad\quad\quad\quad\quad\quad\quad\quad\quad\quad (2\text{-}7)$$

これらの磁気抵抗を用いて次式が得られる。

$$Ni=R_1(\phi)\phi+R_2\phi=5.39\times 10^6\phi+4.69\times 10^{49}\phi^{13} \quad\quad (2\text{-}8)$$

(2-8) 式に基づいて、巻線電流を 0〜40[A] の範囲で種々変えて計算した磁束と起磁力の関係を図 2-5 に示す。同図には (2-5) 式に基づいて

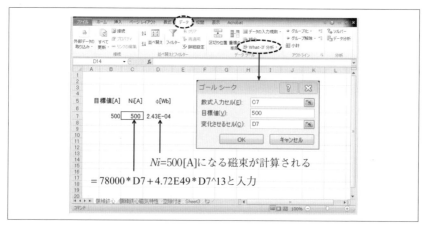

〔図 2-4〕Excel のゴールシーク機能の説明

計算した空隙なしの場合の磁化曲線も示す。これより、空隙の効果と、空隙付きの場合でも巻線電流が増大した場合は磁気飽和が生じる様子がわかる。

(2) ソルバーを利用した三脚鉄心の計算

図2-6に示した三脚鉄心の等価回路において、磁気抵抗が非線形の場合の回路方程式は以下のように表される。

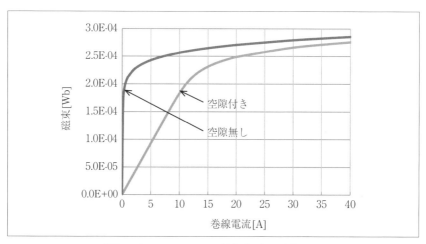

〔図2-5〕リアクトルの磁化曲線の計算結果

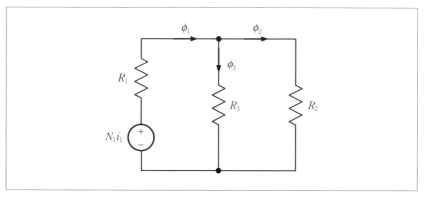

〔図2-6〕三脚鉄心の等価回路

$$R_1(\phi_1)\phi_1 + R_3(\phi_3)\phi_3 = N_1 i_1$$
$$R_2(\phi_2)\phi_2 - R_3(\phi_3)\phi_3 = 0 \quad \cdots\cdots\cdots\cdots\cdots\cdots\cdots\cdots\cdots\cdots \quad (2\text{-}9)$$
$$\phi_1 - \phi_2 - \phi_3 = 0$$

鉄心の磁気特性が $H = \alpha_1 B + \alpha_n B^n$ で与えられ、それぞれの磁路長を l_1、l_2、l_3、断面積を S_1、S_2、S_3 とすれば、磁気抵抗は次式で与えられる。

$$R_1(\phi_1) = a_{11} + a_{1n}\phi_1^{n-1}$$
$$R_2(\phi_2) = a_{21} + a_{2n}\phi_2^{n-1} \quad \cdots\cdots\cdots\cdots\cdots\cdots\cdots\cdots \quad (2\text{-}10)$$
$$R_3(\phi_3) = a_{31} + a_{3n}\phi_3^{n-1}$$

ここで

$$a_{11} = \frac{\alpha_1 l_1}{S_1},\ a_{21} = \frac{\alpha_1 l_2}{S_2},\ a_{31} = \frac{\alpha_1 l_3}{S_3}$$
$$a_{1n} = \frac{\alpha_n l_1}{S_1^n},\ a_{2n} = \frac{\alpha_n l_2}{S_2^n},\ a_{3n} = \frac{\alpha_n l_3}{S_3^n} \quad \cdots\cdots\cdots\cdots \quad (2\text{-}11)$$

(2-10) 式を (2-9) 式に代入して次式を得る。

$$a_{11}\phi_1 + a_{1n}\phi_1^n + a_{31}\phi_3 + a_{3n}\phi_3^n = N_1 i_1$$
$$a_{21}\phi_2 + a_{2n}\phi_2^n - a_{31}\phi_3 - a_{3n}\phi_3^n = 0 \quad \cdots\cdots\cdots\cdots \quad (2\text{-}12)$$
$$\phi_1 - \phi_2 - \phi_3 = 0$$

(2-12) 式のような多元方程式の場合、Excel のアドイン機能の1つである"ソルバー"を利用するとよい（ソルバーの追加方法は付録 A を参照）。まず、ソルバーで計算するために非線形関数を以下のように定義する。

$$f_1(\phi_1, \phi_2, \phi_3) = a_{11}\phi_1 + a_{1n}\phi_1^n + a_{31}\phi_3 + a_{3n}\phi_3^n \quad \cdots\cdots\cdots \quad (2\text{-}13\text{a})$$
$$f_2(\phi_1, \phi_2, \phi_3) = a_{21}\phi_2 + a_{2n}\phi_2^n - a_{31}\phi_3 - a_{3n}\phi_3^n \quad \cdots\cdots\cdots \quad (2\text{-}13\text{b})$$
$$f_3(\phi_1, \phi_2, \phi_3) = \phi_1 - \phi_2 - \phi_3 \quad \cdots\cdots\cdots\cdots\cdots\cdots\cdots\cdots \quad (2\text{-}13\text{c})$$

次いで図 2-7 のように Excel の画面上で、変化させるセルと目的セル、

および制約条件を入力するセルを決める。図2-7ではG3、G4、G5が変化させるセルでそれぞれ ϕ_1、ϕ_2、ϕ_3 に対応する。G8は目的セルで、(2-13a) 式を入力する。G9とG10は制約条件でそれぞれ (2-13b) 式および (2-13c) 式を入力する。

いま、鉄心の寸法が計算例1-2と同一で、磁気特性が $H=65B+5.1B^{13}$ で与えられるものとする。このときの磁路長と断面積は、

$$l_1 = l_2 = 0.21 [\text{m}],\ l_3 = 0.08 [\text{m}],\ S_1 = S_2 = 4\times 10^{-4} [\text{m}^2],\ S_3 = 6\times 10^{-4} [\text{m}^2]$$

となり、(2-11) 式の係数は以下の通り求められる。

$$\begin{aligned} a_{11} &= a_{21} = 3.413\times 10^4 [\text{A/Wb}],\ a_{31} = 8.667\times 10^3 [\text{A/Wb}] \\ a_{1n} &= a_{2n} = 1.596\times 10^{44} [\text{A/Wb}^{13}],\ a_{3n} = 3.124\times 10^{41} [\text{A/Wb}^{13}] \end{aligned} \quad (2\text{-}14)$$

図2-7の左側にこれらの寸法や係数をまとめて示した。セルC2が次数 $n=13$、C3とC4が磁化係数 α_1、α_n、C5からC7が磁路長 $l_1 \sim l_3$、C11からC10が断面積 $S_1 \sim S_3$、C12からC17は係数 $a_{11} \sim a_{3n}$ である。以上か

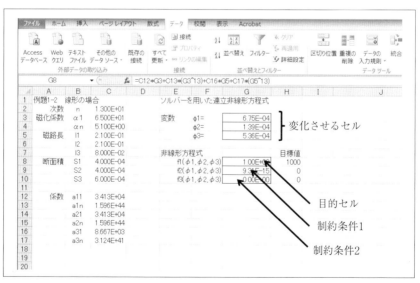

〔図2-7〕ソルバーで計算する場合の画面

ら目的セルおよび制約条件セルに以下のように入力する。

目的セル（G8）　　　「=C12*G3+C13*G3^C2+C16*G5+C17*G5^C2」
制約条件1（G9）　　「=C14*G4+C15*G4^C2−C16*G5−C17*G5^C2」
制約条件2（G10）　　「=G3−G4−G5」

　ここで図2-8のように、メニューバーの「データ」→「ソルバー」を選択すると、図2-9のようなパラメータ設定画面が現れるので、目的セルをG8、変数セルをG3〜G5に設定する。制約条件1、2はG9およびG10に入力した式が0であることを意味する。以上のもとに目標値として1000を入力し、「解決」をクリックすれば探索結果がG3〜G5に表示される。これより、起磁力1000[A]（巻線電流10[A]）における磁束値は

$$\phi_1 = 6.75\times10^{-4}[\text{Wb}],\ \phi_2 = 1.39\times10^{-4}[\text{Wb}],\ \phi_3 = 5.36\times10^{-4}[\text{Wb}]$$

と求められる。

2−2−2　ルンゲ・クッタ法による電圧入力時の計算

　図2-10のように、リアクトルに交流電圧$v=V_m\sin\omega t$が印加された場合を考える。巻線抵抗も含めた回路抵抗をrとすると回路方程式は

$$N\frac{d\phi}{dt}+ri=V_m\sin\omega t \quad\cdots\cdots\cdots\cdots\cdots\cdots\cdots\cdots\cdots\cdots\cdots\cdots (2\text{-}15)$$

磁心の磁気特性が$Ni=a_1\phi+a_n\phi^n$で与えられるとき、(2-15)式は次のよ

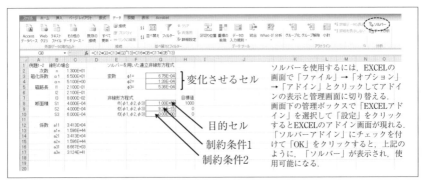

〔図2-8〕ソルバーを起動させる場合

うに書き換えられる。

$$N\frac{d\phi}{dt} + \frac{a_1 r}{N}\phi + \frac{a_n r}{N}\phi^n = V_m \sin\omega t \qquad \text{(2-16)}$$

〔図 2-9〕パラメータ設定画面

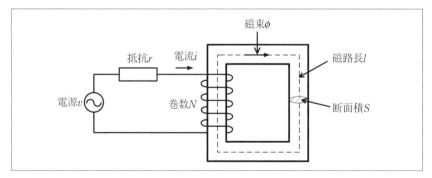

〔図 2-10〕非線形磁気特性を有するリアクトル

(2-16) 式のような非線形微分方程式はオイラー法でも解析できるが、ここでは非線形性が強い計算によく使われるルンゲ・クッタ法を適用する。

まず、(2-16) 式を次のように変形する。

$$\frac{d\phi}{dt} = \frac{V_m}{N}\sin\omega t - \frac{a_1 r}{N^2}\phi - \frac{a_n r}{N^2}\phi^n \equiv f(t,\phi) \quad \cdots\cdots\cdots (2\text{-}17)$$

ルンゲ・クッタ法では、ある時刻 t_j における磁束を ϕ_j とすれば、$t_{j+1}(=t_j+\delta t)$ における磁束 ϕ_{j+1} は次式で与えられる。

$$\phi_{j+1} = \phi_j + \frac{1}{6}(k_1 + 2k_2 + 2k_3 + k_4) \quad \cdots\cdots\cdots (2\text{-}18)$$

ここで $k_1 \sim k_4$ は時間ステップを δt として次式で与えられる。

$$\begin{aligned}
k_1 &= \delta t \times f(t_j, \phi_j) \\
k_2 &= \delta t \times f\left(t_j + \frac{\delta t}{2}, \phi_j + \frac{k_1}{2}\right) \\
k_3 &= \delta t \times f\left(t_j + \frac{\delta t}{2}, \phi_j + \frac{k_2}{2}\right) \\
k_4 &= \delta t \times f(t_j + \delta t, \phi_j + k_3)
\end{aligned} \quad \cdots\cdots\cdots (2\text{-}19)$$

$t=0$ における初期値 ϕ_0 が与えられれば、(2-17) 式～ (2-19) 式より δt 毎の磁束が計算される。

計算例2-2

鉄心の磁気特性が $H=65B+5.1B^{13}$、磁路長が $l=0.18$[m]、断面積が $S=1.5\times 10^{-4}$[m^2] とすると、$a_1=7.80\times 10^4$[A/Wb]、$a_{13}=4.72\times 10^{49}$[A/Wb^{13}] となる。よって、巻数を $N=100$、抵抗を $r=5$[Ω]、電源電圧の振幅を $V_m=10$[V]、周波数を $f=50$[Hz] とすれば、(2-17) 式から次式が得られる。

$$f(t,\phi) = 0.1\sin 314t - 39\phi - 2.36\times 10^{46}\phi^{13} \quad \cdots\cdots\cdots (2\text{-}20)$$

図 2-11 は、$t=0$ における初期値を $\phi_0=0$ として Excel によって磁束と電流を計算したものである。ここで時間ステップは $\delta t=0.0001$[s] とした。

磁気特性の非線形性によって高調波電流が生じるため、巻線の印加電圧も歪み、結果的に磁束波形も非正弦波になることがわかる。

2−3　回路シミュレータによる非線形磁気回路の解析
2−3−1　非線形磁気抵抗の SPICE モデル

　以上は Excel を利用した非線形磁気回路の解析例であるが、1 章で述べた回路シミュレータを利用することもできる。すなわち、磁路長が l[m]、断面積が S[m^2] の鉄心において、鉄心材料の B-H 特性が $H=\alpha_1 B+\alpha_n B^n$ で与えられるとき、起磁力と磁束の関係は次のように表される。

$$Ni = \frac{\alpha_1 l}{S}\phi + \frac{\alpha_n l}{S^n}\phi^n = a_1\phi + a_n\phi^n \quad \cdots\cdots\cdots\cdots\cdots\cdots (2\text{-}21)$$

(2-21) 式の起磁力は磁束に比例する成分 $Ni_1=a_1\phi$ と、磁束の n 乗に比例する成分 $Ni_n=a_n\phi^n$ に分けられる。前者は線形抵抗で表すことができる

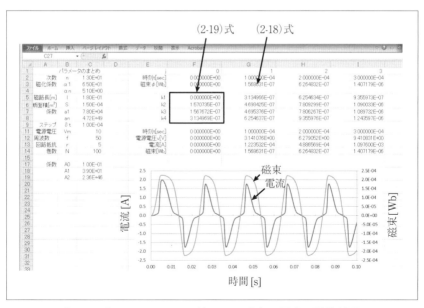

〔図 2-11〕ルンゲ・クッタ法による磁束と電流の計算結果

が、後者は非線形な素子が必要になる。1-8-3項で電気回路と磁気回路の結合にSPICEの組込み素子である電流制御電圧源(回路記号"H")を使用したが、この従属電源の特性を多項式で指定することもできる。以下SPICEの制御電源について少し詳しく説明する。

SPICEでは表2-1の4種類の制御電源が標準で用意されている。図2-12はこれらの制御電源を示したもので、いずれも入力と出力の関係が線形の場合と非線形の場合が扱える。線形の場合はゲインをKとして、入力と出力の関係は

$$S_{out} = KS_{in} \qquad\qquad\qquad\qquad\qquad (2\text{-}22)$$

で与えられる。ここでS_{in}は制御電源の入力、S_{out}は出力を表す。非線形の場合は、入力と出力の関係は次の多項式で与えられる。

〔表2-1〕SPICEの従属電源の種類

名称	素子記号	入力	出力
電圧制御電圧源	E	電圧	電圧
電流制御電流源	F	電流	電流
電圧制御電流源	G	電圧	電流
電流制御電圧源	H	電流	電圧

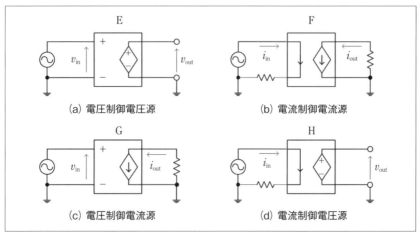

〔図2-12〕SPICEにおける制御電源

$$S_{out} = k_0 + k_1 S_{in} + k_2 S_{in}^2 + \cdots + k_n S_{in}^n \quad \cdots\cdots\cdots\cdots\cdots\cdots (2\text{-}23)$$

したがって係数 k_0、k_1、・・、k_n を指定することにより、非線形な入出力特性のモデル化が可能になる。図 2-13 は非線形な電流制御電圧源の使用例である。図の従属電源 H1 を右クリックすると図 2-14 のパラメータ設定画面が現れる。ここでは一例として "value" 欄に "POLY(1) V2 0 0 0 2" と入力されている。"POLY(1)" は、制御電源 H1 の特性が非線形な 1 価

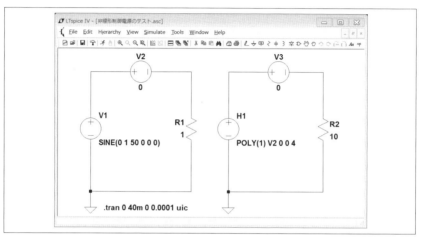

〔図 2-13〕非線形従属電源の使用例

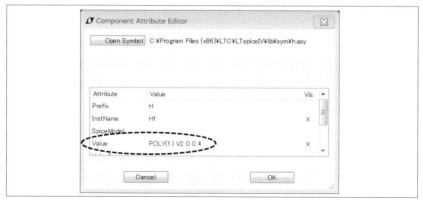

〔図 2-14〕非線形従属電源のパラメータ設定画面

関数で与えられることを表す。"V2" は入力の指定で、ここでは V2 で検出される電流 i_{in} が入力になる。"0 0 2" は (2-23) 式の係数が「$k_0=0$, $k_1=0$, $k_2=2$ (k_3 以降は自動的に 0 になる)」であることを表すので、H1 の出力は次式で与えられる。

$$v_{out} = 4i_{in}^2 \quad \cdots\cdots\cdots\cdots\cdots\cdots\cdots\cdots\cdots\cdots\cdots\cdots\cdots (2\text{-}24)$$

図 2-13 で電源電圧は $v_1=\sin(2\pi\times50)t$[V]、抵抗は $R_1=1$[Ω] なので、電流は $i_m=\sin(2\pi\times50)t$[A]。よって (2-24) 式より次式が得られる。

$$v_{out} = 4\{\sin(2\pi\times50)t\}^2 = 2\{1-\cos2(2\pi\times50)t\}\text{[V]} \quad \cdots\cdots (2\text{-}25)$$

図 2-15 は SPICE による計算結果であり、(2-25) 式に一致することがわかる。

さて、非線形磁気特性が $Ni=a_1\phi+a_n\phi^n$ で与えられる場合、起磁力を電圧、磁束を電流に置き換えれば前述の電流制御電圧源 H が使用できる。図 2-16 に、このような考えによる非線形磁気抵抗モデルを示す。図の R は値が a_1 の線形抵抗、H が電流制御電圧源である。電流 ϕ (磁気回路上は磁束) に対して、H によって端子 2-0 間に $a_n\phi^n$ で与えられる電圧 (磁

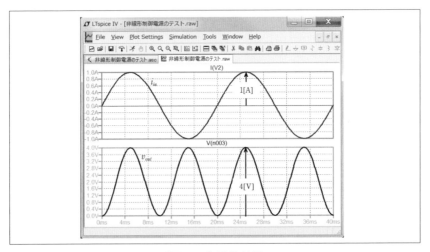

〔図 2-15〕計算結果

気回路上は起磁力)が出力される。したがって $Ni=a_1\phi+a_n\phi^n$ の関係が成立する。ここで (2-23) 式からもわかるように、電流制御電圧源 H は電流の1次の項も使えるので、式の上では $a_1\phi$ も H の中に含めることができるが、SPICE では電圧源のみで閉ループを形成すると禁則処理としてエラーがでるため、ここでは線形成分 $a_1\phi$ と非線形成分 $a_n\phi^n$ に分けている。

2－3－2　リアクトルの磁化曲線の計算

以上に基づいて図 2-17 (a) の額縁型鉄心と、(b) の空隙付き鉄心の非

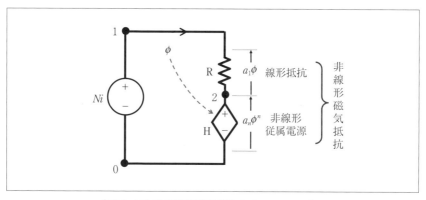

〔図 2-16〕非線形磁気抵抗の SPICE モデル

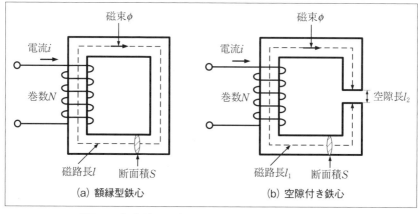

〔図 2-17〕非線形磁気抵抗のモデル化に用いた鉄心

線形磁気抵抗モデルを導いてみる。それぞれの鉄心の諸元とパラメータを表2-2にまとめた。

　LTSpiceで作成した額縁型鉄心の非線形磁気抵抗モデルを図2-18に示す。図においてV1は巻線電流起磁力 Ni を与える電圧源、V2は磁束 ϕ を検出するためのゼロ電源である。R1は磁束の1次の項を与える線形抵抗、H1が磁束の13次の項を与える非線形従属電源であり、H1の属性は図2-19のように指定する。図2-20に正弦波起磁力に対する磁束の計算結果を示す。ここで起磁力の振幅は3600[A]とした。起磁力が正弦波の場合、磁気飽和によって磁束波形が歪む。最大磁束 2.83×10^{-4}[Wb]は磁

〔表2-2〕鉄心の諸元とパラメータ

	額縁型鉄心	空隙付き鉄心
磁化曲線	$H=65B+5.1B^{13}$	
巻数	$N=100$	
鉄心断面積	$S=1.5 \times 10^{-4}$[m^2]	$S=1.5 \times 10^{-4}$[m^2]
鉄心磁路長	$l=0.180$[m]	$l_1=0.179$[m]
空隙長		$l_2=0.001$[m]
鉄心部磁気特性	$a_1=7.80 \times 10^4$[A/Wb] $a_{13}=4.72 \times 10^{49}$[A/Wb^{13}]	$a_1=7.76 \times 10^4$, $a_{13}=4.69 \times 10^{49}$
空隙部磁気抵抗		$R_2=5.31 \times 10^6$

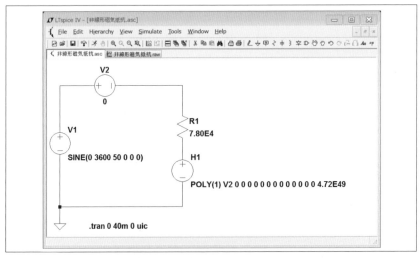

〔図2-18〕額縁型鉄心の非線形磁気抵抗モデル（LTSpice）

束密度で 1.87[T] になり、飽和が深い領域で動作していることがわかる。

図 2-21 は空隙付き鉄心の非線形磁気回路モデルである。R1 と H1 が鉄心部の磁気抵抗、R2 が空隙部の磁気抵抗である。図 2-22 に磁束の計算結果を示す。空隙部が存在するために、磁束の変化が緩和されていることがわかる。図 2-23 は、巻数を 100 ターンとしたときの磁束と電流の関係を X-Y グラフで表示したものである。これは図 2-5 に示した Excel による計算結果に対応するもので、本章で述べた非線形磁心の SPICE モデルの妥当性が了解される。

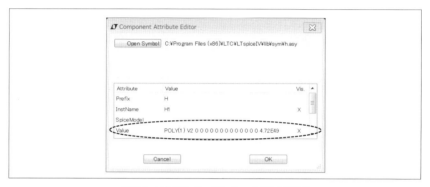

〔図 2-19〕H1 のパラメータ設定画面

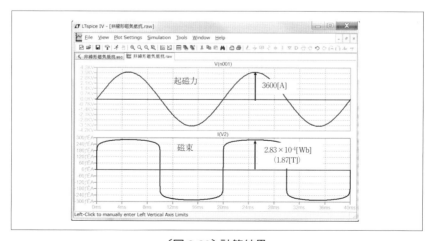

〔図 2-20〕計算結果

◆第2章　非線形磁気回路の解析手法

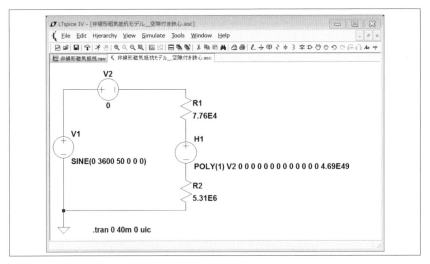

〔図2-21〕空隙付き鉄心の非線形磁気回路モデル

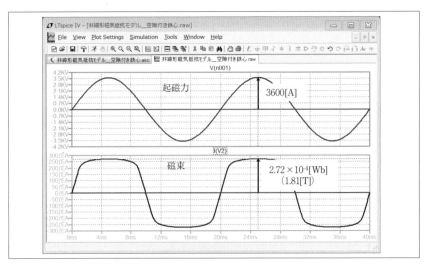

〔図2-22〕計算結果

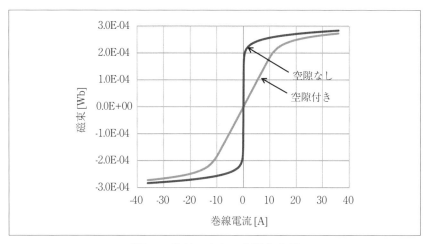

〔図2-23〕リアクトルの磁化曲線

2-3-3　電圧入力時の計算
(1) リアクトル

1-8-2項で紹介したように、SPICEでは電流制御電圧源とアナログビヘビアモデルを利用して電気回路と磁気回路を接続することができる。磁気回路が非線形の場合でも同様である。ここで、図2-24に示すように、交流電源に接続されたリアクトルの磁束と電流を求めてみる。図2-25は電源とリアクトルをLTspiceでモデル化したものである。ここで、鉄心および巻線の諸元は表2-2の額縁型鉄心と同じであり、回路抵抗はr=5[Ω]、電源電圧の振幅は10[V]、周波数は50[Hz]とした。図2-26に磁束と電流の計算結果を示す。左の縦軸のスケールは起磁力を示しているので巻数100で割れば電流値になる。右の縦軸のスケールは磁束で、250[$f\hat{E}A$]は250×10^{-6}[A]=2.5×10^{-4}[Wb]になる。図2-11のルンゲ・クッタ法による計算と同じ結果が得られていることがわかる。

(2) 三脚鉄心

三脚鉄心のように磁路が複数に分かれる場合は非線形な連立微分方程式を扱うことになり、ルンゲ・クッタ法では計算が煩雑になる。これに対して、回路シミュレータでは磁路の追加のみでモデル化が可能なので、

◆第2章　非線形磁気回路の解析手法

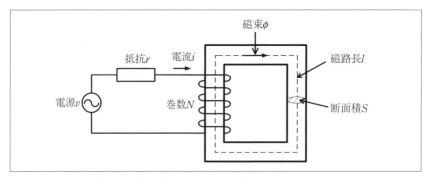

〔図2-24〕非線形磁気特性を有するリアクトル

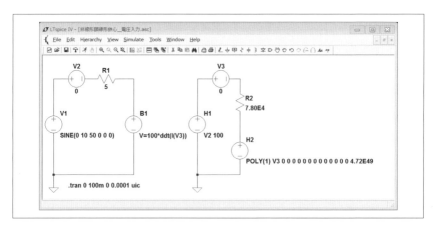

〔図2-25〕電圧入力時の解析モデル

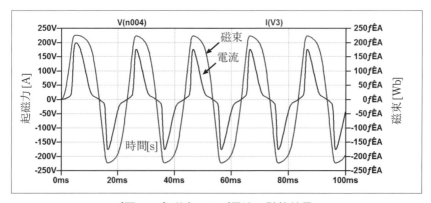

〔図2-26〕磁束および電流の計算結果

複雑な磁気回路の解析も容易である。

いま、図2-27に示した三脚鉄心の磁気特性が$H=65B+5.1B^{13}$で与えられた場合の磁束と巻線電流を計算する。鉄心寸法は計算例1-2と同じとすれば、それぞれの磁路長と断面積および磁化曲線の係数は表2-3のようになる。巻数は$N_1=100$とする。

図2-28にこのときの解析モデルを示す。図の左側が電気回路、右側が磁気回路のモデルになる。電気回路において、VPが正弦波電圧源（振幅=20[V]、周波数=50[Hz]）、RAが回路抵抗（5[Ω]）、B1が逆起電力$N_1(d\phi_1/dt)$を与えるアナログビヘビアモデル、VAが巻線電流i_1の検出用電源である。磁気回路においては、HSが巻線電流起磁力N_1i_1を与える従属電源、V1、V2、V3が磁束ϕ_1、ϕ_2、ϕ_3の検出用電源、R1-H1、R2-H2、R3-H3がそれぞれの磁路の非線形磁気抵抗である。H1～H3のパラメータは図2-18と同様の方法で設定する。図2-29に計算結果を示す。

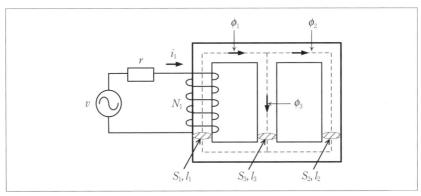

〔図2-27〕非線形磁気特性を有する三脚鉄心

〔表2-3〕鉄心諸元および磁化曲線の係数

	磁路1	磁路2	磁路3
磁化曲線	$H=65B+5.1B^{13}$		
鉄心断面積	$S_1=S_2=4\times10^{-4}$[m^2]		$S_3=6\times10^{-4}$[m^2]
鉄心磁路長	$l_1=l_2=0.21$[m]		$l_3=0.08$[m]
磁化曲線の係数	$a_{11}=a_{21}=3.413\times10^{4}$[A/Wb] $a_{1n}=a_{2n}=1.596\times10^{44}$[A/Wb^{13}]		$a_{31}=8.667\times10^{3}$[A/Wb] $a_{3n}=3.124\times10^{41}$[A/Wb^{13}]

2-4 変圧器への適用例

図2-30に変圧器の基本構成を示す。図において v_1、i_1、N_1 はそれぞれ一次電圧、一次電流、一次巻線を示す。ϕ は磁心磁束、N_2 は二次巻線、v_2 は二次電圧である。i_2 は二次電流で負荷電流とも呼ばれる。いま、一次巻線と二次巻線の抵抗を r_1、r_2、負荷抵抗を R_L とすれば次式が成り立つ。

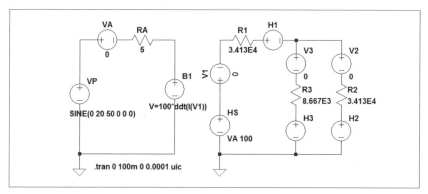

〔図2-28〕電圧入力時の三脚鉄心の非線形磁気回路モデル

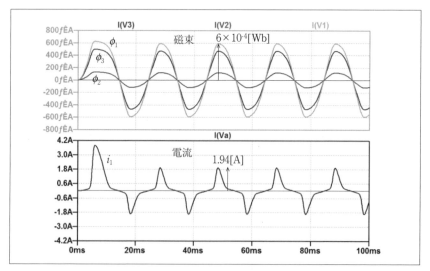

〔図2-29〕磁束ならびに巻線電流の計算結果

$$v_1 = r_1 i_1 + N_1 \frac{d\phi}{dt}$$
$$v_2 = R_L i_2 = N_2 \frac{d\phi}{dt} - r_2 i_2$$
·· (2-26)

変圧器の鉄心の磁気特性を $Ni = a_1 \phi + a_n \phi^n$ とすれば、鉄心に加わる起磁力は $Ni = N_1 i_1 - N_2 i_2$ なので、

$$N_1 i_1 - N_2 i_2 = a_1 \phi + a_n \phi^n$$ ·· (2-27)

これらの式から変圧器の SPICE モデルは図 2-31 のようになる。同図の左側は一次回路、右側が二次回路、中央が磁気回路である。図 2-32 は

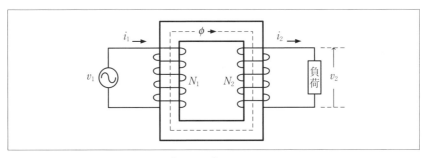

〔図 2-30〕変圧器

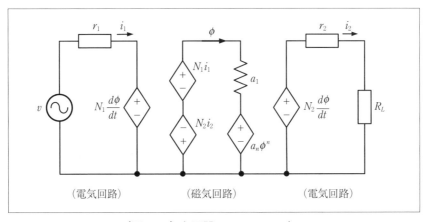

〔図 2-31〕変圧器の SPICE モデル

LTspiceによるモデルの作成例である。ここで、鉄心は図2-25と同じとし、一次巻数N_1=200、二次巻数N_2=100、一次および二次巻線抵抗r_1=2[Ω]、r_2=0.5[Ω]とした。図2-33は変圧器の起動時から定常状態に達するまでのシミュレーション結果の一例である。これを見ると、起動時は突入電流のために磁心の動作点は飽和領域まで達していることがわかる。

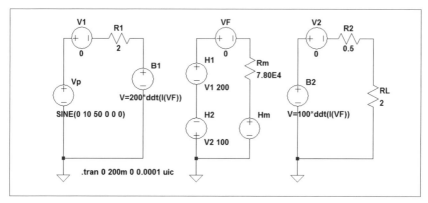

〔図2-32〕LTSpiceによる計算モデル

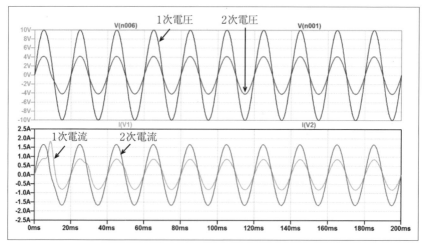

〔図2-33〕変圧器のシミュレーションの一例

2－5　DC-DC コンバータへの適用例

　インバータやコンバータなどのパワーエレクトロニクス回路には、リアクトルや変圧器が使用されることが多い。SPICE シミュレーションに前述の非線形磁気回路モデルを組み込むことにより、磁気飽和も考慮した解析が可能になる。簡単な例として、図 2-34 の降圧チョッパにおいて、平滑リアクトル L として表 2-2 に示した空隙付き鉄心を適用した場合の動作を解析してみる。

　図 2-35 は降圧チョッパの SPICE モデルである。左側の回路が電気回路、右側が磁気回路を示す。電気回路における Vp は直流電源、M1 はスイ

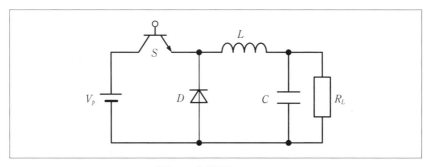

〔図 2-34〕降圧チョッパ

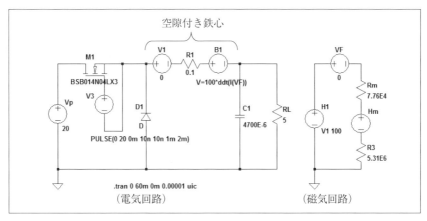

〔図 2-35〕降圧チョッパの SPICE モデル

ッチング用の FET、D は環流ダイオードである。V1 はリアクトル電流の検出用電源、R1 は巻線抵抗を含む回路抵抗、B1 は巻線の逆起電力を与えるアナログビヘビアモデル、C は平滑用コンデンサ、RL は負荷抵抗である。磁気回路における H1 は巻線電流起磁力を与える従属電源である。鉄心部の磁気抵抗 Rm、空隙部磁気抵抗 R3、および非線形従属電源 Hm は図 2-21 と同じものを使用した。図 2-35 の V3 は M1 のゲート電源で、周期 2[ms] (500Hz)、時比率 0.5 のパルス電圧が M1 のゲートに印加されるようにパラメータを設定している。

図 2-36 に $t=0[s]$ から 60[ms] までのシミュレーション結果を示す。同図は入力直流電圧 Vp=20[V]、負荷抵抗 RL=5[Ω] のときの負荷電圧 e_L、FET "M1" の出力端電圧 e_d、リアクトルの磁心磁束および巻線電流の各波形である。これを見ると、起動時に磁気飽和の影響でリアクトルに過大な電流が流れるが、10 サイクル程度で定常状態に落ち着くことがわかる。

図 2-37 は負荷抵抗 R_L=5[Ω] と R_L=0.5[Ω] のときの定常状態における各部波形を比較して示したものである。R_L=5[Ω] では負荷電流が小さいため、リアクトル電流は不連続モードで動作する。一方、R_L=0.5[Ω] で

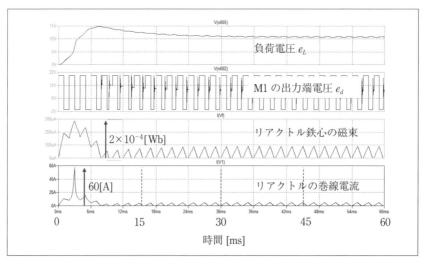

〔図 2-36〕シミュレーション結果

は負荷電流が増加し、リアクトル電流も連続モードになる。図2-38は、R_L=5[Ω]とR_L=0.5[Ω]における磁束と巻線電流の関係を空隙付き鉄心の磁化曲線に重ねて描いたものである。これを見ると、R_L=5[Ω]では鉄心は磁気飽和に達していないが、R_L=0.5[Ω]では負荷電流が増加する結果、リアクトルは鉄心の磁気飽和領域で動作することがわかる。

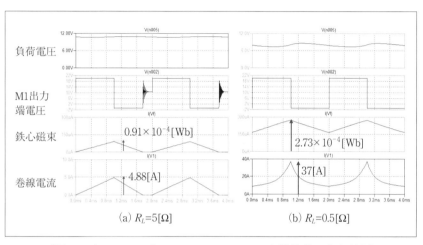

〔図2-37〕R_L=5[Ω]とR_L=0.5[Ω]における定常状態の各部波形

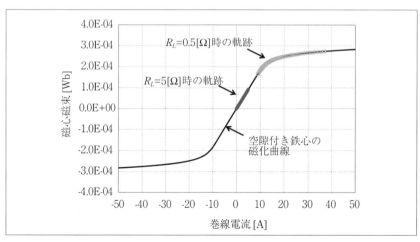

〔図2-38〕リアクトルの磁束対巻線電流の軌跡

2-7 まとめ

　以上、鉄心の非線形磁気特性を考慮した磁気回路の計算方法について述べた。非線形な回路方程式を解析的に解くことは困難で、一般には数値計算によって解を求めることになる。そのための計算ツールとしてここではExcelや回路シミュレータを利用する方法を紹介した。本章では、回路シミュレータはLTspiceを使用したが、PSpiceあるいはTopSpiceでも基本的なモデル化の方法は同じである。これらの回路シミュレータは、回路規模が大きくなっても適用は容易なので、複雑な形状の磁心でも分割磁路の数を増やせば磁気回路による解析が可能になる。また、磁心形状が単純でも磁心内の磁束分布が無視できない場合は、分割した磁路をさらに細かく分割すればよい。さらに、漏れ磁束が無視できない場合は、磁心外空間も分割して漏れ磁束が通過する磁気回路を設定すればよい。3章では、このような考えに基づいた磁気回路網による解析手法について述べる。

参考文献

1) D. Pei and P. O. Lauritzen：A Computer Model of Magnetic Saturation and Hysteresis for Use on SPICE2, IEEE Transactions on Power Electronics. **PE-1**, 101（1986）
2) O. Ichinokura, K. Sato, T. Jinzenji, and K. Tajima：A spice model of orthogonal-core transformers, Journal of Applied Physics, **69**, 4928（1991）
3) 志村正道：非線形回路理論、第1章、昭晃堂（1977）

第3章
磁気回路網（リラクタンスネットワーク）による解析

前章までに述べたように、磁気回路法では、磁気デバイスが電圧源やインバータなどの電子機器で駆動される場合でも回路動作と磁心動作を同時に解析する連成解析が可能になるほか、磁気抵抗の特性を非線形関数で与えることで磁気飽和などの非線形磁気特性の考慮も容易である。したがって、複雑な磁束分布も考慮できるよう、解析領域を細分化し、各要素を適切な磁気回路で表現することで磁気回路網による解析モデルを構築すれば、磁気回路法の長所を生かしつつ、磁気デバイスを用いた各種電気機器（リアクトル、変圧器、モータなど）の比較的高精度な動作解析が可能となる。

　本章では磁気回路網解析（Reluctance Network Analysis、以下 RNA と略す）における、解析モデル（RNA モデル）導出の基礎と磁気デバイス解析への適用例、回路シミュレータによる RNA モデルの構築方法について述べる。なお、鉄心材質の磁気特性は基本的に線形特性として取り扱っているが、3-2-3 (3) 項のみ非線形特性を考慮している。

３－１　RNA モデル導出の基礎

　ここでは1章の磁気回路法の説明で用いられた額縁型鉄心を例にとり、RNA モデルの導出過程を説明する。

　図 3-1 に額縁型鉄心の1つの脚に1巻線を施したリアクトルを示す。ただし鉄心厚み方向（z 方向）の磁束は小さいものとして無視し、x および y 方向の磁束の流れのみを考慮した2次元解析モデルを導くものとする。

　まず、解析対象を透磁率の高い鉄心とそれ以外の部分に分け、図 3-2 に示すようにいくつかの直方体要素で分割する。ただし、鉄心外の漏れ磁束も考慮するため、鉄心幅 a と同じ幅の鉄心外空間も解析領域に加えている。

　各直方体要素は図 3-3 に示す2次元単位磁気回路で表現されるものとする。一般にモータなどの磁気デバイスでは、時間とともに各部の磁束の向きや大きさが変動する。このため、磁気デバイスの高精度な動作解析では、磁束をベクトルで取り扱う必要がある。ここでは、分割要素内磁束の x 方向成分および y 方向成分に対応した磁路を設定して磁気抵抗

を配置している。各磁気抵抗の大きさは分割要素の寸法を用いて設定された断面積 S と磁路長 l、および分割要素における材質の透磁率 μ を用いて、$R_m = l/(\mu S)$ で与えている。

以上より、各分割要素の単位磁気回路を接続すれば、額縁型鉄心の2次元 RNA モデルとして図3-4 が得られる。ここで、巻線電流による起磁力は、簡単のため、空間的な分布は無視し、図中の起磁力源で表現するものとする。本 RNA モデルにおいて起磁力 Ni を与えて計算すれば、各部の磁束を計算することができる。図中の ϕ_m は励磁巻線を鎖交する

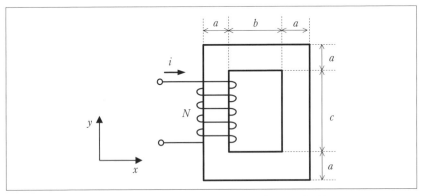

〔図 3-1〕額縁型鉄心の磁心形状（図 1-4 参照）

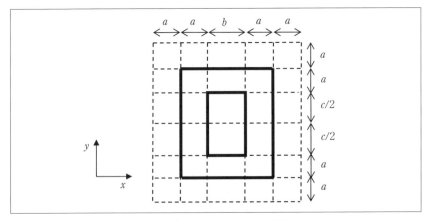

〔図 3-2〕額縁型鉄心の分割図

磁束、ϕ は巻線を施していない脚の磁束である。

磁束 ϕ_m および ϕ の計算結果を表3-1に示す。ここでは参考のため、2次元有限要素法による計算例も示した。2次元RNAモデルによる計算結果は1章計算例1-1と同様な磁気回路による計算結果とほぼ一致するが、有限要素法による計算結果とは差異がある。また、有限要素法の計

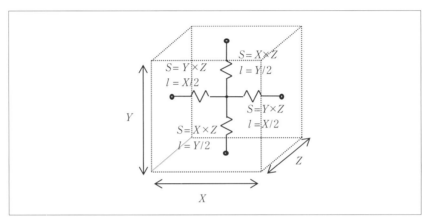

〔図3-3〕2次元単位磁気回路

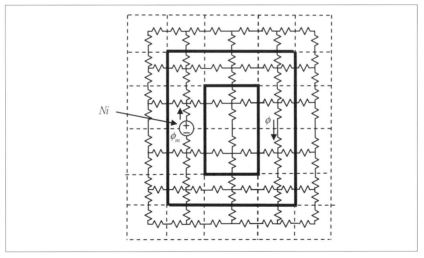

〔図3-4〕額縁型鉄心の2次元RNAモデル

算結果を見ると、ϕ_m と ϕ の差は小さく、鉄心外への漏れ磁束が小さいことがわかる。

なお、額縁型鉄心は内周部の実効的な磁路長が外周部より短くなることから、内周部の磁束密度が外周部より高くなることが知られている。計算精度を高めたい場合は、鉄心を幅方向に分割し、磁束密度分布を考慮してRNAモデルを導出すればよい。

図3-5に鉄心を幅方向に2等分したRNAモデルを示す。図において巻線電流による起磁力源は2等分された鉄心の双方に配置され、励磁巻線の鎖交磁束 ϕ_m と、巻線を施していない脚の磁束 ϕ は各々内周部および外周部の磁束の和として求めている。この幅方向の分割数を増やせば、より高精度な解析が可能となる。

図3-6に、鉄心を幅方向に分割しない場合(分割数n=1)、2等分した

〔表3-1〕磁心磁束の計算結果

	磁束 $\phi_m[\times 10^{-4}\text{Wb}]$	磁束 $\phi[\times 10^{-4}\text{Wb}]$
2次元有限要素法	9.23	9.17
簡単な磁気回路(図1-5)	8.38	8.38
2次元RNAモデル	8.41	8.38

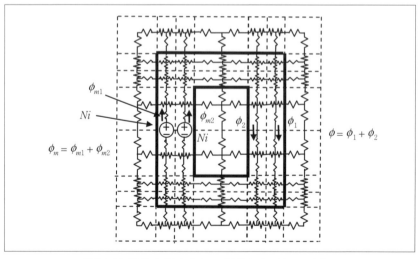

〔図3-5〕鉄心を幅方向に2等分したRNAモデル

場合 (n=2)、同様に4等分 (n=4)、8等分 (n=8)、16等分 (n=16) した場合のRNAモデルによる計算結果を示す。

RNAモデルで鉄心の幅方向の分割数nを増やすと有限要素法の計算結果に近づくが、2等分した段階で、有限要素法による計算結果に大略一致する計算結果が得られており、比較的少ない要素分割数で良好な計算結果が得られていることがわかる。

3−2 RNAによる解析事例

3−2−1　ギャップ付き額縁型鉄心の3次元RNAモデル

磁気デバイスおよびその周辺空間に磁束分布が広がる、いわゆる漏れ磁束が大となることが予想される開領域問題にRNAを適用してみる。ここでは、1章計算例1-1で取り扱った額縁型鉄心にギャップ（ギャップ長l_2）を設けた場合（図3-7）を解析対象とし、巻線鎖交磁束ϕ_mとギャップ磁束ϕを計算する。

まず、3-1節と同様に2次元RNAモデルを導出する。このときの磁心分割図を図3-8に、2次元RNAモデルを図3-9に示す。

計算結果を表3-2に示す。ギャップ磁束ϕは有限要素法・RNAとも、

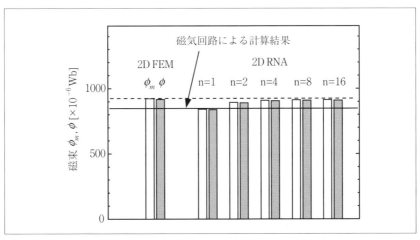

〔図3-6〕鉄心の幅方向の分割数nによる磁束計算結果の変化

磁気回路による計算結果にほぼ等しく、ギャップ磁束がギャップ磁気抵抗と巻線電流による起磁力で大略決定されていることがわかる。一方、巻線鎖交磁束 ϕ_m は有限要素法・RNAでギャップ磁束と差を生じ、巻線からギャップへ至る過程で大きな漏れ磁束を生じていることがわかる。漏れ磁束量は3次元解析時にさらに増大していることから、RNAでも、z 方向の磁束を考慮した3次元解析が必要となる。

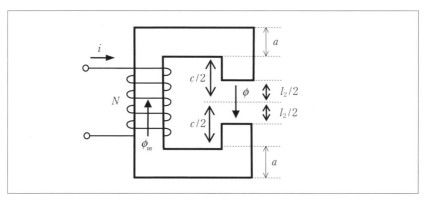

〔図3-7〕ギャップ付き鉄心（図1-6参照）

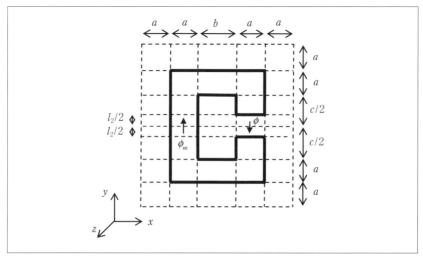

〔図3-8〕ギャップ付き鉄心の分割図

- 74 -

図3-10および図3-11に3次元RNAモデルの分割図と単位磁気回路を示す。3次元単位磁気回路は2次元単位磁気回路にz方向の磁束に対する磁気抵抗を付加したものである。3次元RNAモデルによる巻線鎖交磁束ϕ_mの計算結果を表3-3に示す（54.6×10^{-6}[Wb]）。2次元RNAモデルによる計算結果（42.7×10^{-6}[Wb]）から増加したものの、3次元有限要素法による計算結果（83.2×10^{-6}[Wb]）とは差が大きい。そこで、図3-12に示すように、磁心外空間等をより細分化し、漏れ磁束をより詳細に考慮可能としたRNAモデルを導出してみた。図において、磁心外空間の分割を1:2:4:9のように比で示したが、これは磁心に近い部分から遠い

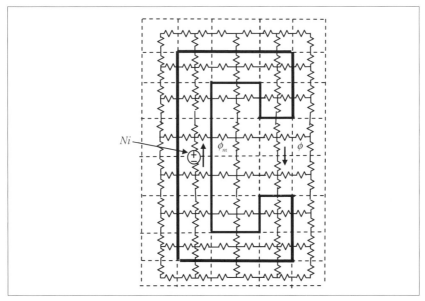

〔図3-9〕ギャップ付き鉄心の2次元RNAモデル

〔表3-2〕ギャップ付き鉄心の磁束計算結果（l_2=0.001[m]）

	励磁磁束 ϕ_m[$\times10^{-6}$Wb]	磁束 ϕ[$\times10^{-6}$Wb]
3次元有限要素法	83.2	34.8
2次元有限要素法	51.4	35.7
磁気回路（計算例1-1）	36.0	36.0
2次元RNAモデル	42.7	35.9

部分へ、$\frac{a}{8}$, $\frac{a}{4}$, $\frac{a}{2}$, $\frac{9}{8}a$（あるいは $\frac{d}{8}$, $\frac{d}{4}$, $\frac{d}{2}$, $\frac{9}{8}d$）と厚みを増やしていることを示す。

図 3-13 にギャップ長を 0.001～0.005[m] の範囲で種々変えた場合の巻線鎖交磁束 ϕ_m の計算結果を示す。解析領域の分割を密にすることで RNA でも 3 次元有限要素法による計算結果とほぼ同じ結果が得られ、いわゆる開領域問題に対してもある程度対応可能であることがわかる。

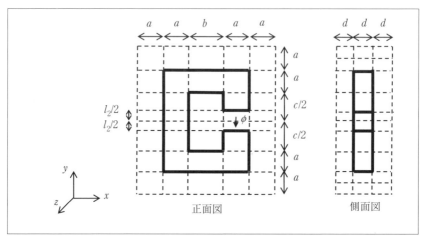

〔図 3-10〕ギャップ付鉄心の 3 次元分割図

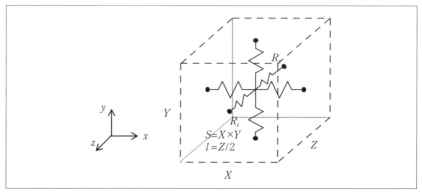

〔図 3-11〕3 次元単位磁気回路

〔表 3-3〕ギャップ付鉄心の磁束計算結果（l_2=0.001[m]）

	励磁磁束 ϕ_m[×10^{-6}Wb]	磁束 ϕ[×10^{-6}Wb]
3 次元有限要素法	83.2	34.8
2 次元 RNA モデル（図 3-10）	54.6	35.6

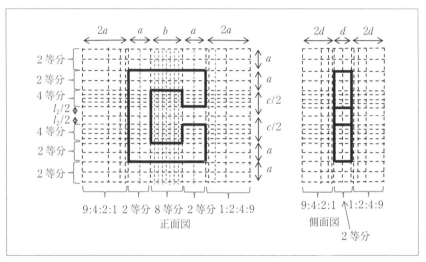

〔図 3-12〕ギャップ付鉄心のより細かな分割

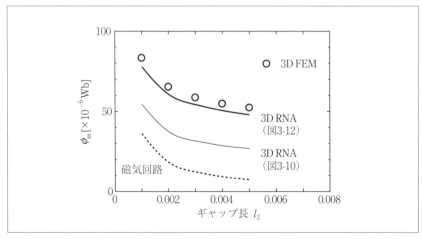

〔図 3-13〕ギャップ長による巻線鎖交磁束 ϕ_m の変化

3−2−2　額縁型鉄心を用いた変圧器のRNAモデル

1章で述べたように、磁気デバイスにおいて、その磁気回路と巻線を介して接続された外部電気回路を一体の回路として取り扱うことにより、その特性を容易に計算できる。このことは、RNAモデルにおいても同様である。ここでは構造が簡単な、額縁型鉄心を用いた2巻線変圧器の負荷特性算定に適用してみる。

図3-14に解析対象の回路を示す。磁心寸法・材料は3-1節で用いたものと同じであり、N_1=100、N_2=100として巻数比1の変圧器を構成した。1次巻線抵抗はr_1=0.1[Ω]とし、1次電圧v_1は実効値18[V]、周波数50[Hz]の正弦波交流電圧を与えた。R_Lは負荷抵抗であり、v_2は2次電圧である。i_1、i_2は1次および2次巻線電流を示す。

図3-15に本変圧器のRNAモデル（磁気デバイス部分のみ）を示す。3-1節において磁心を厚み方向に2等分することで3次元有限要素法に近い解析精度が得られたことから、ここでも同様なモデルを使用している。1次巻線の鎖交磁束がϕ_m、2次巻線の鎖交磁束がϕとなることから、本モデルに2章図2-31で示したような外部電気回路を組み合せることで、変圧器の動作シミュレーションが可能となる。

図3-16に負荷抵抗を種々変えた場合の2次電圧実効値V_2の変化を示す。2次元RNAモデルによる計算値は、負荷コンダクタンスの増大に対し巻線抵抗による電圧降下などのため徐々に減少していること、3次

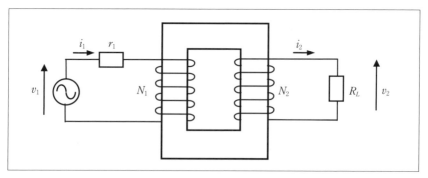

〔図3-14〕額縁型鉄心を用いた変圧器（図2-30参照）

元有限要素法による計算値と良好な対応を示すことがわかる。
３－２－３　磁心磁束分布が複雑となる場合
　前節までで、磁心構成が単純な額縁型鉄心の動作解析に対し、RNAの適用が有効であることを述べた。しかし、モータなどを始めとする実際の磁気デバイスでは、磁心構成が単純ではなく、局所的な磁気飽和を

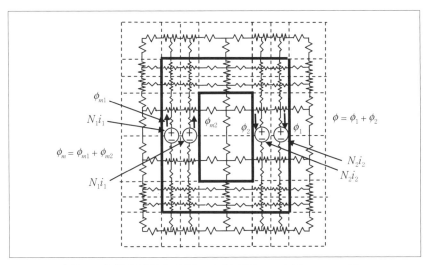

〔図 3-15〕額縁型鉄心を用いた変圧器の 2 次元 RNA モデル

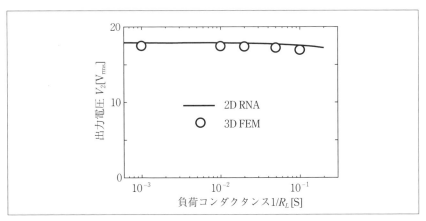

〔図 3-16〕負荷コンダクタンスによる出力電圧の変化

生じるなどにより磁心磁束分布が複雑化する場合がある。
　ここでは、1章の磁気回路法の説明で用いられた三脚鉄心を例にとり、変圧器特性および局所的な磁気飽和が生じる場合の動作解析へのRNAの適用について述べる。

(1) 三脚鉄心のRNAモデル

　まず、3-1節で述べた手順に従い、三脚鉄心の1つの脚に1巻線を施したリアクトル（図3-17）の2次元RNAモデルを導いた。図3-18に分割図を、これより得られるRNAモデルを図3-19に示す。

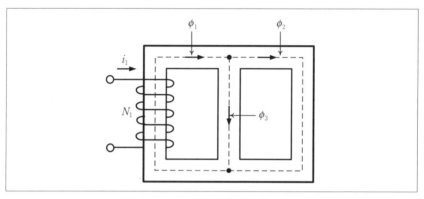

〔図3-17〕三脚鉄心の磁心形状（図1-7 (a) 参照）

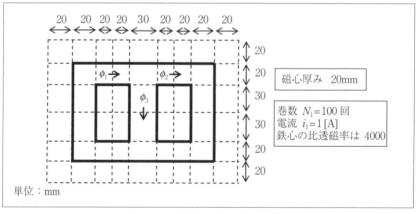

〔図3-18〕三脚鉄心の分割図（諸元は1章計算例1-2と同じ）

表3-4に磁束ϕ_1、ϕ_2、ϕ_3の計算結果を示す。2次元RNAモデルの計算結果は簡単な磁気回路の計算結果と等しく、3次元有限要素法による計算結果と差が認められる。そこで、3-1節と同様な考えに基づき、磁心を幅方向に2等分してRNAモデル（図3-20）を導いた。その結果、表3-4に示すように計算精度が向上して3次元有限要素法の計算値に近づき、三脚鉄心でも額縁型鉄心と同様、高精度の動作解析が可能であることがわかる。

　図3-21に示すような変圧器の解析に適用してみたところ、図3-20のRNAモデルを用いることで、3次元有限要素法による計算値とほぼ一致する結果が得られている（図3-22）。

(2) 磁気飽和が生じる場合の解析結果

　ここでは図3-23に示すように、三脚鉄心上部ヨークの厚みを薄くし、

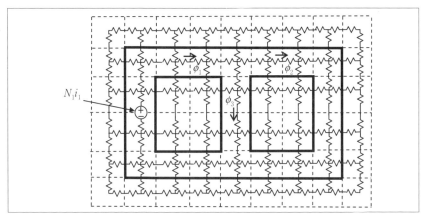

〔図3-19〕三脚鉄心の2次元RNAモデル

〔表3-4〕磁心磁束ϕ_1、ϕ_2、ϕ_3の計算結果

	$\phi_1[\times 10^{-4}\text{Wb}]$	$\phi_2[\times 10^{-4}\text{Wb}]$	$\phi_3[\times 10^{-4}\text{Wb}]$
3次元有限要素法	9.10	1.61	7.48
磁気回路（計算例1-2）	7.96	1.61	6.35
2次元RNAモデル（図3-19）	7.96	1.61	6.35
2次元RNAモデル（図3-20）	8.67	1.57	7.10

この部分で磁気飽和が生じやすいように設定する。これに対し、図3-24に示すように、中脚に施した巻線 N_2 には交流正弦波電圧 v_{AC} を印加し、2つの外脚双方に巻線 N_{11}、N_{12} は直列接続して直流電圧 v_{DC} を印加する。交流正弦波電圧の実効値13Vは直流電圧が印加されていない場合に、磁気飽和が生じないように設定している。

　この回路において直流電圧を印加すると、磁束が外脚と上下のヨークを周回する方向に生じ、中脚巻線 N_2 による磁束と重畳して上部ヨークを磁気飽和させることになる。これにより、中脚巻線 N_2 に流れる電流

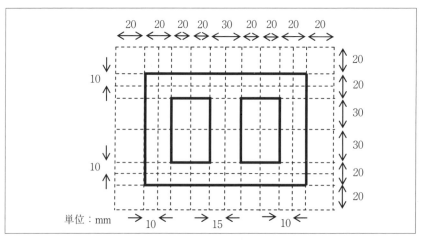

〔図3-20〕磁心を幅方向に2等分したときの三脚鉄心の分割図

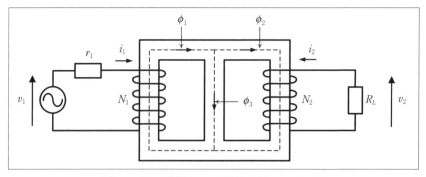

〔図3-21〕三脚鉄心に2巻線を施した変圧器

i_{AC} の大きさが増大し、中脚巻線 N_2 からみた三脚鉄心のみかけのインダクタンスが低減する。なお、外脚の巻線の N_{11}、N_{12} は中脚巻線 N_2 による変圧器作用による電圧を打ち消す方向に施されている。

　三脚鉄心形可変インダクタンスの3次元 RNA モデルを図3-25 に示す。巻線電流による起磁力は各々の脚中央に配置している。各磁気抵抗は2章で述べた方法に従い、図3-26 の特性を与え、磁気飽和を考慮可能と

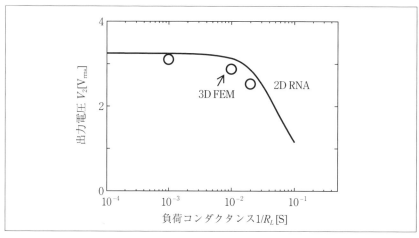

〔図3-22〕負荷コンダクタンスに対する2次電圧の変化

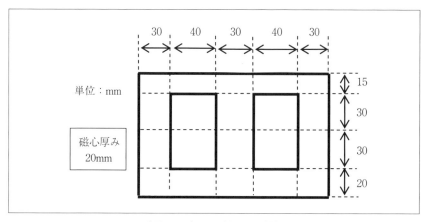

〔図3-23〕三脚鉄心の寸法

◆第3章 磁気回路網（リラクタンスネットワーク）による解析

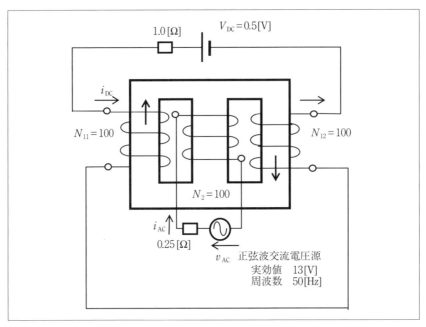

〔図 3-24〕局所的に磁気飽和する三脚鉄心の解析回路

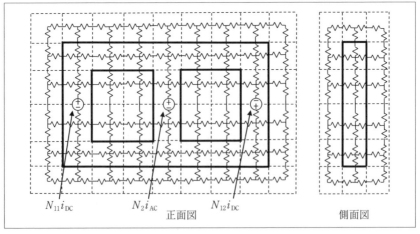

〔図 3-25〕三脚鉄心形可変インダクタンスの 3 次元 RNA モデル

している。

図 3-27 に直流巻線を開放した場合と直流電圧を印加した場合の、電

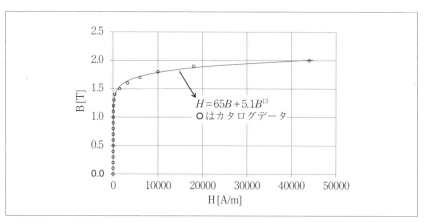

〔図 3-26〕磁心材質の磁気特性（図 2-2、35H210）

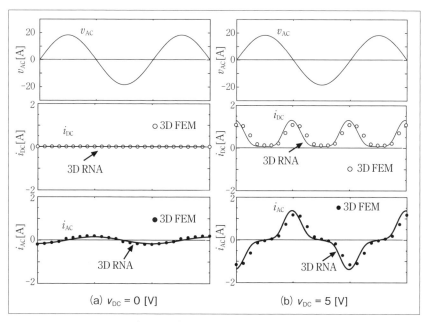

〔図 3-27〕各部の電圧電流波形

圧電流波形の計算例を示す。ここでは比較のため、有限要素法による3次元非線形過渡解析を行った。有限要素法における材質の特性には35H210を選択し、非線形特性を与えている。図より、直流巻線が励磁されていない場合は、磁気飽和が生じておらず、振幅の小さな正弦波電流となっているが、直流励磁を行うと、磁気飽和が生じて電流が増大するとともに歪波形となっていることがわかる。3次元RNAモデルと有限要素法では値に差が生じているが、波形歪などの傾向は一致しており、磁束分布が複雑となる場合でも分割数の少ない解析モデルで対応できる可能性があることがわかる。

3-3 回路シミュレータによるRNAモデルの構築方法

1章、2章で述べたように、回路シミュレータにおける回路図入力機能を利用すれば、本章で用いた解析モデルを作成できる。ただし、比較的磁心構成が簡単な額縁型鉄心でも、図3-4に示すように回路素子数は磁気抵抗98個、起磁力源1個となり、回路素子を1つずつ配置していく方法では多大な手間と時間を要する。このため、複雑・大規模化した解析モデルでも効率的に構築できる方法が必要となる。また、磁気デバイスの設計には鉄心の寸法や磁気特性などを種々変更した計算が要求されることがあり、設計上のパラメータの変化に応じて解析モデルを容易に変更可能であることも必要となる。

3-3-1 回路図エディタを利用する方法

LTspiceなどの回路シミュレータでは、いくつかの回路素子を組み合わせて新しい回路素子を定義できる機能と、回路素子内に設計上のパラメータの数値を引き渡す機能がある。これらの機能を利用すれば前述の要求に応えた解析モデルを効率的に構築できる。

たとえば、3-1節で述べた額縁型鉄心リアクトルの解析モデルにおいて、図3-4の鉄心分割図に対応させて、単位磁気回路に対応する回路素子□を用いれば、図3-28 (a) に示すようなおよそ30個の回路素子を配置した解析モデルとなる。

この回路素子□は同図 (b) のように4つの回路素子（磁気抵抗）で構

成される単位磁気回路を表現するものであり、鉄心寸法として与えられた a、b、c、d から分割要素の寸法 X、Y、Z が与えられている。同図 (c) は同図 (b) 中の回路素子に対応する磁気抵抗を示し、分割要素の寸法 X、Y、Z から磁路断面積 s と磁路長 l が与えられている。同図 (c) は線形の磁気抵抗であるが、2 章で述べた非線形磁気抵抗と置き換えれば磁気デバイスの非線形特性の解析も可能となる。

　以下、構築プロセスを示す。

(1) 磁気抵抗に対応する回路素子の定義

　LTspice の回路図入力画面で通常の方法で抵抗を配置する。その値として通常は数値を設定するが、図 3-29 に示すように { } で囲った数式 {l/(u0*ur*s)} を入力する。シミュレーション実行時には { } 内の数式が

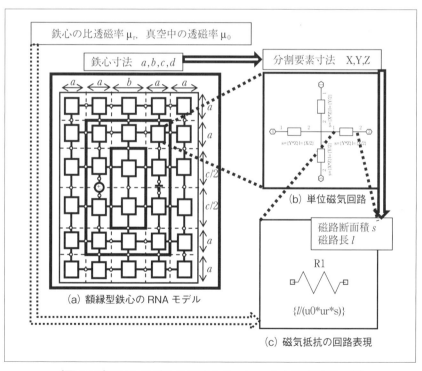

〔図 3-28〕RNA モデルの回路シミュレータ上の表現の一例

計算され、その値を抵抗値として用いている。式中の l は磁路長、s は磁路断面積、u0 は真空中の透磁率、ur は鉄心材質の比透磁率を示すパラメータである。

次に、磁気抵抗の両端に端子を設定する。図 3-30 に示すように回路素子として "Net Name" を選択する。"GND" や "COM" ではなく、通常の端子を選択する。端子の形状 "Port Type" もいくつか選べるが、ここでは "Bi-Direct" を用い、端子の名称を "1"、"2" とした。作成後、この回路を適当な名称で保存する。

次に対応する新回路素子のシンボルを作成する。メニューから "Hierarchy"（階層）を選び、"Open this Sheet's Symbol" をクリックする（図 3-31 (a)）。まだ、図 3-30 に対応するシンボルは未設定なので図 3-31 (b) が表示される。"はい" をクリックすると、新しいウィンドウが開き、新回路素子のシンボル作成画面（図 3-32 (a)）になる。磁気抵抗の端子

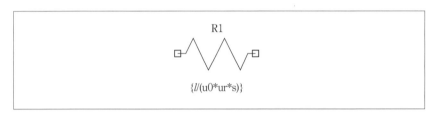

〔図 3-29〕パラメータを用いた磁気抵抗の設定

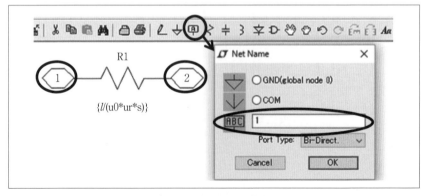

〔図 3-30〕端子の設定

を2つ設定したので、自動的に2端子回路として生成されている。ここでは、図中の "<InstName>" は表示しないものとし、端子の位置や回路素子の形状を調整することで、図3-32 (b) の新回路素子を設定した。これを保存すれば、回路図入力時に、抵抗や電圧源などと同様、コンポーネントウィンドウから呼び出すことができる。

以上は一例であり、回路図入力とシンボル作成を別々に行って後で関連付けるなど、種々の方法が可能である。

(2) 単位磁気回路を表現する4端子回路素子の定義

回路図入力画面において、先に作成した新回路素子をコンポーネントウィンドウから選択して配置する。回路素子上でマウスを右クリックすると、図3-33に示す設定ウィンドウが現れるので、"PARAMS" にチェックを入れ、"s={Y*Z} l={X/2}" を入力する。"PARAMS"を用いることで、回路素子内の磁気抵抗値を与える数式 $l/(u0*ur*s)$ に、磁路断面積 s と磁

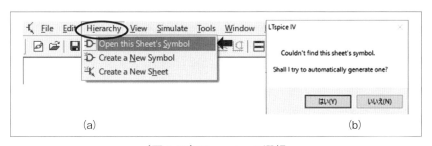

〔図3-31〕Hierarchy の選択

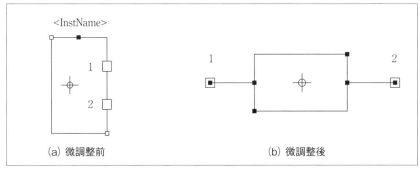

〔図3-32〕新回路素子

◆第3章 磁気回路網（リラクタンスネットワーク）による解析

路長 l の値（s=Y*Z、l=X/2）を受け渡している。

この回路素子を用いて図3-34（a）に示す単位磁気回路を構成する。図3-34（b）に示すように4つの回路素子を接続し、4つの端子を設定する。X、Y、Zは単位磁気回路における分割要素の磁心寸法であり、4つの回

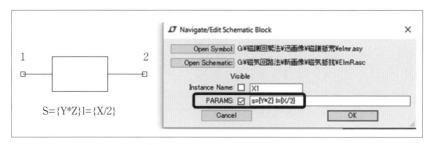

〔図3-33〕PARAMSの設定

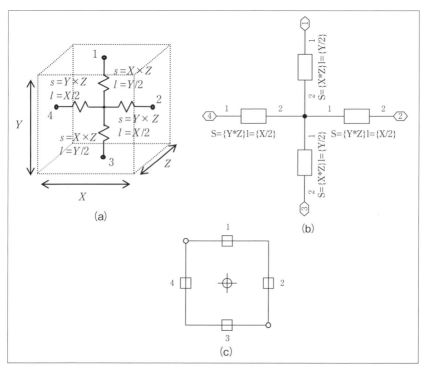

〔図3-34〕単位磁気回路に対応する回路素子

路素子各々の s と l に適切な数式を設定している。図 3-34（c）に示すシンボルは図 3-34（b）の回路を"Hierarchy"により 4 端子の回路素子として設定したものである。なお、s、l の値はその回路素子内でのみ有効で、他の回路素子の特性には影響しない。

３－３－２　額縁型鉄心リアクトルの RNA モデルの構築

　前述の磁心部の単位磁気回路に対応する回路素子Ⅰ（種別：UCORE）のほか、図 3-35（b）に示すⅡ（種別：U4AIR）、Ⅲ（種別：U3AIR）、Ⅳ（種別：U2AIR）に示す空気部の回路素子（磁気抵抗の値は $\{l/(u0*s)\}$ で設定）を作成して保存しておく。コンポーネントウィンドウからⅠ、Ⅱ、Ⅲ、Ⅳを呼び出し、図 3-35（a）に示すように配置することで額縁型鉄心リアクトルの RNA モデルを構築できる。ただし、解析モデルの周縁部に対しては、解析領域外に磁束が流出しないことから、Ⅱの磁路を一部削除した 3 端子の回路素子（Ⅲ）と 2 端子の回路素子（Ⅳ）を用いることにな

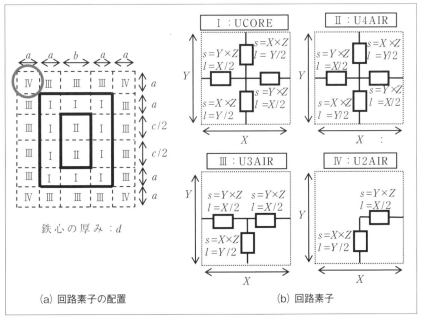

〔図 3-35〕額縁型鉄心リアクトルにおける回路素子の配置

る。なお、ⅢとⅣは配置場所により適宜回転させて接続する。

各回路素子の寸法X、Y、Zは対応する分割要素の寸法から与える。たとえば、図3-35（a）において丸を付したⅣに対し、PARAMSを"X={a} Y={a} Z={d}"と設定することで、X、Y、Zの値を回路素子内に受け渡している。

真空中の透磁率u0、励磁巻線の巻数N、鉄心の寸法a、b、c、dと比透磁率urを設定するには".params"コマンドを使用する。まず、メニューからテキスト入力を選択する。1章計算例1-1でギャップ長を0としたときの諸元を用いるものとした場合（図3-36参照）、図3-37に示すテキスト入力ウィンドウにおいて"SPICE directive"をチェックし、".params a=0.01 b=0.03 c=0.04 d=0.015 n=100 u0=4*pi*1e-7 ur=4000"を入力する。".params"コマンドは、使用した回路素子内も含めた回路全体におけるパラメータを設定するもので、ここで入力したu0、urは磁気抵抗の計算にも用いられる。なお、"pi"はソフトウェアで予約された、円周率を表す定数である。

この".params"における数値を変更すれば、鉄心の寸法や比透磁率などを変えた場合のRNAモデルが設定され、その特性計算が可能となる。

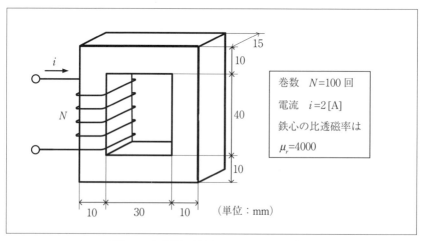

〔図3-36〕額縁型鉄心リアクトルの諸元

以上のプロセスより、回路シミュレータ上でRNAモデルを構築できる。解析を実行すると、この回路に対応するネットリストが自動的に生成され、LTspiceによる計算が始まる。回路図との対応がわかりやすいよう、図3-38に示すような回路素子の識別記号（回路素子の種別Ⅰ、Ⅱ、Ⅲ、Ⅳと番号11～65の組み合わせ）と節点の識別記号（11～114、NE、NG、0）を用いて記述すると、ネットリストは図3-39のようになる。
　図3-39の左欄は回路構成を記述する部分で、図3-38中に□で示す回路素子はXを頭文字とする識別記号①を用いて下記で記述されている。②は回路素子に接続している節点、③は回路素子の種別、④はPARAMSの設定を示す。

　この回路素子の構成は、図3-39の右欄における".SUBCKT U2AIR ～ .ENDS U2AIR"内で記述される。これらはサブサーキットと呼ばれるが、入れ子構造とすることが可能であるため、この機能を活用すれば、解析対象の複雑な構造を簡単な回路構成で表現し得る。
　SPICE系回路シミュレータに精通した使用者であれば、回路図入力を

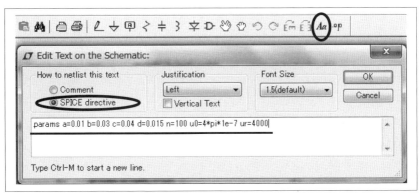

〔図3-37〕パラメータの設定

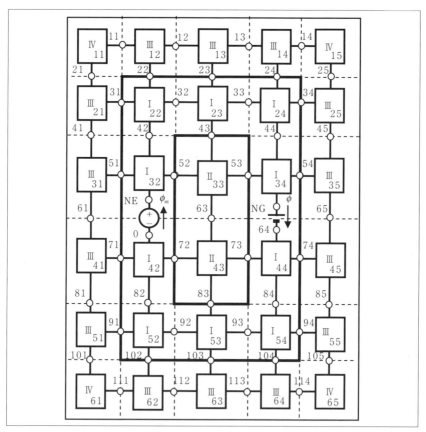

〔図3-38〕額縁型鉄心リアクトルのRNAモデル

利用するよりも、作成するRNAモデルに対応するネットリストを直接作成するほうが簡単となる場合もある。回路素子と節点の識別記号の作成に何らかのルールを設定すれば、プログラムやExcelなどの表計算ソフトで文字列を生成してネットリストを作成できる。

3-4 まとめ

以上、磁気回路網による磁気デバイスの解析手法の基礎と取扱いについて述べ、磁気デバイスの動作解析への解析事例を示した。本手法は、

```
*
*回路素子の配置

*励磁電流による起磁力の設定
VE    NE    0       {N*2}

XIV11    11 21          U2AIR PARAMS: X={A} Y={A} Z={D}
XIII21   21 31 41       U3AIR PARAMS: Y={A} X={A} Z={D}
XIII31   41 51 61       U3AIR PARAMS: Y={A} X={C/2} Z={D}
XIII41   61 71 81       U3AIR PARAMS: Y={A} X={C/2} Z={D}
XIII51   81 91 101      U3AIR PARAMS: Y={A} X={A} Z={D}
XIV61    111   101      U2AIR PARAMS: X={A} Y={A} Z={D}

XIII12   11 22 12       U3AIR PARAMS: X={A} Y={A} Z={D}
XI22     22 31 42 32    U4AIR PARAMS: Y={A} X={A} Z={D}
XI32     42 51 NE 52    UCORE PARAMS: X={A} Y={C/2} Z={D}
XI42     0 71 82   72   UCORE PARAMS: X={A} Y={C/2} Z={D}
XI52     82 91 102 92   UCORE PARAMS: X={A} Y={A} Z={D}
XIII62   111 102 112    U3AIR PARAMS: X={A} Y={A} Z={D}

XIII13   12 23 13       U3AIR PARAMS: X={B} Y={A} Z={D}
XI23     23 32 43 33    UCORE PARAMS: X={B} Y={A} Z={D}
XII33    43 52 63 53    U4AIR PARAMS: X={B} Y={C/2} Z={D}
XII43    63 72 83 73    U4AIR PARAMS: X={B} Y={C/2} Z={D}
XI53     83 92 103 93   UCORE PARAMS: X={B} Y={A} Z={D}
XIII63   112 103 113    U3AIR PARAMS: X={B} Y={A} Z={D}

XIII14   13 24 14       U3AIR PARAMS: X={A} Y={A} Z={D}
XI24     24 33 44 34    UCORE PARAMS: X={A} Y={A} Z={D}
XI34     44 53 NG 54    UCORE PARAMS: X={A} Y={C/2} Z={D}

*磁束φの測定部
VG    NG    64    0

XI44     64 73 84 74    UCORE PARAMS: X={A} Y={C/2} Z={D}
XI54     84 93 104 94   UCORE PARAMS: X={A} Y={A} Z={D}
XIII64   113 104 114    U3AIR PARAMS: X={A} Y={A} Z={D}

XIV15    14   25        U2AIR PARAMS: X={A} Y={A} Z={D}
XIII25   25   34   45   U3AIR PARAMS: Y={A} X={A} Z={D}
XIII35   45   54   65   U3AIR PARAMS: Y={A} X={C/2} Z={D}
XIII45   65   74   85   U3AIR PARAMS: Y={A} X={C/2} Z={D}
XIII55   85   94 105    U3AIR PARAMS: Y={A} X={A} Z={D}
XIV65    114 105        U2AIR PARAMS: X={A} Y={A} Z={D}

*サブサーキットの記述

*サブサーキット  UCORE
.SUBCKT UCORE 1 2 3 4
X1   1  10   RCORE   PARAMS: S={X*Z} L={Y/2}
X2   2  10   RCORE   PARAMS: S={Y*Z} L={X/2}
X3   3  10   RCORE   PARAMS: S={X*Z} L={Y/2}
X4   4  10   RCORE   PARAMS: S={Y*Z} L={X/2}
.ENDS UCORE

*サブサーキット  U4AIR
.SUBCKT U4AIR 1 2 3 4
X1   1  10   RAIR   PARAMS: S={X*Z} L={Y/2}
X2   2  10   RAIR   PARAMS: S={Y*Z} L={X/2}
X3   3  10   RAIR   PARAMS: S={X*Z} L={Y/2}
X4   4  10   RAIR   PARAMS: S={Y*Z} L={X/2}
.ENDS U4AIR

*サブサーキット  U3AIR
.SUBCKT U3AIR 1 2 3
X1   1  10   RAIR   PARAMS: S={Y*Z} L={X/2}
X2   2  10   RAIR   PARAMS: S={X*Z} L={Y/2}
X3   3  10   RAIR   PARAMS: S={Y*Z} L={X/2}
.ENDS U3AIR

*サブサーキット  U2AIR
.SUBCKT U2AIR 1 2
X1   1  10   RAIR PARAMS: S={Y*Z} L={X/2}
X2   2  10   RAIR PARAMS: S={X*Z} L={Y/2}
.ENDS U2AIR

*サブサーキット  RCORE
.SUBCKT RCORE 1 2
R1 1 2  {L/(U0*UR*S)}
.ENDS RCORE

*サブサーキット  RAIR
.SUBCKT RAIR 1 2
R1 1 2 {L/(U0*S)}
.ENDS RAIR

*パラメータ設定(2行に分けて表示)
.PARAMS N=100 U0=4*PI*1e-7   UR=4000
.PARAMS A=0.01   B=0.03   C=0.04   D=0.015

.TRAN 0 0.1 0.0 0.0001
.PROBE TRAN I(VE) I(VG)
.END
```

〔図 3-39〕ネットリストの一例(2 段組み)

漏れ磁束が大きい開領域問題、外部電気回路と磁気デバイスの連成解析、磁心磁束分布が複雑となる場合や非線形問題に対しても適用可能で、解析対象が複雑・大規模化しても比較的取り扱いが容易かつ高精度な特性算定が可能である。次章以降においてモータ解析などへの適用例を示す。

参考文献

1) 田島克文、加賀昭夫、一ノ倉理：3次元磁気回路と電気回路の直接結合による直交磁心形電力変換器の動作解析、電気学会論文誌A、**117**、155 (1997)
2) 電気学会マグネティックス技術委員会編：改訂磁気工学の基礎と応用、6.4 (1999)
3) 一ノ倉理、吉田洋、田島克文：三次元非線形磁気回路に基づく高周波用フェライト直交磁心の解析、電気学会論文誌A、**120**、865 (2000)
4) 早川秀一、中村健二、赤塚重昭、葵木智之、川上峰夫、大日向敬、皆澤和男、一ノ倉理：三次元磁気回路に基づく田磁路型可変インダクタの動作解析、日本応用磁気学会誌、**28**、425 (2004)
5) 電気学会磁気応用におけるシミュレーションツール活用技術調査専門委員会編：磁気応用におけるシミュレーション技術、電気学会技術報告第1201号、3.1、4.1、7.1 (2010)
6) 日本磁気学会編：パワーマグネティクスのための応用電磁気学、4.3、共立出版 (2015)

第4章
モータの基本的な磁気回路

モータの固定子は、鉄心がスロット構造の分布巻と、鉄心が突極構造の集中巻に大別される。分布巻の場合の磁気回路モデルについては8-2節で詳述するので、ここでは集中巻の場合の磁気回路について説明する。回転子は、①鉄心と永久磁石で構成される永久磁石モータ、②突極形状の鉄心のみで構成されるリラクタンスモータ、および③鉄心と導体（巻線）で構成されるモータの3種類に分類される。③のモータとしては誘導モータや巻線界磁形同期モータなどがあげられるが、これらのモータは $d\text{-}q$ 変換に基づく解析手法が定着しているので、本書では永久磁石モータとリラクタンスモータを対象とする。

4－1　固定子の磁気回路
4－1－1　モータの基本的な磁気回路構成
　図4-1に概略的なモータ構造を示す。固定子巻線に三相電流を流せば、固定子と回転子間の空隙部（ギャップ）に回転磁界（あるいは移動磁界）が生じて回転子が回転する。もれ磁束や空隙部の磁束の広がりを無視すれば、モータの基本的な磁気回路は、図4-2に示すように、固定子のヨークとポールの磁気抵抗、空隙の磁気抵抗、および巻数と電流の積で与えられる巻線電流起磁力で表される。後述するように、回転子の磁気回

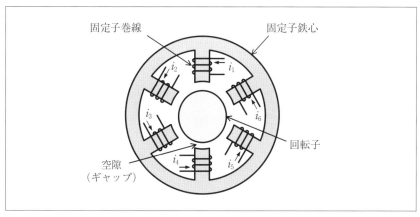

〔図4-1〕モータの概略の形状

◆第4章　モータの基本的な磁気回路

路も磁気抵抗と起磁力で表されるので、モータの磁気回路は磁気抵抗と起磁力でモデル化できる。モータの磁気回路モデルに基づいて、与えられた巻線電流に対する磁束を計算すれば、磁束と起磁力を用いてモータトルクが求められる。さらに、運動方程式を組み込めば回転時のモータの動特性も解析できる。

1章で述べたように、磁気抵抗は (1-10) 式で定義されるので、磁路形状が複雑な場合や鉄心の非線形磁気特性が無視できない場合は、数式的に求めるのは困難である。しかし、モータやリアクトルのように磁路形状が比較的単純な場合は、1章文献1の Roters らが提唱したように、平均断面積と平均磁路長を用いて磁気抵抗を計算すればよい。以下、このような考えに基づいてモータの解析に必要な磁路とその磁気抵抗を導出する。

4－1－2　固定子の磁気抵抗

固定子鉄心の磁気回路は、図4-3に示すように、ヨーク部の磁気抵抗 R_{sy} とポール部分の磁気抵抗 R_{sp} で構成される。l_{sy} はヨーク部の磁路長、l_{sp} はポール部の磁路長を表している。

図4-4はヨーク部の磁路である。ヨーク厚を L_{sd}[m]、ヨーク内側の中心からの半径を L_{sr}[m]、開口角を δ_s[rad]、モータ積層長を D[m] とすると、平均磁路長 l_{sy} および磁路断面積 S_{sy} はそれぞれ次式で与えられる。

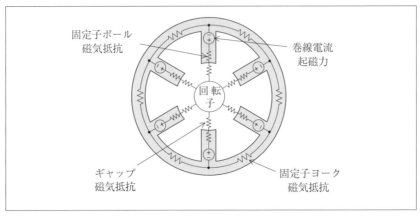

〔図4-2〕モータの基本的な磁気回路

$$l_{sy} = \delta_s \left(L_{sr} + L_{sd}/2 \right) \ [\mathrm{m}] \quad \cdots\cdots\cdots\cdots\cdots\cdots\cdots\cdots\cdots\cdots\cdots \quad (4\text{-}1)$$

$$S_{sy} = L_{sd} D \ [\mathrm{m}^2] \quad \cdots\cdots\cdots\cdots\cdots\cdots\cdots\cdots\cdots\cdots\cdots\cdots\cdots \quad (4\text{-}2)$$

鉄心の磁気特性が線形の場合、透磁率を μ として磁気抵抗は次式で与えられる。

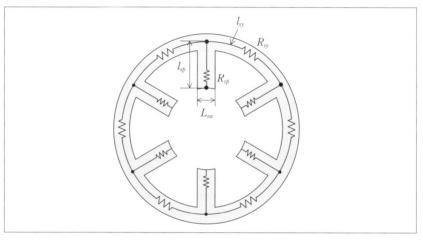

〔図 4-3〕固定子鉄心の磁気回路

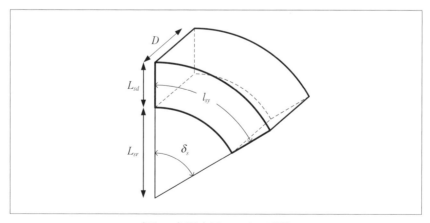

〔図 4-4〕固定子ヨークの磁路

$$R_{sy} = \frac{\delta_s (L_{sr} + L_{sd}/2)}{\mu L_{sd} D} \quad [\text{A/Wb}] \quad \cdots\cdots\cdots\cdots\cdots\cdots\cdots\cdots \quad (4\text{-}3)$$

鉄心の非線形磁気特性を考慮する場合は、1-7節と同様に磁性材料のB-H特性を

$$H = \alpha_1 B + \alpha_n B^n \quad \cdots\cdots\cdots\cdots\cdots\cdots\cdots\cdots\cdots\cdots\cdots\cdots \quad (4\text{-}4)$$

によって近似して得られる磁化曲線

$$Ni = \frac{\alpha_1 l}{S} \phi + \frac{\alpha_n l}{S^n} \phi^n \quad \cdots\cdots\cdots\cdots\cdots\cdots\cdots\cdots\cdots \quad (4\text{-}5)$$

における磁路長 l および磁路断面積 S として（4-1）式および（4-2）式を用いればよい。

図 4-5（a）は固定子ポール部分の磁路であり、矢印は磁束の流れを示している。図からわかるように、上下の面は湾曲しており、かつその曲率も上下の面で若干異なる。これを考慮して磁気抵抗を求めると煩雑になるため、ここでは同図（b）のように直方体で近似する。磁気特性を線形とすると、固定子ポールの磁気抵抗は次式で計算される。

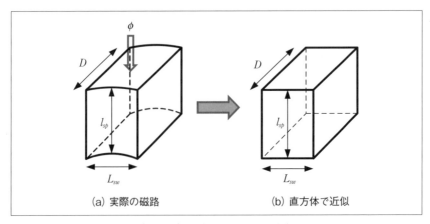

〔図 4-5〕固定子ポールの磁路

$$R_{sp} = \frac{l_{sp}}{\mu L_{sw} D} \quad [\text{A/Wb}] \quad \cdots\cdots\cdots\cdots\cdots\cdots\cdots\cdots\cdots\cdots\cdots\cdots \quad (4\text{-}6)$$

4-1-3 ギャップの磁気抵抗

図4-6にギャップの磁路を示す。実際のモータでは磁束のフリンジングや周方向成分の磁束も存在するが、ここでは簡単のためこれらの影響は無視して磁束は半径方向のみとしている。固定子ポールと同様に直方体で近似すれば、ギャップの磁気抵抗は次式で与えられる。ここで μ_0 は真空の透磁率である。

$$R_g = \frac{l_g}{\mu_0 L_{sw} D} \quad [\text{A/Wb}] \quad \cdots\cdots\cdots\cdots\cdots\cdots\cdots\cdots\cdots\cdots \quad (4\text{-}7)$$

4-2 永久磁石回転子の磁気回路

4-2-1 基本的な考え方

図4-7(a)に示すような永久磁石を有する磁路において、永久磁石の減磁曲線が図(b)で表されるものとする。ここで H_c は永久磁石の保磁力、B_r は残留磁束密度である。永久磁石の減磁曲線を直線とみなして

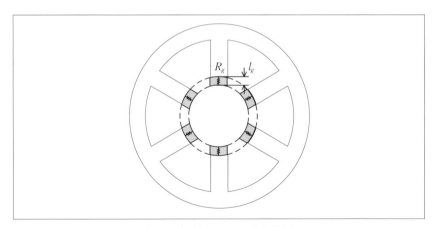

〔図4-6〕ギャップの磁気回路

リコイル比透磁率を μ_r とすれば、減磁曲線は次式で表される。ここで便宜上、減磁界の方向を H 軸の正としている。

$$B = \mu_r \mu_0 (H_c - H) \quad \cdots\cdots\cdots\cdots\cdots\cdots\cdots\cdots\cdots\cdots \quad (4\text{-}8)$$

永久磁石の断面積を S_m、磁石長を l_m とすれば、磁石起磁力は $F=Hl_m$、磁束は $\phi=BS_m$ なので、(4-8) 式から次式を得る。

$$F = H_c l_m - \frac{l_m}{\mu_r \mu_0 S_m} \phi = F_c - R_p \phi \quad \cdots\cdots\cdots\cdots\cdots\cdots \quad (4\text{-}9)$$

よって図4-8に示すように、永久磁石の磁気回路は、起磁力源 $F_c=H_c l_m$ と磁気抵抗 $R_p=l_m/\mu_r \mu_0 S_m$ の直列回路で等価的に表すことができる。

4-2-2 表面磁石型回転子の磁気回路

いま、図4-9に示した三相2極の表面磁石型永久磁石モータの磁気回路モデルについて考える。

回転子の永久磁石が図4-10に示すように正弦波状に着磁されているものとすれば、磁石の起磁力は次式で表すことができる。ここで ξ は磁石の直軸方向を基準とする。

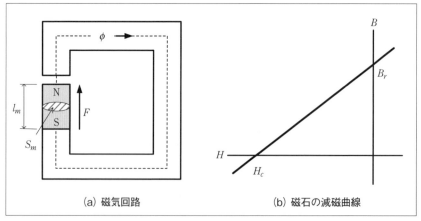

〔図4-7〕永久磁石の磁気回路の考え方

$$F = F_c \cos \xi \quad \cdots\cdots\cdots\cdots\cdots\cdots\cdots\cdots\cdots\cdots\cdots\cdots\cdots (4\text{-}10)$$

　磁石が回転すれば固定子から見た磁石の起磁力が変化するので、永久磁石回転子は回転角によって変化する起磁力源に置き換えることができる。したがって、永久磁石回転子の磁気回路は図4-11のように表すこ

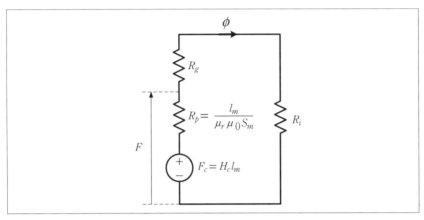

〔図4-8〕永久磁石の磁気回路

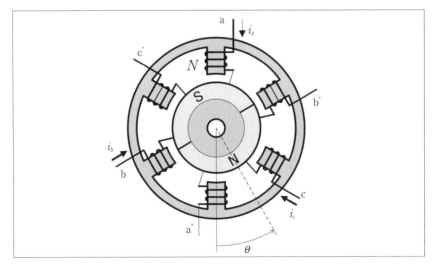

〔図4-9〕三相2極永久磁石モータの基本構成

とができる。図 4-11 において $F_1(\theta) \sim F_6(\theta)$ が永久磁石の等価起磁力源、R_p が磁石内部磁気抵抗である。回転子鉄心の半径方向磁気抵抗を R_{rr}、周方向磁気抵抗を $R_{r\theta}$ で表している。磁石の着磁が (4-10) 式で与えられるとき、a 相の磁束軸を $\theta=0$[rad] として、それぞれの起磁力源は次のように表される。

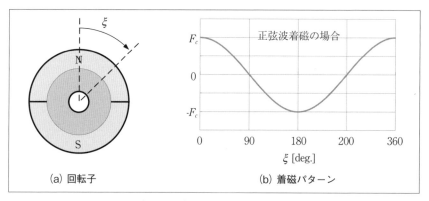

〔図 4-10〕磁石起磁力の分布

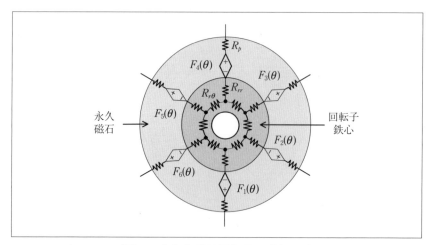

〔図 4-11〕永久磁石回転子の磁気回路

$$F_1(\theta) = F_c \cos\theta$$
$$F_2(\theta) = F_c \cos\left(\theta - \frac{\pi}{3}\right)$$
$$F_3(\theta) = F_c \cos\left(\theta - \frac{2\pi}{3}\right)$$
$$F_4(\theta) = F_c \cos(\theta - \pi) = -F_c \cos\theta = -F_1(\theta) \quad \cdots\cdots (4\text{-}11)$$
$$F_5(\theta) = F_c \cos\left(\theta - \frac{4\pi}{3}\right) = -F_c \cos\left(\theta - \frac{\pi}{3}\right) = -F_2(\theta)$$
$$F_6(\theta) = F_c \cos\left(\theta - \frac{5\pi}{3}\right) = -F_c \cos\left(\theta - \frac{2\pi}{3}\right) = -F_3(\theta)$$

(4-11) 式は2極の場合であるが、多極の場合には極対数を p として、次式で表せばよい。

$$F_n(\theta) = F_c \cos p\left\{\theta - \frac{(n-1)\pi}{3}\right\} \quad (n=1\sim6) \quad \cdots\cdots\cdots (4\text{-}12)$$

4-2-3 分割要素の磁気抵抗の計算式

以下、図4-11の半径方向磁気抵抗 R_{rr}、周方向磁気抵抗 $R_{r\theta}$、および永久磁石の内部磁気抵抗 R_p の計算式を導く。

図4-12に回転子を周方向に6分割した図を示す。r_1 は磁石も含めた回転子半径、r_2 は回転子鉄心半径、r_3 は軸受半径である。D は回転子の積み厚でここでは固定子積み厚と等しいものとしている。図4-13は永久磁石ならびに回転子鉄心を分割した図を分けて示したものである。同図 (a) の要素Aは永久磁石の起磁力 $F(\theta)$ と内部磁気抵抗 R_p を与える磁路、(b) の要素Bは回転子鉄心の半径方向磁気抵抗 R_{rr} を与える磁路、(c) の要素Cは周方向磁気抵抗 $R_{r\theta}$ を与える磁路である。磁石長を l_m、磁石の平均断面積を S_m とすれば、それぞれ次式で与えられる。

$$l_m = r_1 - r_2, \quad S_m = \frac{\pi(r_1 + r_2)D}{6} \quad \cdots\cdots\cdots\cdots\cdots\cdots (4\text{-}13)$$

したがって磁石の内部磁気抵抗は次式で求められる。

$$R_p = \frac{l_m}{\mu_r \mu_0 S_m} = \frac{6(r_1 - r_2)}{\mu_r \mu_0 \pi (r_1 + r_2) D} \quad \cdots\cdots\cdots\cdots (4\text{-}14)$$

要素Bの磁路長を l_{rr}、平均断面積を S_{rr}、要素Cの磁路長 $l_{r\theta}$ を、平均断面積を $S_{r\theta}$ とすれば、それぞれ次式で与えられる。

$$l_{rr} = \frac{r_2 - r_3}{2},\ S_{rr} = \frac{\pi D(3r_2 + r_3)}{12}$$
$$l_{r\theta} = \frac{\pi(r_2 + r_3)}{6},\ S_{r\theta} = D(r_2 - r_3) \quad \cdots\cdots\cdots\cdots (4\text{-}15)$$

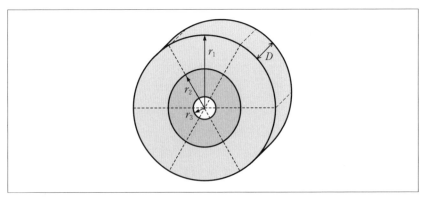

〔図4-12〕回転子の分割図

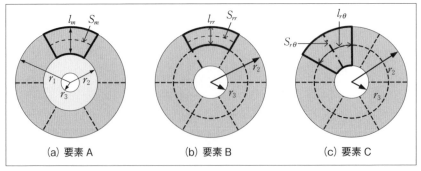

〔図4-13〕分割要素における磁路長と磁路断面積の定義

したがって、半径方向磁気抵抗 R_{rr} および周方向磁気抵抗 $R_{r\theta}$ は次式によって求められる。

$$R_{rr} = \frac{l_{rr}}{\mu S_{rr}} = \frac{6(r_2 - r_3)}{\mu \pi D(3r_2 + r_3)}$$
$$R_{r\theta} = \frac{l_{r\theta}}{\mu S_{r\theta}} = \frac{\pi(r_2 + r_3)}{6\mu D(r_2 - r_3)}$$ ……………………… (4-16)

4－3　永久磁石モータの磁気回路モデル
4－3－1　磁気回路モデルの計算例

以上より、図4-9に示した永久磁石モータの磁気回路モデルは、図4-14のように表される。図において、Ni_a, Ni_b, Ni_c はそれぞれ a 相、b 相、c 相の巻線電流起磁力、ϕ_a, ϕ_b, ϕ_c は a 相、b 相、c 相の磁束を示す。$F_1(\theta) \sim F_6(\theta)$ は永久磁石起磁力、R_p は永久磁石磁気抵抗、R_g はギャップ磁気抵抗である。

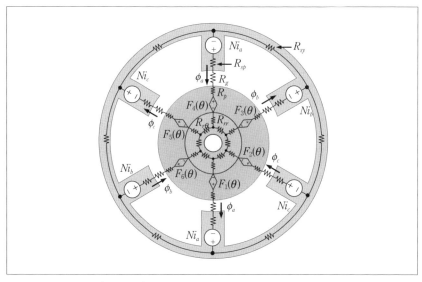

〔図4-14〕永久磁石モータの磁気回路モデル

計算例4-1

ここで図4-15に示した永久磁石モータの磁気回路モデルを導いてみる。モータ鉄心の積み厚は$D=51$[mm]、ギャップ長は$l_g=1$[mm]。1極あたりの巻数は$N=72$、鉄心の磁気特性は線形で比透磁率は$\mu_s=4000$（透磁率$\mu=\mu_s\mu_0=5.03\times10^{-3}$[H/m]）、永久磁石の保磁力は$H_c=975$[kA/m]、残留磁束密度は$B_r=1.27$[T]、リコイル比透磁率は$\mu_r=1.037$とする。

まず、固定子の磁気抵抗を求める。ヨーク厚$L_{sd}=7$[mm]、ヨーク内側半径$L_{sr}=34$[mm]、ヨーク開口角$\delta_s=\pi/3$[rad]、積み厚$D=51$[mm]より、ヨーク磁気抵抗R_{sy}は次式のように求められる。

$$R_{sy}=\frac{\delta_s(L_{sr}+L_{sd}/2)}{\mu L_{sd}D}=\frac{(\pi/3)(34\times10^{-3}+3.5\times10^{-3})}{5.03\times10^{-3}\times7\times10^{-3}\times51\times10^{-3}}=21.9\times10^3\,[\text{A/Wb}]$$

ポール磁路長$l_{sp}=13+3.5=16.5$[mm]、ポール幅$L_{sw}=10.5$[mm]より、ポール磁気抵抗R_{sp}は

$$R_{sp}=\frac{l_{sp}}{\mu L_{sw}D}=\frac{16.5\times10^{-3}}{5.03\times10^{-3}\times10.5\times10^{-3}\times51\times10^{-3}}=6.13\times10^3\,[\text{A/Wb}]$$

ギャップ長$l_g=1$[mm]より、ギャップ磁気抵抗は

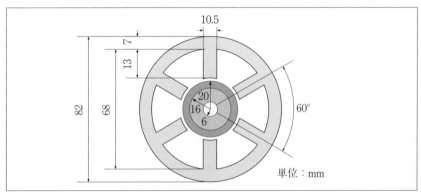

〔図4-15〕永久磁石モータの各部寸法

$$R_g = \frac{l_g}{\mu_0 L_{sw} D} = \frac{1\times 10^{-3}}{4\pi \times 10^{-7} \times 10.5\times 10^{-3} \times 51\times 10^{-3}} = 1486\times 10^3 \text{ [A/Wb]}$$

次に、回転子の磁気抵抗と磁石起磁力を求める。r_1=20[mm]、r_2=16[mm]、r_3=6[mm] であるから、磁石の内部磁気抵抗 R_p、回転子鉄心の半径方向ならびに周方向の磁気抵抗 $R_{rr}, R_{r\theta}$ は次のように求められる。

$$R_p = \frac{6(r_1 - r_2)}{\mu_r \mu_0 \pi (r_1 + r_2) D} = \frac{6\times 4\times 10^{-3}}{1.037\times 4\pi \times 10^{-7} \times \pi \times 36\times 10^{-3} \times 51\times 10^{-3}}$$
$$= 3193\times 10^3 \text{[A/Wb]}$$
$$R_{rr} = \frac{6(r_2 - r_3)}{\mu \pi D(3r_2 + r_3)} = \frac{6\times 10\times 10^{-3}}{5.03\times 10^{-3} \times \pi \times 51\times 10^{-3} \times 54\times 10^{-3}} = 1.38\times 10^3 \text{[A/Wb]}$$
$$R_{r\theta} = \frac{\pi(r_2 + r_3)}{6\mu D(r_2 - r_3)} = \frac{\pi \times 22\times 10^{-3}}{6\times 5.03\times 10^{-3} \times 51\times 10^{-3} \times 10\times 10^{-3}} = 4.49\times 10^3 \text{[A/Wb]}$$

回転子の永久磁石の保磁力は H_c=975[kA/m]、磁石長は $l_m = r_1 - r_2 = 4$[mm] なので、磁石の起磁力は次のように求められる。

$$F_c = H_c l_m = 975\times 10^3 \times 4\times 10^{-3} = 3900 \text{[A]}$$

以上より、永久磁石モータの磁気回路モデルは図 4-16 のように表される。半径方向の磁気抵抗 4685×10^3[A/Wb] は、ギャップ磁気抵抗 R_g、永久磁石内部磁気抵抗 R_p および固定子鉄心ポール磁気抵抗 R_{sp} をまとめたものである。回転子鉄心の磁気抵抗 R_{rr} および $R_{r\theta}$ は、磁石の内部磁気抵抗に比べて十分に小さいため、ここでは無視した。

いま、巻線電流起磁力をゼロとして回転子を回転させたときの巻線の誘起電圧（モータの逆起電力）を求めてみる。図 4-16 から磁気回路の方程式を導くと次式が得られる。

$$F_1(\theta) - F_4(\theta) = 2R_r \phi_a + \frac{R_{sy}}{2}(3\phi_a - \phi_b - \phi_c) \quad \cdots\cdots\cdots\cdots \text{(4-17)}$$

ここで R_r は半径方向の磁気抵抗（図 4-16 では 4685×10^3[A/Wb]）、R_{sy} は

ヨーク磁気抵抗（図 4-16 では 21.9×10^3[A/Wb]）である。$F_4(\theta) = -F_1(\theta)$ かつ $\phi_a + \phi_b + \phi_c = 0$ なので、磁束 ϕ_a は次のように求められる。

$$\phi_a = \frac{F_1(\theta)}{R_r + R_{sy}} = \frac{F_c}{R_r + R_{sy}} \cos\theta = \phi_m \cos\theta \quad \cdots\cdots\cdots\cdots\cdots\cdots\cdots (4\text{-}18)$$

ここで $\phi_m = F_c/(R_r + R_{sy})$ は磁束振幅である。$F_c = 3900$[A]、$R_r = 4685 \times 10^3$[A/Wb]、$R_{sy} = 21.9 \times 10^3$[A/Wb] より、磁束の振幅は $\phi_m = 0.828 \times 10^{-3}$[Wb] になる。毎秒回転数を n[r/s] とすれば、$\theta = \omega t = 2\pi n t$[rad] より a 相 1 極あたりの誘起電圧 e_a は次式で与えられる。

$$e_a = N\frac{d\phi_a}{dt} = N\frac{d}{dt}\phi_m \cos(2\pi n t) = -2N\pi n \phi_m \sin(2\pi n t) \quad \cdots (4\text{-}19)$$

b 相および c 相の起電力は、それぞれ a 相から $2\pi/3$、$4\pi/3$ だけ位相が遅れる。したがって、$N=72$、$\phi_m = 0.828 \times 10^{-3}$[Wb] を代入すれば、$n=50$[r/s] のときの起電力は次式で与えられる。

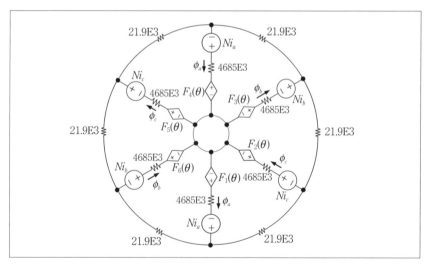

〔図 4-16〕永久磁石モータの磁気回路

$$e_a = -18.74\sin 100\pi t$$
$$e_b = -18.74\sin\left(100\pi t - \frac{2\pi}{3}\right) \quad \cdots\cdots\cdots\cdots\cdots\cdots (4\text{-}20)$$
$$e_c = -18.74\sin\left(100\pi t - \frac{4\pi}{3}\right)$$

4－3－2　永久磁石モータの SPICE モデル

図 4-17 に、LTspice の回路図エディタで作成した永久磁石モータのシミュレーションモデルを示す。同図（A）は永久磁石モータの磁気回路、(B) は回転子位置角 θ を与える回路、(C) は磁束 ϕ_a を微分して逆起電力を求める回路である。回路 (A) における $R_1 \sim R_6$ は図 4-16 の半径方向磁気抵抗、$R_{sy1} \sim R_{sy6}$ はヨーク磁気抵抗である。VFa+～VFc－は値がゼロの直流電圧源で、ここでは磁束 ϕ_a、ϕ_b、ϕ_c の検出に用いられる。BF1～BF6 はビヘビア電圧源（Arbitrary Behavioral Voltage Sources、"bv"）であり、それぞれ永久磁石起磁力 $F_1(\theta) \sim F_6(\theta)$ に対応する。これらの起

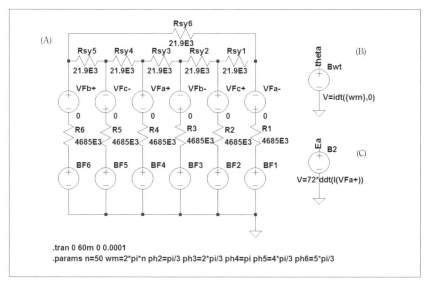

〔図 4-17〕永久磁石モータのシミュレーションモデル

磁力は（4-11）式で与えられるので、SPICE モデルでの属性は次のように記述する。

$$
\begin{aligned}
&\text{BF1}: V = 3900*\cos(V(\text{theta})) \\
&\text{BF2}: V = 3900*\cos(V(\text{theta}) - \text{ph2}) \\
&\text{BF3}: V = 3900*\cos(V(\text{theta}) - \text{ph3}) \\
&\text{BF4}: V = 3900*\cos(V(\text{theta}) - \text{ph4}) \\
&\text{BF5}: V = 3900*\cos(V(\text{theta}) - \text{ph5}) \\
&\text{BF6}: V = 3900*\cos(V(\text{theta}) - \text{ph6})
\end{aligned}
\quad (4\text{-}21)
$$

ここで 3900 は磁石起磁力、ph2、ph3、‥ ph6 は .param コマンドで定義される位相角 $\pi/3$、$2\pi/3$、$\cdots$ $5\pi/3$[rad] である。V(theta) は回路（B）のビヘビア電源 Bwt の出力電圧であり、後述するように回転子位置角 θ を与える。図4-18 に一例として BF2 の属性指定ウインドウを示す。

　回転子の回転数を n[r/s] とすると、角速度は $\omega_m=2\pi n$[rad/s]、回転子位置角は $\theta=\int\omega_m dt$ で与えられる。図4-17 の ".param" コマンドで指定される n=50、wm=2*pi*n が毎秒回転数と角速度である。図4-19 は、回路（B）のビヘビア電源 Bwt の属性ウインドウで、Value 欄の V=idt({wm},0) は初期値 0 で角速度 wm を積分することを表している。よって、Bwt の

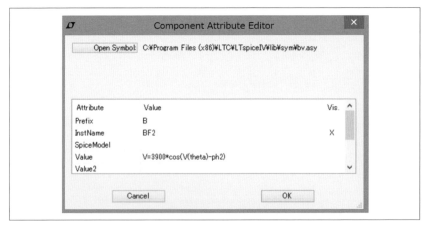

〔図 4-18〕ビヘビア電源 BF2 の属性編集ウインドウ

出力端子電圧 V(theta) は回転子位置角 θ を与える。

　図 4-20 は、回路 (C) のビヘビア電源 B2 の属性編集ウインドウである。Value 欄の式 ddt(I(VFa+)) は、VFa+ で検出された磁束 ϕ_a の微分を与える。72 は 1 極あたりの巻数なので、B2 の出力端子電圧 Ea は a 相 1 極あたりの巻線誘起電圧になる。

　図 4-21 に、回転子を $n=50[r/s]$ で回転させたときの a 相、b 相、c 相の

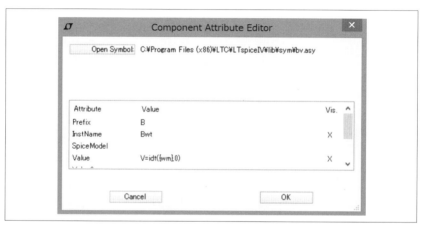

〔図4-19〕ビヘビア電源 Bwt の属性編集ウインドウ

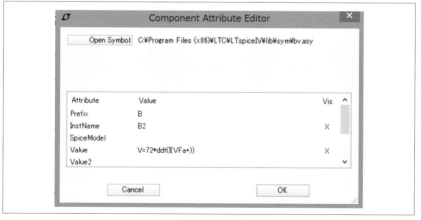

〔図4-20〕ビヘビア電源 B2 の属性編集ウインドウ

◆第4章 モータの基本的な磁気回路

磁束 ϕ_a、ϕ_b、ϕ_c の計算結果を示す。2極の回転子なので周波数は50[Hz]になる。振幅0.828[mWb]は(4-18)式から計算された値と一致する。

図4-22 (a) はB2の出力電圧で、磁束 $\phi_a=0.828\times10^{-3}\cos100\pi t$ を微分して得られる電圧 $e_a=-18.74\sin100\pi t$ に一致していることがわかる。図4-22 (b) に誘起電圧の振幅と回転数の関係を示す。

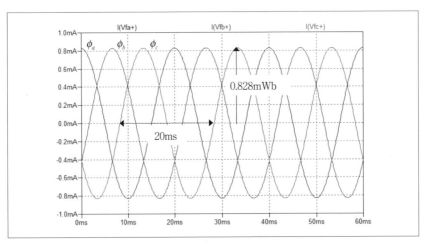

〔図4-21〕回転数 n=50[r/s] のときの磁束波形

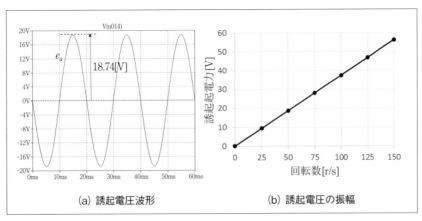

(a) 誘起電圧波形　　　　　(b) 誘起電圧の振幅

〔図4-22〕誘起電圧の波形の一例と振幅の変化

4-4 突極形回転子の磁気回路

4-4-1 基本的な考え方

図 4-23 (a) に突極形回転子を有するモータの簡単なモデルを示す。磁気抵抗は回転子の位置角に応じて変化し、$\theta=0$[rad] で最小、$\theta=\pi/2$[rad] で最大になる。回転子を位置角 θ によって変化する可変磁気抵抗 $R(\theta)$ でモデル化すれば、同図 (b) のような磁気回路が得られる。図において R_i は固定子鉄心の磁気抵抗、R_g はギャップの磁気抵抗である。

4-4-2 スイッチトリラクタンスモータ

図 4-24 にスイッチトリラクタンスモータ（以下 SR モータ）の基本構成を示す。同図は、固定子が 6 極、回転子が 4 極の三相 SR モータである。図において、c 相→a 相→b 相→c 相・・・の順に巻線の励磁を切り替えれば、回転子は時計方向に回転する。励磁する相順を逆にすれば逆回転も可能である。

図 4-25 は回転の様子を模式的に示したもので、図 (a) は固定子極 a、a' の巻線に電流を流したときに、回転子極 A、C が引き付けられていることを示す。この状態から b-b' に励磁を移すと同図 (b)、c-c' を励磁すると同図 (c) のように回転子位置が変化する。以下、(d)、(e)、(f) のように励磁を切り替えることによって回転子は連続的に回転する。同図

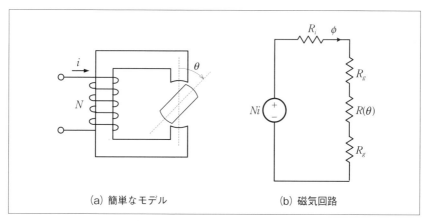

〔図 4-23〕突極形回転子の場合

◆第4章 モータの基本的な磁気回路

のように、6極－4極SRモータの場合は、電源の1周期に対して回転子は半回転する。

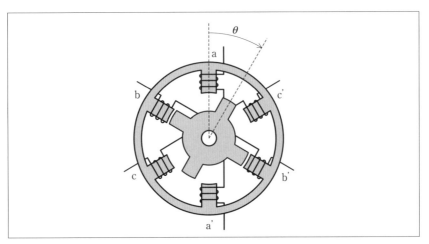

〔図4-24〕SRモータの基本構成（6極－4極の場合）

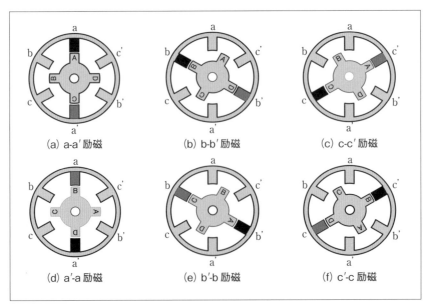

〔図4-25〕回転子の回転の様子

4−5　SR モータの磁気回路モデル
4−5−1　可変磁気抵抗によるモデル

図 4-26 は、SR モータの回転子を可変磁気抵抗でモデル化したものである。図において $R_a(\theta) \sim R_c(\theta)$ が回転子の位置角によって変化する可変磁気抵抗、R_{rr} および $R_{r\theta}$ がそれぞれヨーク部の半径方向および周方向の磁気抵抗を示す。図 4-27 のように可変磁気抵抗の変化を正弦波と

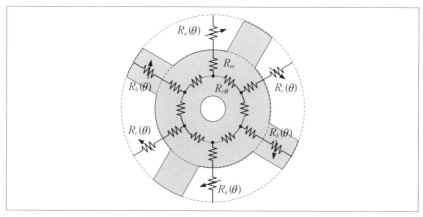

〔図 4-26〕可変磁気抵抗でモデル化した回転子の磁気回路

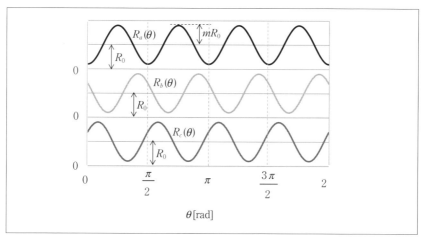

〔図 4-27〕各相の磁気抵抗の変化の様子

仮定すれば、$R_a(\theta) \sim R_c(\theta)$ は次式のように表される。ここで R_0 および m は可変磁気抵抗の平均値および変調係数である。

$$R_a(\theta) = R_0(1 - m\cos 4\theta)$$
$$R_b(\theta) = R_0\left\{1 - m\cos 4\left(\theta - \frac{\pi}{6}\right)\right\} \quad \cdots\cdots\cdots\cdots\cdots\cdots (4\text{-}22)$$
$$R_c(\theta) = R_0\left\{1 - m\cos 4\left(\theta - \frac{\pi}{3}\right)\right\}$$

これらの可変磁気抵抗を用いれば、SRモータの磁気回路モデルは図4-28のように表される。図において、R_g は空隙磁気抵抗、R_{sp} および R_{sy} は固定子のポール磁気抵抗およびヨーク磁気抵抗、$Ni_a \sim Ni_c$ は巻線電流起磁力である。

4−5−2　SRモータの磁化曲線

図4-29に考察の対象としたSRモータの諸元を示す。モータの積み厚は51[mm]、ギャップ長は0.2[mm]、1極あたりの巻数は $N=72$（1相あた

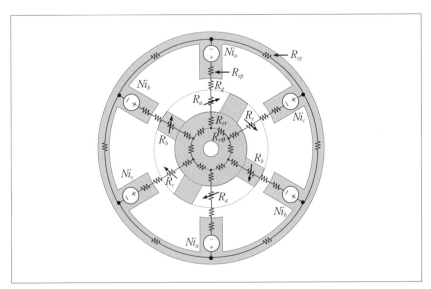

〔図4-28〕SRモータの磁気回路モデル

り144)である。

　SRモータの鉄心には無方向性ケイ素鋼板を使用した。そのB-H特性を図4-30に示す。図4-31は、このB-H特性を用いて、有限要素法（JMAG）によって計算したSRモータの磁化曲線である。ここで横軸は1相あたりの巻線電流起磁力、縦軸は1巻線あたりの鎖交磁束、パラメータは回転子位置角である。これを見ると、SRモータでは、回転子位置角によって固定子巻線から見た磁化曲線が変化すること、鉄心の磁気飽和が無視できないため磁化曲線は非線形になることがわかる。定量的な動作解析にはSRモータを非線形な可変磁気抵抗として取り扱う必要があるが、ここで

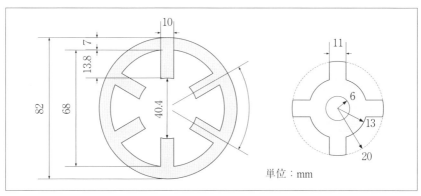

〔図4-29〕計算に用いたリラクタンスモータの寸法

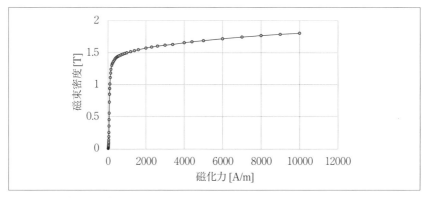

〔図4-30〕モータに使用した無方向ケイ素鋼板のB-H特性

は定性的な考察を目的として、磁化曲線の立ち上がり部分の傾斜から磁気抵抗を求める。すなわち、図 4-31 において、起磁力 0〜500[A] の範囲でそれぞれの回転子位置角における磁化曲線を線形近似すれば、その傾きの逆数が磁気抵抗になる。このようにして求めた磁気抵抗と回転子位置角の関係を図 4-32 に示す。以下この曲線を R-θ 曲線と呼ぶことにする。

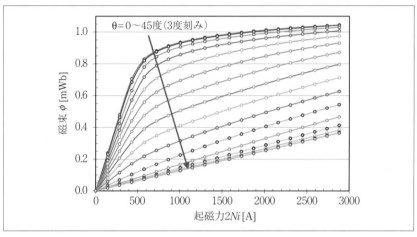

〔図 4-31〕有限要素法で計算した SR モータの磁化曲線

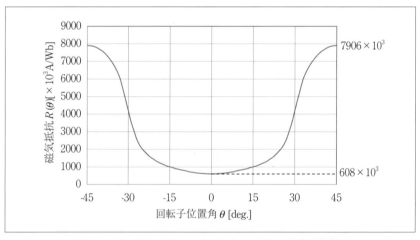

〔図 4-32〕磁化曲線の線形領域から求めた磁気抵抗

4−5−3 対向状態の磁気回路の計算例

ここで、$\theta=0$ 度において対向状態になる a 相の磁気抵抗を磁気回路モデルから求めてみる。回路の対称性から、このときの b 相、c 相の磁束はゼロになるので、磁気回路は図 4-33 のように表される。$R_a(0)$ は $\theta=0$ 度における可変磁気抵抗の値である。巻線から見たトータルの磁気抵抗を $R(0)$ として、磁気回路から求めると次式が得られる。

$$R(0) = 2\{R_{sp} + R_g + R_{rr} + R_a(0)\} + \frac{3}{2}(R_{r\theta} + R_{sy}) \quad \cdots\cdots (4\text{-}23)$$

鉄心の透磁率は、図 4-30 の B-H 特性の立ち上がりの部分を直線で近似し、その傾きから $\mu=0.0119$[H/m]（比透磁率 μ_s は 9500）とした。固定子鉄心は図 4-1 と同じなので、ヨーク磁気抵抗は (4-3) 式、ポール磁気抵抗は (4-6) 式で計算される。ヨーク厚 $L_{sd}=7$[mm]、ヨーク内側半径 $L_{sr}=34$[mm]、ヨーク開口角 $\delta_s=\pi/3$[rad]、積み厚 $D=51$[mm] より、ヨーク磁気抵抗 R_{sy} は次のように求められる。

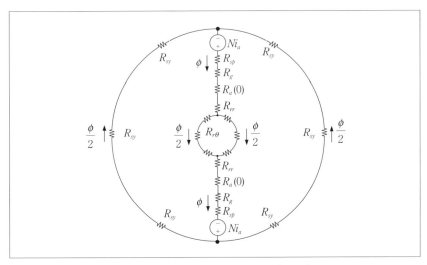

〔図 4-33〕対向状態における磁気回路

$$R_{sy} = \frac{\delta_s(L_{sr} + L_{sd}/2)}{\mu L_{sd} D} = \frac{(\pi/3)(34 \times 10^{-3} + 3.5 \times 10^{-3})}{1.19 \times 10^{-2} \times 7 \times 10^{-3} \times 51 \times 10^{-3}} = 9.21 \times 10^3 \text{ [A/Wb]}$$

ポール磁路長 l_{sp}=13.9+3.5=17.4[mm]、ポール幅 L_{sw}=10[mm] より、ポール磁気抵抗 R_{sp} は、

$$R_{sp} = \frac{l_{sp}}{\mu L_{sw} D} = \frac{17.4 \times 10^{-3}}{1.19 \times 10^{-2} \times 10 \times 10^{-3} \times 51 \times 10^{-3}} = 2.84 \times 10^3 \text{ [A/Wb]}$$

ギャップ長 l_g=0.2[mm] より、ギャップ磁気抵抗 R_g は以下の通り計算される。ここでギャップ幅 10.5[mm] は、固定子極幅 10[mm] と回転子極幅 11[mm] の平均値を採用した。

$$R_g = \frac{l_g}{\mu_0 L_{sw} D} = \frac{0.2 \times 10^{-3}}{4\pi \times 10^{-7} \times 10.5 \times 10^{-3} \times 51 \times 10^{-3}} = 297 \times 10^3 \text{ [A/Wb]}$$

図4-34 に回転子の分割図を示す。要素Aが回転子突極部の磁気抵抗、要素Bおよび要素Cがそれぞれヨーク部の半径方向磁気抵抗 R_{rr} および周方向磁気抵抗 $R_{r\theta}$ を与える磁路である。回転子鉄心の外径を r_1[m]、ヨーク部半径を r_2[m]、軸受半径を r_3[m]、回転子の積み厚を D[m] とす

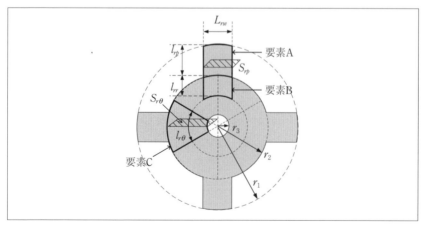

〔図4-34〕SR モータの回転子の分割図

れば、各要素の磁路長と断面積はそれぞれ次式で与えられる。ここで要素AとBは固定子ポールと同様に直方体で置き換えている。

要素A　$l_{rp} = r_1 - r_2$, $S_{rp} = DL_{rw}$

要素B　$l_{rr} = \dfrac{r_2 - r_3}{2}$, $S_{rr} = S_{rp} = DL_{rw}$　………………（4-24）

要素C　$l_{r\theta} = \dfrac{\pi(r_2 + r_3)}{6}$, $S_{r\theta} = D(r_2 - r_3)$

よって、半径方向磁気抵抗 R_{rr} と周方向磁気抵抗 $R_{r\theta}$ は次のように表される。

$$R_{rr} = \frac{l_{rr}}{\mu S_{rr}} = \frac{r_2 - r_3}{2\mu DL_{rw}}$$
$$R_{r\theta} = \frac{l_{r\theta}}{\mu S_{r\theta}} = \frac{\pi(r_2 + r_3)}{6\mu D(r_2 - r_3)}$$
　………………………………（4-25）

r_2=13[mm]、r_3=6[mm]、L_{rw}=11[mm]、D=51[mm]、$\mu = 1.19 \times 10^{-2}$[H/m] を代入して、

$$R_{rr} = \frac{7 \times 10^{-3}}{2 \times 1.19 \times 10^{-2} \times 51 \times 10^{-3} \times 11 \times 10^{-3}} = 0.523 \times 10^3 [\text{A/Wb}]$$

$$R_{r\theta} = \frac{\pi \times 19 \times 10^{-3}}{6 \times 1.19 \times 10^{-2} \times 51 \times 10^{-3} \times 7 \times 10^{-3}} = 2.33 \times 10^3 [\text{A/Wb}]$$

対向状態の可変磁気抵抗 $R_a(0)$ は回転子鉄心の突極部の磁気抵抗とみなせるので、極長 l_{rp}=7[mm]、極幅 L_{rw}=11[mm] より

$$R_a(0) = \frac{l_{rp}}{\mu L_{rw} D} = \frac{7 \times 10^{-3}}{1.19 \times 10^{-2} \times 11 \times 10^{-3} \times 51 \times 10^{-3}} = 1.05 \times 10^3 [\text{A/Wb}]$$

これらの磁気抵抗を（4-23）式に代入すれば $R(0) = 620 \times 10^3$[A/Wb] となる。これは、図4-32に示した有限要素法による計算値 608×10^3[A/Wb] とほぼ一致する。

4-6 SRモータのSPICEモデル

以上のように、対向状態の磁気抵抗は磁気回路から比較的簡単に計算できるが、非対向状態では固定子極からの磁束の広がりや極間の漏れ磁束も無視できなくなるので、単純な磁気回路では計算できない。非線形磁気特性と漏れ磁束を考慮したSRモータの解析は6章で詳しく述べることとして、ここでは図4-32のR-θ曲線に基づいてSRモータのモデル化を行う。

4-6-1 R-θ曲線の取り扱い

固定子鉄心と回転子鉄心の磁気抵抗は、空隙磁気抵抗に比べて無視できるので、図4-32のR-θ曲線は空隙磁気抵抗R_gと可変磁気抵抗$R_a(\theta)$で決まると考えてよい。図4-32は1相あたりに磁気抵抗なので、1極あたりの可変磁気抵抗$R_a(\theta)$は次式で与えられる。

$$R_a(\theta) = \frac{R(\theta)}{2} - R_g \quad \cdots\cdots\cdots\cdots\cdots\cdots\cdots\cdots\cdots\cdots (4\text{-}26)$$

図4-32に示すように、R-θ曲線は一般に非正弦波になるので、次のようなフーリエ級数で表す。

$$R(\theta) = \frac{a_0}{2} + \sum_{k=1}^{n} a_k \cos(k \cdot 4\theta) \quad \cdots\cdots\cdots\cdots\cdots\cdots (4\text{-}27)$$

これより可変磁気抵抗は次のように表される。

$$R_a(\theta) = \frac{a_0}{4} - R_g + \frac{1}{2}\sum_{k=1}^{n} a_k \cos(k \cdot 4\theta) = R_0 \left\{ 1 + \sum_{k=1}^{n} m_k \cos(k \cdot 4\theta) \right\}$$
$$\cdots (4\text{-}28)$$

ここで$R_0 = (a_0/4) - R_g$, $m_k = a_k/2R_0$ である。

以上の方法で求めたR_0およびm_kを表4-1に示す。ここで高調波は12次まで考慮し、空隙磁気抵抗は磁気回路から計算した$R_g = 297 \times 10^3$[A/Wb]を用いた。表4-1の係数を用いて(4-28)式から計算した$R_a(\theta)$を図4-35に実線で示す。同図の破線は図4-32の$R(\theta)$から(4-26)式に基づいて求

めた $R_a(\theta)$ である。可変磁気抵抗が 12 次のフーリエ級数によって良好に近似されていることがわかる。

4－6－2　SR モータの SPICE モデル

図 4-36 は、LTspice の回路図エディタで作成した SR モータのシミュレーションモデルである。同図 (A) は SR モータのモデルで、VNia+ ～ VNic- が巻線電流による起磁力、Rg1 ～ Rg6 が空隙磁気抵抗、V1 ～ V6 が磁束を検出するためのゼロ電圧源である。空隙磁気抵抗は磁気回路から計算した R_g=297×10^3[A/Wb] を用いた。BRa+ ～ BRc- は、後述するように、可変磁気抵抗による起磁力を与えるビヘビア電圧源である。

図 4-36 の回路 (B) は、角速度 ω_m （同図では wm と表記）を積分して

〔表 4-1〕

R_0=1337×10^3 [A/Wb]			
m_1	-1.37	m_7	-3.29×10^{-2}
m_2	5.10×10^{-1}	m_8	2.79×10^{-2}
m_3	-5.23×10^{-2}	m_9	-3.10×10^{-3}
m_4	-1.18×10^{-1}	m_{10}	-1.07×10^{-2}
m_5	8.39×10^{-2}	m_{11}	9.24×10^{-3}
m_6	-7.97×10^{-3}	m_{12}	-1.83×10^{-3}

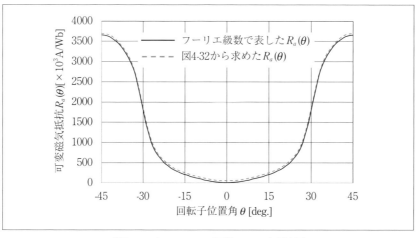

〔図 4-35〕フーリエ級数による近似例

回転子位置角 θ を求めるための回路である。B0 の端子電圧 V(theta) が radian、B4 の端子電圧 V(deg) が degree で表記した回転子位置角を与える。

図 4-36 の回路（C）は、ビヘビア電源を用いて可変磁気抵抗をモデル化したもので、B1、B2、B3 の端子電圧が可変磁気抵抗 $R_a(\theta)$、$R_b(\theta)$、$R_c(\theta)$ の値に対応する。一例として、図 4-37 に B1 の属性ウインドウを示す。Value 欄から Spice Line 2 にわたって次のような式が記述されている。

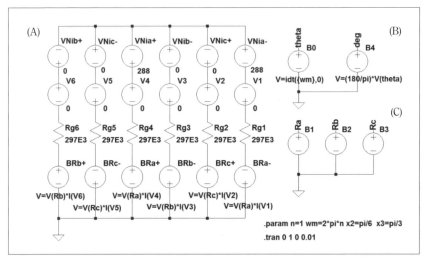

〔図 4-36〕SR モータのシミュレーションモデル

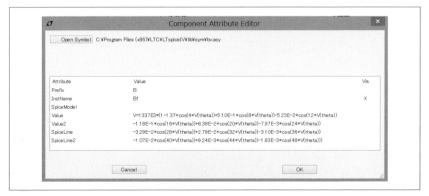

〔図 4-37〕ビヘビア電源 B1 の属性指定ウインドウ

$$\begin{aligned}
V = 1337 \times 10^3 [&1 - 1.37\cos\{4 \times V(theta)\} + 5.10 \times 10^{-1}\cos\{8 \times V(theta)\} \\
&- 5.23 \times 10^{-2}\cos\{12 \times V(theta)\} - 1.18 \times 10^{-1}\cos\{16 \times V(theta)\} \\
&+ 8.39 \times 10^{-2}\cos\{20 \times V(theta)\} - 7.97 \times 10^{-3}\cos\{24 \times V(theta)\} \\
&- 3.29 \times 10^{-2}\cos\{28 \times V(theta)\} + 2.79 \times 10^{-2}\cos\{32 \times V(theta)\} \\
&- 3.10 \times 10^{-3}\cos\{36 \times V(theta)\} - 1.07 \times 10^{-2}\cos\{40 \times V(theta)\} \\
&+ 9.24 \times 10^{-3}\cos\{44 \times V(theta)\} - 1.83 \times 10^{-3}\cos\{48 \times V(theta)\}]
\end{aligned}$$

$$\cdots (4\text{-}29)$$

B2およびB3の属性は、上式の$V(theta)$を$V(theta)-\pi/6$および$V(theta)-\pi/3$に置きかえればよい。

可変磁気抵抗による起磁力は磁気抵抗と磁束の積で与えられるので、前述のビヘビア電圧源BRa+〜BRc−の属性は次のように記述される。

$$\begin{aligned}
&\text{BRa+} : V(Ra)*I(V4), \quad \text{BRa-} : V(Ra)*I(V1) \\
&\text{BRb+} : V(Rb)*I(V6), \quad \text{BRb-} : V(Rb)*I(V3) \quad \cdots\cdots\cdots (4\text{-}30) \\
&\text{BRc+} : V(Rc)*I(V2), \quad \text{BRc-} : V(Rc)*I(V5)
\end{aligned}$$

以上のモデルに基づき、b相およびc相の巻線電流をゼロとして、a相巻線にi_a=4[A]（Ni_a=288[A]）の一定電流を流し、回転子を1回転させたときの磁束の計算結果を図4-38に示す。図には磁気抵抗の変化も併せて示した。これを見ると、a相の巻線に一定電流を流した場合、a相の磁束は変化するが、回路の対称性からb相とc相の磁束はゼロになることがわかる。これは6極−4極SRモータでは相互インダクタンスが小さいことを意味するが、磁気飽和が強い場合や極数が多い場合には極間の漏れ磁束が生じ、相互インダクタンスが無視できなくなるので注意を要する。

4−7　まとめ

以上、モータの基本的な磁気回路について述べた。永久磁石モータの場合は、永久磁石を回転子位置角で変化する起磁力源で、SRモータの場合は可変磁気抵抗で表すことによってモータの磁気回路モデルが導か

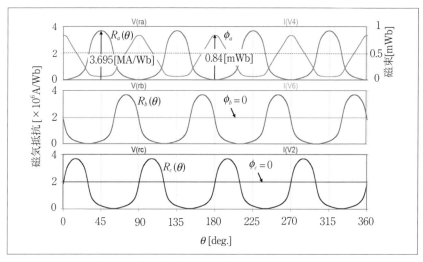

〔図4-38〕1相励磁の場合の磁束の計算結果

れる。一定速度で回転させたときの永久磁石モータの無負荷誘導起電力と、SRモータの磁束の計算例を示した。さらに回路シミュレータSPICEを利用する方法について述べた。次章ではモータトルクの計算方法と、運動方程式の取り扱いについて説明し、これに基づいてモータの動特性シミュレーションを行う。

参考文献
1) 武田洋次、松井信行、森本茂雄、本田幸夫：埋込磁石同期モータの設計と制御、4章、オーム社（2001）
2) 見城尚志：SRモータ、日刊工業新聞社（2012）
3) Osamu Ichinokura, Shohei Suyama, Tadaaki Watanabe, and Hai-Jiao Guo, A New Calculation Model of Switched Reluctance Motor for use on SPICE, IEEE Transactions on Magnetics, **37**, 2834（2001）

第5章
磁気回路に基づくモータ解析

4章では磁気回路によるモータ解析の基礎について述べた。PMモータでは永久磁石回転子を回転子位置角に応じて変化する起磁力源でモデル化し、SRモータでは突極型回転子を可変磁気抵抗でモデル化した。簡単な例として、一定速で回転させたときのPMモータの無負荷誘導起電力と、1相励磁におけるSRモータの磁束を計算した。また、これらの計算に回路シミュレータSPICEを利用する方法を紹介した。本章では、PMモータおよびSRモータのトルクの計算方法と、モータの運動方程式の取り扱いについて説明する。さらに、4章で提案したモータモデルに運動方程式回路を組み込むことによって、モータのダイナミックな動作特性を計算する。

5-1 永久磁石モータのトルク

三相永久磁石モータにおいて、巻線電流を i_a、i_b、i_c、永久磁石による巻線鎖交磁束を Φ_a、Φ_b、Φ_c とすると、マグネットトルクは次式で与えられる。

$$\tau_m = i_a \frac{d\Phi_a}{d\theta} + i_b \frac{d\Phi_b}{d\theta} + i_c \frac{d\Phi_c}{d\theta} \quad\cdots\cdots\cdots\cdots\cdots\cdots \text{(5-1)}$$

永久磁石による巻線鎖交磁束は、巻線電流をゼロとして回転子を回転させたときに巻線を鎖交する総磁束である。図5-1に示したモータの永久磁石が正弦波着磁の場合、巻線鎖交磁束は次のように表すことができる。ここで、ϕ_m は1巻線あたりの鎖交磁束の振幅、N は1極あたりの巻数で各相とも2巻線の直列結線とする。

$$\begin{aligned}\Phi_a &= 2N\phi_m \cos\theta \\ \Phi_b &= 2N\phi_m \cos\left(\theta - \frac{2\pi}{3}\right) \\ \Phi_c &= 2N\phi_m \cos\left(\theta - \frac{4\pi}{3}\right)\end{aligned} \quad\cdots\cdots\cdots\cdots\cdots\cdots \text{(5-2)}$$

これを θ で微分すると次式が得られる。

$$\frac{d\Phi_a}{d\theta} = -2N\phi_m \sin\theta$$
$$\frac{d\Phi_b}{d\theta} = -2N\phi_m \sin\left(\theta - \frac{2\pi}{3}\right) \quad \cdots\cdots\cdots\cdots\cdots\cdots\cdots\cdots\cdots \quad (5\text{-}3)$$
$$\frac{d\Phi_c}{d\theta} = -2N\phi_m \sin\left(\theta - \frac{4\pi}{3}\right)$$

　巻線電流の周波数をf[Hz]（角周波数は$\omega = 2\pi f$[rad/s]）、振幅をI_0[A]とすると、巻線電流は（5-4）式のように表される。ここでβ_sは、図5-2に示したように、回転子のd軸と巻線電流による回転磁界の磁極軸とのなす角度である。

$$i_a = I_0 \cos(\omega t + \beta_s)$$
$$i_b = I_0 \cos\left(\omega t + \beta_s - \frac{2\pi}{3}\right) \quad \cdots\cdots\cdots\cdots\cdots\cdots\cdots\cdots \quad (5\text{-}4)$$
$$i_c = I_0 \cos\left(\omega t + \beta_s - \frac{4\pi}{3}\right)$$

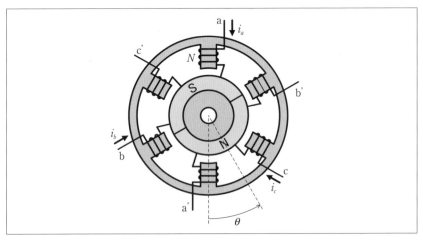

〔図5-1〕三相2極永久磁石モータの基本構成

2極の場合の回転数は $n=f$ [r/s] なので、回転子位置角は $\theta=2\pi ft=\omega t$ [rad] となる。したがって a 相のトルクは次式のように表される。

$$\tau_a = I_0 \cos(\omega t + \beta_s) \times (-2N\phi_m \sin\omega t) = NI_0\phi_m\{\sin\beta_s - \sin(2\omega t + \beta_s)\}$$
$$\cdots \text{(5-5)}$$

同様に b 相、c 相のトルクは次式で表される。

$$\tau_b = NI_0\phi_m\left\{\sin\beta_s - \sin\left(2\omega t + \beta_s - \frac{4\pi}{3}\right)\right\}$$
$$\tau_c = NI_0\phi_m\left\{\sin\beta_s - \sin\left(2\omega t + \beta_s - \frac{2\pi}{3}\right)\right\} \quad \cdots\cdots\cdots\text{(5-6)}$$

したがって、合成トルクは次式で与えられる。

$$\tau_m = \tau_a + \tau_b + \tau_c = 3NI_0\phi_m \sin\beta_s \quad \cdots\cdots\cdots\cdots\cdots\text{(5-7)}$$

(5-7) 式は同期モータのトルク式としてよく知られているもので、β_s は

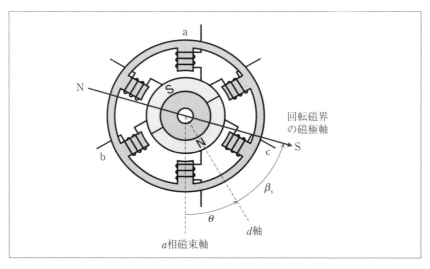

〔図5-2〕永久磁石モータの位相角の定義
　　　参考：森本、真田著「省エネモータの原理と設計法」科学情報出版㈱

負荷角あるいは内部操作角と呼ばれる。モータの諸元が図4-15と同一とすれば、磁気回路は図5-3で与えられる。(4-18)式で求めたように永久磁石による鎖交磁束の振幅は ϕ_m=0.828×10^{-3}[Wb] なので、巻線電流の振幅を I_0=1[A] とすると最大トルクは次のように求められる。

$$\tau_m = 3 \times 72 \times 1 \times 0.828 \times 10^{-3} = 0.179[\text{N} \cdot \text{m}] \quad \cdots\cdots\cdots\cdots (5\text{-}8)$$

図5-4は、図4-17のSPICEモデルに巻線電流起磁力を追加したものである。回路（A）のBNia+〜BNic−が巻線電流起磁力を与えるビヘビア電源で、その属性を以下のように指定する。

BNia +，BNia −：V = 72 * {I0} * cos({we} * time + {betas})
BNib +，BNib −：V = 72 * {I0} * cos({we} * time + {betas} - ph3)
BNic +，BNic −：V = 72 * {I0} * cos({we} * time + {betas} - ph5)

$$\cdots (5\text{-}9)$$

ここで、I0、we、betasはそれぞれ巻線電流の振幅、角周波数、および位相角で、その値は".param"コマンドで指定される。ph3=2π/3[rad]、

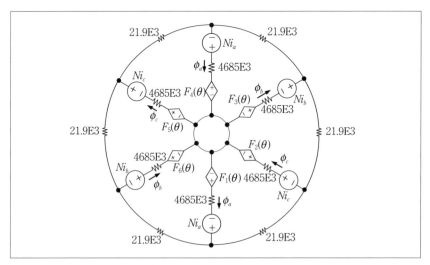

〔図5-3〕永久磁石モータの磁気回路

ph5=4π/3[rad]である。2極なので回転子の角速度 ω_m（図では wm）は角周波数 we に等しい。回路（B）では角速度 ω_m を積分して回転子位置角 θ（図では theta）を求めている。

　回路（C）の BTa、BTb、BTc はビヘビア電流源（Arbitrary Behavioral Current Source,"bi"）で、それぞれ a 相、b 相、c 相のトルクを与える。(5-3)式を(5-1)式に代入すれば、トルクは次のように表すことができる。

$$\tau_m = -2\left\{Ni_a\phi_m\sin\theta + Ni_b\phi_m\sin\left(\theta - \frac{2\pi}{3}\right) + Ni_c\phi_m\sin\left(\theta - \frac{4\pi}{3}\right)\right\}$$
$$\cdots (5\text{-}10)$$

鎖交磁束の振幅は $\phi_m = 0.828 \times 10^{-3}$[Wb] なので、BTa の属性は、

$$I = -2*(V(A+) - V(A-))*0.828E-3*\sin(V(\text{theta})) \quad \cdots\cdots (5\text{-}11)$$

と記述する。ここで V(A+)、V(A−) は、回路 A におけるノード A+ とノード A−の電位を表すので、(V(A+)−V(A−)) はビヘビア電源 BNia+ の両

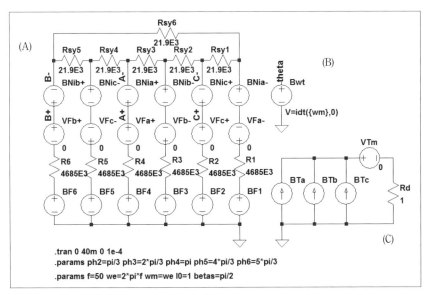

〔図 5-4〕巻線電流起磁力を追加したシミュレーションモデル

◆第5章　磁気回路に基づくモータ解析

端の電圧すなわち巻線電流 i_a による起磁力 Ni_a を与える。0.828E-3 は永久磁石による鎖交磁束の振幅である。同様に BTb、BTc の属性を次のように設定する。

$$BTb: I = -2*(V(B+) - V(B-))*0.828E-3*\sin(V(theta) - ph3)$$
$$BTc: I = -2*(V(C+) - V(C-))*0.828E-3*\sin(V(theta) - ph5)$$

$$\cdots (5\text{-}12)$$

VTm はこれらの相トルクの合成トルクを検出するためゼロ電圧源である。Rd はダミー抵抗である。

図 5-5 に、回転子が同期角速度 $\omega_m=100\pi$[rad/s] で回転したときのトルクの計算結果を示す。ここで巻線電流の振幅 $I_0=1$[A]、周波数 $f=50$[Hz]（$\omega_e=100\pi$[rad/s]）、負荷角 $\beta_s=\pi/2$[rad] とした。同図の $\tau_a \sim \tau_c$

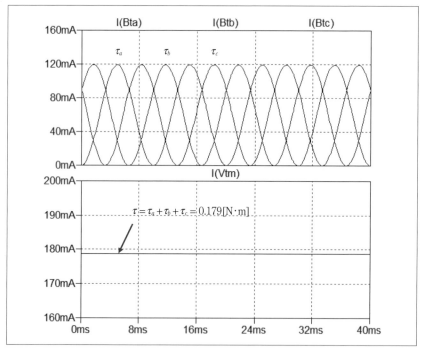

〔図 5-5〕相トルク並びに合成トルクの計算結果

が相トルク、τ_m が合成トルクを示す。これを見ると、合成トルクは 0.179[N·m] で、(5-8)式の結果と一致することがわかる。図5-6に、巻線電流をパラメータとしたときのモータトルクと負荷角の関係を示す。

5-2　SR モータのトルク
5-2-1　磁気随伴エネルギーとトルク

図5-7の磁化曲線において、巻線電流 i_1 に対する磁束を ϕ_1 とすると、面積 $0P\phi_1$ が磁気エネルギー W_F、面積 $0PNi_1$ が磁気随伴エネルギー W'_F

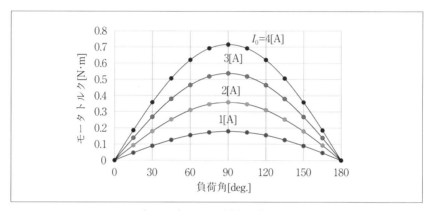

〔図5-6〕トルク対負荷角特性

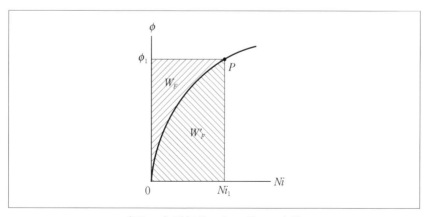

〔図5-7〕磁気的エネルギーの定義

を与える。すなわち、

$$W_F = \int_0^{\phi_1} Ni d\phi \quad \cdots\cdots\cdots\cdots\cdots\cdots\cdots\cdots\cdots\cdots\cdots\cdots\cdots (5\text{-}13)$$

$$W_F' = \int_0^{Ni_1} \phi dNi \quad \cdots\cdots\cdots\cdots\cdots\cdots\cdots\cdots\cdots\cdots\cdots\cdots\cdots (5\text{-}14)$$

仮想仕事の原理によってトルクは次式で求められる。

$$\tau_m = \frac{\partial W_F'}{\partial \theta} = -\frac{\partial W_F}{\partial \theta} \quad [\text{N}\cdot\text{m}] \quad \cdots\cdots\cdots\cdots\cdots\cdots\cdots\cdots (5\text{-}15)$$

　(5-14) 式に基づいて、図 5-8 のように、a 相巻線に直流電流を流したときのトルクを求めてみる。簡単のために固定子並びに回転子鉄心の磁気抵抗を無視すれば、このときの磁気回路は図 5-9 のように表される。回路の対称性から、このときの磁束は a 相の磁気回路のみを流れるので、次式のように求められる。

$$\phi_a = \frac{Ni}{R_g + R_a(\theta)} \quad \cdots\cdots\cdots\cdots\cdots\cdots\cdots\cdots\cdots\cdots\cdots\cdots\cdots (5\text{-}16)$$

簡単のため磁気抵抗の変化を正弦波と仮定し、$R_a(\theta)=R_0(1-m\cos4\theta)$ と表せば次式を得る。ここで $\lambda=mR_0/(R_g+R_0)$ である。

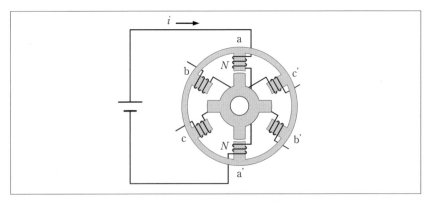

〔図 5-8〕考察に用いた回路

$$\phi_a = \frac{Ni}{R_g + R_0(1 - m\cos 4\theta)} = \frac{Ni}{(R_g + R_0)(1 - \lambda\cos 4\theta)} \quad \cdots\cdots (5\text{-}17)$$

これより、1極あたりの磁気随伴エネルギー W'_F とトルク τ_m は次式のように求められる。

$$W'_F = \int_0^{Ni} \phi_a dNi = \frac{1}{2}\frac{(Ni)^2}{(R_g + R_0)(1 - \lambda\cos 4\theta)} \quad \cdots\cdots\cdots\cdots (5\text{-}18)$$

$$\tau_m = \left[\frac{\partial W'_F}{\partial \theta}\right]_{i=-\text{定}} = -\frac{2(Ni)^2}{(R_g + R_0)}\frac{\lambda\sin 4\theta}{(1 - \lambda\cos 4\theta)^2} \quad \cdots\cdots\cdots (5\text{-}19)$$

図5-10に、回転子の位置角 θ を-45度から45度まで変化させたときのトルクを示す。ここで縦軸は $2(Ni)^2/(R_g+R_0)$ で規格化している。これを見ると、$-45°<\theta<0°$ では θ の回転方向に、$0°<\theta<45°$ ではその逆方向にトルクが発生すること、同じ電流値でも λ が大きいほどトルクは増大することがわかる。これは λ が大きいほど磁気抵抗の変化幅が増加し、いわゆる d 軸と q 軸のインダクタンスの差が大きくなるためであ

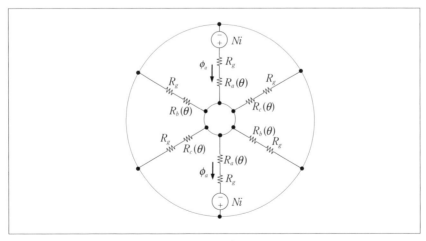

〔図5-9〕1相励磁のときの磁気回路

る。このように磁気抵抗の変化に起因するトルクをリラクタンストルクと呼ぶ。なお、(5-18) 式は1極あたりのトルクなので、1相あたりのトルクは2倍になる。

　以上は磁気随伴エネルギーからトルクを求めたが、磁気エネルギーから求めることもできる。すなわち、$Ni=R_a(\theta)\phi$ から磁気エネルギーは次式で表される。

$$W_F = \int_0^\phi Ni d\phi = \int_0^\phi R(\theta)\phi d\phi = \frac{1}{2}R(\theta)\phi^2 \quad \cdots\cdots (5\text{-}20)$$

磁気随伴エネルギーの増加分は磁気エネルギーの減少分に等しいことから、トルクは次式で与えられる。

$$\tau_m = -\left[\frac{\partial W_F}{\partial \theta}\right]_{\phi=一定} = -\frac{1}{2}\phi^2\frac{dR(\theta)}{d\theta} \quad \cdots\cdots (5\text{-}21)$$

(5-20) 式に $\phi=Ni/R_a(\theta)$ および $R_a(\theta)=(R_g+R_0)(1-\lambda\cos4\theta)$ を代入すると、

$$\tau_m = -\frac{2(Ni)^2}{(R_g+R_0)}\frac{\lambda\sin4\theta}{(1-\lambda\cos4\theta)^2} \quad \cdots\cdots (5\text{-}22)$$

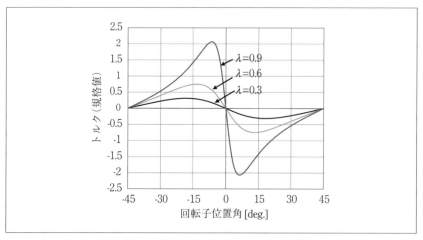

〔図 5-10〕トルク対回転子位置角の関係

となり、(5-19) 式と一致する。

5−2−2　*R-θ* 曲線に基づく SR モータのトルク計算

さて、4 章で述べたように、SR モータの *R-θ* 曲線は一般に非正弦波になるので、フーリエ級数で表すと、

$$R_a(\theta) = R_0 \left\{ 1 + \sum_{k=1}^{n} m_k \cos(k \cdot 4\theta) \right\}$$
$$R_b(\theta) = R_0 \left[1 + \sum_{k=1}^{n} m_k \cos\left\{ k \cdot 4\left(\theta - \frac{\pi}{6} \right) \right\} \right] \quad \cdots\cdots (5\text{-}23)$$
$$R_c(\theta) = R_0 \left[1 + \sum_{k=1}^{n} m_k \cos\left\{ k \cdot 4\left(\theta - \frac{\pi}{3} \right) \right\} \right]$$

a 相のみ励磁したときの磁束 ϕ_a は次式のように求められる。

$$\phi_a(\theta) = \frac{Ni}{R_g + R_a(\theta)} = \frac{Ni}{R_g + R_0 \left\{ 1 + \sum_{k=1}^{n} m_k \cos(k \cdot 4\theta) \right\}} \quad \cdots\cdots (5\text{-}24)$$

磁束と磁気抵抗から 1 極あたりの磁気エネルギーは

$$W_F = \frac{1}{2} R_a(\theta) \phi_a^2(\theta) \quad \cdots\cdots\cdots\cdots\cdots\cdots\cdots\cdots (5\text{-}25)$$

で与えられるので、相トルクは次式で計算される。

$$\tau_m = 2 \times \left(-\left[\frac{\partial W_F}{\partial \theta} \right]_{\phi = \text{一定}} \right) = -\phi_a^2(\theta) \frac{dR_a(\theta)}{d\theta} \quad \cdots\cdots (5\text{-}26)$$

(5-23) 式の可変磁気抵抗 $R_a(\theta)$ を θ で微分すると次式が得られる。

$$\frac{dR_a(\theta)}{d\theta} = -4R_0 \sum_{k=1}^{n} k \cdot m_k \sin(k \cdot 4\theta) \quad \cdots\cdots\cdots\cdots (5\text{-}27)$$

(5-27) 式を (5-26) 式に代入すれば次式が得られる。

$$\tau_m = 4R_0\phi_a^2(\theta) \times \sum_{k=1}^{n} k \cdot m_k \sin(k \cdot 4\theta) \quad \cdots\cdots\cdots\cdots\cdots (5\text{-}28)$$

表 4-1 の係数を用いれば、

$$\tau_m = 5348 \times 10^3 \phi_a^2(\theta)(-1.37\sin 4\theta + 1.02\sin 8\theta - \cdots - 2.19 \times 10^{-2}\sin 48\theta)$$
$$\cdots (5\text{-}29)$$

　図 5-11 に、巻線電流を 2[A] および 4[A] として、回転子位置角 θ を－45 度から 45 度まで変化させたときの磁束とモータトルクの計算値を示す。図中の実線が (5-29) 式による計算結果、破線は比較のために有限要素法によって計算した結果を示す。磁気回路法では磁化曲線を線形近似していること、磁気抵抗の変化をフーリエ級数で表していることなどによる差異が認められるが、定性的には妥当な結果が得られていることがわかる。

　図 5-11 の磁気回路法による計算では Excel を用いたが、回路シミュレータを利用することもできる。図 5-12 は、図 4-36 の SPICE モデルにトルクを計算するための回路を追加したものである。同図（A）は SR モー

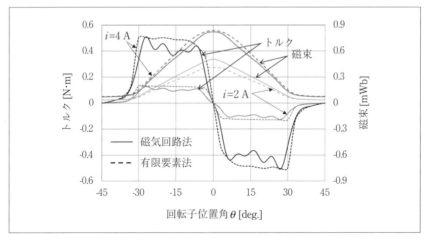

〔図 5-11〕磁束とトルクの計算結果

タの磁気回路モデル、(B) は回転子位置角を与える回路、(C) は可変磁気抵抗を与える回路で、これらの属性は図 4-36 と同様である。(5-26) 式に示されるように、SR モータのトルクは可変磁気抵抗の微分と磁束で決定される。可変磁気抵抗の微分は (5-27) 式で与えられるので、表 4-1 の R_0 と m_k を代入すると次式が得られる。

$$\begin{aligned}dR_a/d\theta = -5348\times10^3 [&-1.37\sin 4\theta\{4\times V(theta)\} + 1.02\sin\{8\times V(theta)\}\\&-0.157\sin\{12\times V(theta)\} - 0.470\sin\{16\times V(theta)\}\\&+0.420\sin\{20\times V(theta)\} - 4.78\times 10^{-2}\sin\{24\times V(theta)\}\\&-0.230\sin\{28\times V(theta)\} + 0.223\sin\{32\times V(theta)\}\\&-2.79\times 10^{-2}\sin\{36\times V(theta)\} - 0.107\sin\{40\times V(theta)\}\\&+0.102\sin\{44\times V(theta)\} - 2.19\times 10^{-2}\sin\{48\times V(theta)\}]\end{aligned}$$

$\cdots$ (5-30)

図 5-12 (D) における B4 は、可変磁気抵抗の微分を与えるビヘビア電源で、その属性は、図 5-13 のように記述される。回路 (D) の B5 は (5-26) 式に基づいてトルクを計算するためのビヘビア電源である。すなわち、

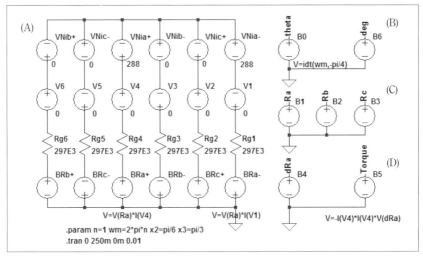

〔図 5-12〕SR モータのシミュレーションモデル

磁束 ϕ_a は回路（A）のゼロ電圧源 V4 で検出される電流 I(V4)、可変磁気抵抗の微分はビヘビア電源 B4 の出力端子電圧 V(dRa) なので、ビヘビア電源 B5 の属性を以下のように指定すればよい。

$$V = -I(V4)*I(V4)*V(dRa) \qquad (5\text{-}31)$$

以上のモデルに基づき、a 相の巻線電流を $i=4[A]$（$Ni=288A$）一定とし、毎秒回転数 $n=1[r/s]$（角速度 $\omega_m=2\pi$ [rad/s]）のときの磁束 ϕ_a と相トルク τ_m を計算した。図 5-14 に 1 周期分の磁束と相トルクの計算結果を示す。これを見ると、図 5-11 の計算結果と同様の波形が得られていることがわかる。

図 5-14 に示すように、SR モータでは、磁気抵抗が増加する期間（図では $0°<\theta<45°$）で励磁すると逆トルクになる。連続的に回転させるには、磁気抵抗が減少する期間（$-45°<\theta<0°$）でのみ励磁する必要がある。

図 5-15 は、SR モータの a 相、b 相、c 相の巻線にパルス状の電流を流すための回路である。同図（A）の VNia+ ～ VNic− が巻線電流起磁力で、ここではパルス電圧源を用いる。パルス電圧源の振幅は 288[V] とし、位相とパルス幅はそれぞれの磁気抵抗の減少期間でのみ電圧が印加されるように設定する。このときのパルス電圧源の設定値を表 5-1 に示す。

図 5-15 の（B）は、回転子位置角 θ を与える回路、（C）は 3 相分の可

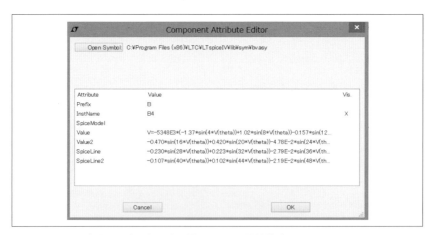

〔図 5-13〕ビヘビア電源 B4 の属性指定ウインドウ

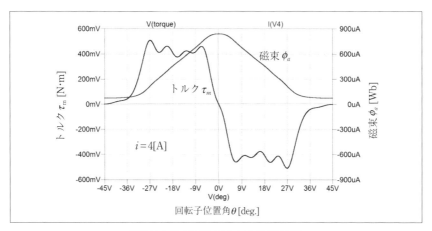

〔図5-14〕SPICE による計算結果

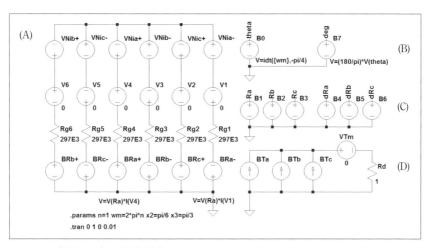

〔図5-15〕3相励磁時の SR モータのシミュレーションモデル

〔表5-1〕パルス電源の属性値

	VNia+, VNia−	VNib+, VNib−	VNic+, VNic−
Vinitial	0	0	0
Von	288	288	288
Tdelay	0	0.08333333	0.1666666
Trise	0.001	0.001	0.001
Tfall	0.001	0.001	0.001
Ton	0.125	0.125	0.125
Tperiod	0.25	0.25	0.25
Ncycle	4	4	4

変磁気抵抗と可変磁気抵抗の微分を与える回路、(D)はトルクを計算する回路である。(D)におけるBTa、BTb、BTcはa相、b相、c相のトルクを与えるビヘビア電流源で、それぞれの属性は次のように指定する。ゼロ電圧源VTmは、これらの相トルクを合成したモータトルクを検出するものである。

$$\begin{aligned}&\text{BTa}:\text{I}=-\text{I(V4)}*\text{I(V4)}*\text{V(dRa)}\\&\text{BTb}:\text{I}=-\text{I(V6)}*\text{I(V6)}*\text{V(dRb)}\\&\text{BTc}:\text{I}=-\text{I(V2)}*\text{I(V2)}*\text{V(dRc)}\end{aligned} \quad \cdots\cdots (5\text{-}32)$$

図5-16にシミュレーション結果を示す。$R_a \sim R_c$ が可変磁気抵抗、$Ni_a \sim Ni_c$ が巻線電流起磁力、$\tau_a \sim \tau_c$ が相トルク、τ_m が合成トルクである。これを見ると、可変磁気抵抗の減少区間で励磁すれば各相とも正トルクのみになることがわかる。したがって回転子位置角に応じて各相の励磁電流を適切に切り替えることによってSRモータを連続的に回転させることができる。

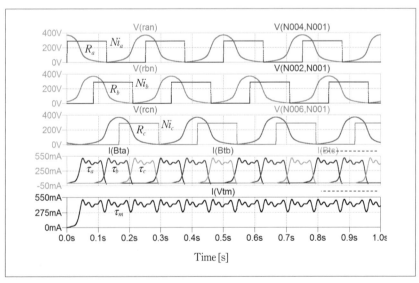

〔図5-16〕3相励磁におけるトルク波形

5－3 運動方程式の取り扱い

 慣性モーメントを $J[\mathrm{kg \cdot m^2}]$、モータトルクを $\tau_m[\mathrm{N \cdot m}]$、負荷トルクを $\tau_L[\mathrm{N \cdot m}]$、回転子の角速度を $\omega_m[\mathrm{rad/s}]$ とすれば、運動方程式は次式のように表される。

$$J\frac{d\omega_m}{dt} = \tau_m - \tau_L - D\omega_m - f(\omega_m) \quad \cdots\cdots\cdots\cdots\cdots\cdots \text{(5-33)}$$

ここで $D[\mathrm{N \cdot m \cdot s}]$ は軸受などの粘性摩擦係数、$f(\omega)$ はクーロン摩擦である。このほか、高速回転時には風損も無視できないが、その場合は負荷トルクに含めて考えればよい。簡単のためクーロン摩擦を無視すれば、運動方程式は図 5-17 のような等価回路で表される。モータトルクおよび負荷トルクはそれぞれ従属電流源 τ_m および τ_L で表される。r_f は粘性摩擦を表す抵抗でその値は $r_f = 1/D$ で与えられる。コンデンサは慣性モーメント J に相当し、その端子電圧が角速度 ω_m になる。

 モータの動特性解析では、モータを電気的等価回路で表し、運動方程式の等価回路と連立させることが多い。簡単な例として、図 5-18 の直流モータを考える。図において v_a は電源電圧、i_a は電機子電流、e_0 はモータ逆起電力を示す。電機子抵抗を R_a、電機子インダクタンスを L_a とすれば次式が成立する。ここで K_E および K_T はそれぞれ起電力定数およびトルク定数である。

$$v_a = R_a i_a + L_a \frac{di_a}{dt} + e_0 \quad \cdots\cdots\cdots\cdots\cdots\cdots\cdots\cdots\cdots \text{(5-34)}$$

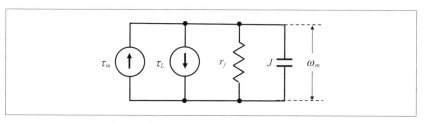

〔図 5-17〕運動方程式の電気的等価回路

$$e_0 = K_E \omega_m \quad \cdots\cdots\cdots\cdots\cdots\cdots\cdots\cdots\cdots\cdots\cdots\cdots\cdots\cdots\cdots\cdots \quad (5\text{-}35)$$

$$\tau_m = K_T i_a \quad \cdots\cdots\cdots\cdots\cdots\cdots\cdots\cdots\cdots\cdots\cdots\cdots\cdots\cdots\cdots\cdots \quad (5\text{-}36)$$

(5-34) 式から、直流モータの電気的等価回路は L、R および起電力 e_0 の直列回路で表されることがわかる。よって、図 5-17 の運動方程式回路と組み合わせれば、直流モータの動的等価回路は図 5-19 のようになる。

いま R_a=0.5[Ω]、L_a=0.01[H]、J=1[kg・m^2]、D=0.02[N・m・s]（r_f=50[Ω]）、K_T=1.8[N/A]、K_E=1.8[V/rad/s] とし、t=0.2[s] で v_a=100[V] を印加、t=2[s] で τ_L=80[N・m] の負荷を投入したときの過渡特性を計算してみる。図 5-20 は、直流モータの動的等価回路を LTspice でモデル化したものである。図において、B1 は (5-35) 式に従ってモータの逆起電力 e_0 を計算するビヘビア電圧源、BTm は (5-36) 式に従ってトルクを計算するビヘビア電流源である。ITL は負荷トルクを模擬する電流源、Rf は粘性摩擦抵

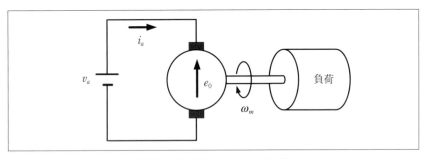

〔図 5-18〕直流モータの概略

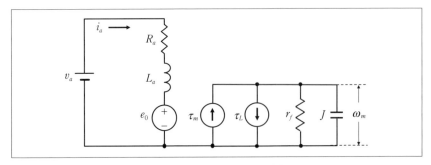

〔図 5-19〕直流モータの動的等価回路

抗を与える抵抗，CJ は慣性モーメントである。

図 5-21 にシミュレーション結果を示す。$t=0.2[s]$ で電源電圧が印加されるとモータは起動して回転子が加速される。このときのモータトルクは加速トルクと摩擦トルクの和になる。定常回転に至ったのちの $t=2[s]$ で

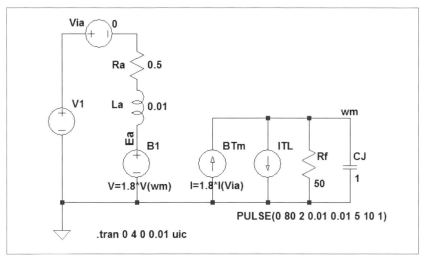

〔図 5-20〕SPICE によるシミュレーションモデル

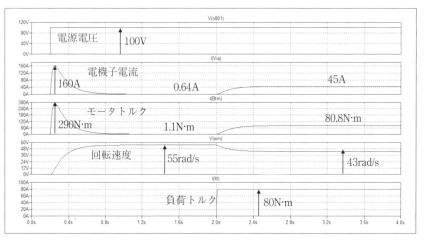

〔図 5-21〕シミュレーション結果

負荷を投入すると、所要の負荷トルクを供給するために電機子電流が増加するとともに、電機子抵抗による電圧降下の影響で回転子は減速する。

以上のように、モータモデルに運動方程式を組み込むことによって、モータのダイナミックな特性を計算できる。図 5-22 はモータの磁気回路モデルに運動方程式を組み込んだ場合の計算の流れをまとめたものである。駆動回路とモータモデルから巻線電流 i とモータ磁束 ϕ が求められ、これよりモータトルク τ_m が算出される。モータトルクと負荷トルク τ_L が与えられれば、運動方程式からモータの回転角速度 ω_m が求められる。ω_m を積分すれば回転子の位置角 θ になる。この位置角はモータ電流と磁束、およびモータトルクの算出に使われる。

5-4 永久磁石モータの起動特性

いま、永久磁石モータにおいて、電源電圧の周波数と振幅を徐々に上げていく低周波起動を行った場合の特性を計算してみる。図 5-23 は、図 5-4 のモータモデルに低周波起動用の電源回路と運動方程式を組み込んだものである。回路 (A) がモータモデル、(B) が低周波起動用電源の周波数と振幅を与える回路、(C) が運動方程式回路、(D) が低周波起動用電源回路である。回路 (A) の永久磁石モータの磁気回路モデルは、

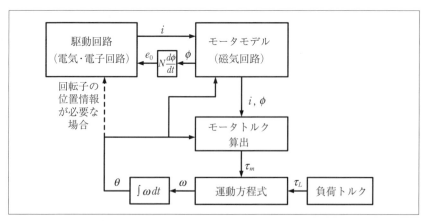

〔図 5-22〕磁気回路モデルによるモータ解析のプロセス

基本的に図5-4と同じであるが、次式に示すように、巻線電流起磁力 BNia+ ～ BNic−として (D) の駆動回路の電流を使用している。ここで72 は1極あたりの巻数、I(Via) ～ I(Vic) は回路 (D) の a 相～c 相電流である。

$$\begin{aligned}
&\text{BNia}+, \text{BNia}-: 72*\text{I(Via)} \\
&\text{BNib}+, \text{BNib}-: 72*\text{I(Vib)} \quad \cdots\cdots\cdots\cdots\cdots\cdots\cdots\cdots (5\text{-}37) \\
&\text{BNic}+, \text{BNic}-: 72*\text{I(Vic)}
\end{aligned}$$

低周波起動時の電源周波数は $t=0 \sim 1[\text{s}]$ で $0[\text{Hz}]$ から $50[\text{Hz}]$ まで直線的に増加し、それ以降は $50[\text{Hz}]$ 一定とする。同様に電圧の振幅は $0[\text{V}]$ から $37.48[\text{V}]$ まで直線的に増加し、それ以降は一定とする。(B) はこれらの信号を作成するための回路になる。図5-24に回路 (B) の端子電圧の時間変化を示す。V(out) は PWL モードの電源 V1 の端子電圧で、傾きが0.5の直線になるように指定している。V(we) および V(Vamp) はそれぞれビヘビア電源 B1 および B2 の端子電圧で、これらのビヘビア電源の属性は以下のような条件式で与えている。

$$\begin{aligned}
&\text{B1}: \text{If } V(\text{out}) > 0.5 \text{ then } V(\text{we}) = 100\pi \text{ else } V(\text{we}) = 50\pi t \\
&\text{B2}: \text{If } V(\text{out}) > 0.5 \text{ then } V(\text{Vamp}) = 37.48 \text{ else } V(\text{Vamp}) = 37.48t
\end{aligned}$$

$$\cdots (5\text{-}38)$$

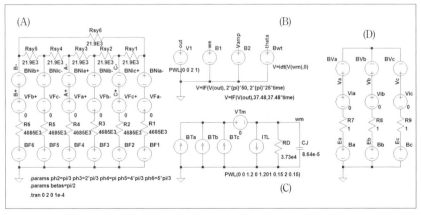

〔図5-23〕永久磁石モータの起動特性のシミュレーションモデル

◆第5章　磁気回路に基づくモータ解析

　回路（B）のビヘビア電源 Bwt は回転子角速度 ω_m を積分して回転子位置角 θ を求めるもので、角速度として（C）の運動方程式回路の端子電圧 V(wm) を用いている。

　回路（D）における BVa～BVc は電源電圧、Via～Vic は電流を検出するためのゼロ電圧源、R7～R9 はモータの巻線抵抗、Ba～Bc はモータの逆起電力である。電源電圧は回路（B）の V(we) と V(Vamp) を用いて次のような式で与えている。ここで ph3、ph5 および betas は ".param" コマンドで定義される位相角 $2\pi/3$、$4\pi/3$ および $\pi/2$ である。

　　BVa：V = V(Vamp)＊sin(V(we)＊time＋betas)
　　BVb：V = V(Vamp)＊sin(V(we)＊time‐ph3＋betas)　…（5-39）
　　BVc：V = V(Vamp)＊sin(V(we)＊time‐ph5＋betas)

　モータの逆起電力は、回路（A）で計算される磁束 I(VFa+)～I(VFc−) を用いて次式で与える。ここで ddt は微分を表す。

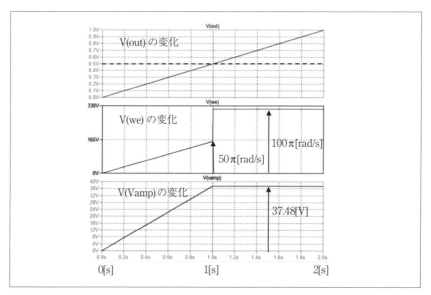

〔図5-24〕回路 B のおける各端子電圧の変化

$$\begin{aligned}&\text{Ba}:\text{V} = 72*\text{ddt}(\text{I}(\text{VFa}+) + \text{I}(\text{VFa}-))\\&\text{Bb}:\text{V} = 72*\text{ddt}(\text{I}(\text{VFb}+) + \text{I}(\text{VFb}-)) \quad\cdots\cdots\cdots\cdots\cdots \text{(5-40)}\\&\text{Bc}:\text{V} = 72*\text{ddt}(\text{I}(\text{VFc}+) + \text{I}(\text{VFc}-))\end{aligned}$$

図 5-25 に電源電圧 BVa～BVc の波形を示す。t=0[s] で振幅、周波数ともにゼロで、t=1[s] まで直線的に増加し、それ以降は一定周波数で一定振幅になっている。以上のシミュレーションモデルで、永久磁石モータの起動特性を計算した結果を図 5-26 に示す。ここで負荷トルクはゼロとした。これを見ると、0[s]<t<1[s] の加速期間で回転速度は大略直線的に上昇し、t=1[s] で同期速度 100π[rad/s] に到達したのちに一定になることがわかる。加速期間のモータトルクは加速トルクと摩擦トルクの和になる。t=1[s] で定速回転に移行すると、モータトルクは一定値に落ち着く。このときのモータトルクは摩擦トルクに等しい値になる。

図 5-27 に、モータが定速運転に移行したのち、t=1.2[s] で τ_L=0.5[N·m] の負荷トルクをステップ状に加えた場合の応答特性の計算結果を示す。負荷印加時に回転数が若干変動するが、数サイクル程度で同期速度に落ち着くことがわかる。このときのモータトルクは負荷トルクと摩擦トル

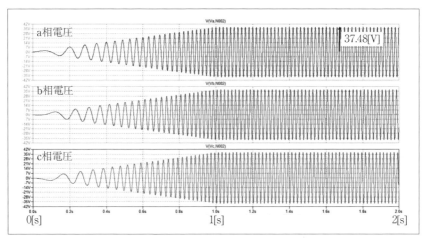

〔図 5-25〕電源電圧の変化

◆第5章 磁気回路に基づくモータ解析

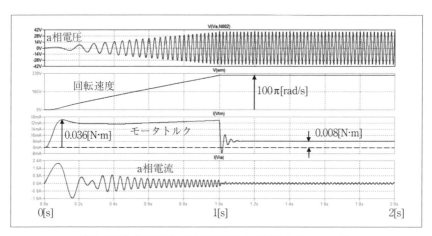

〔図 5-26〕起動特性の計算結果Ⅰ（負荷トルク $\tau_L=0$）

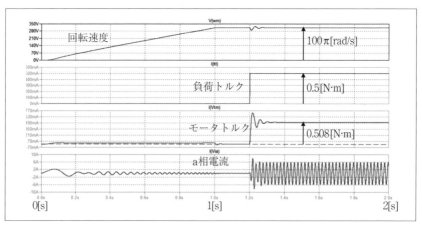

〔図 5-27〕起動特性の計算結果Ⅱ（$t=1.2$[s] で $\tau_L=0.5$[N・m] を印加）

クの和になる。

　図 5-28 は $t=1.2$[s] から負荷トルクをランプ状に増加させた場合のシミュレーション結果である。これを見ると、$t=1.48$[s] 付近で過負荷のために同期外れが生じていることがわかる。

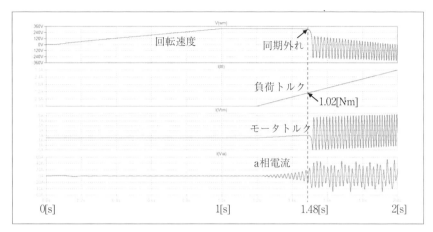

〔図 5-28〕起動特性の計算結果Ⅲ（同期外れが生じた例）

5－5　インバータ駆動時のシミュレーション

　ブラシレス DC モータでは、ホール素子などによって永久磁石回転子の位置を検出し、その位置角に応じて駆動用インバータの半導体デバイスのスイッチングを切り替えている。SPICE では、電圧制御スイッチやパワーデバイス、およびスイッチングのための信号処理回路などの組み込みモデルが豊富なので、インバータドライブシステムのシミュレーションにも適用しやすい。

　図 5-29 は、三相インバータのシミュレーションモデルの一例である。パワーデバイスとして MOSFET（IPB200N25N3、250V-64A）を使用し、電源電圧 DC40V×2 直列、1[Ω] と 10[mH] の三相 R-L 負荷が接続されている。B2～B4 は三相信号源、A1～A3 は MOSFET のゲート信号生成のためのシュミット回路（LTspice では Digital ライブラリ中の Behavioral Schmitt）である。これらのシュミット回路のヒステリシスの幅はゼロになるように設定しているので、入力信号が正のときは上側ゲート（gate1,3,5）の出力電圧が 1[V]、下側ゲート（gate2,4,6）の出力電圧が 0[V] になり、負の場合はその逆になる。MOSFET "M1" のゲートに接続されたビヘビア電源 B8 は、gate1 の電圧が 1[V] のときに 5[V]、0[V] のときに 0[V] を出力するように設定されている。ビヘビア B9～B13 は

gate2～gate6 の電圧に対して同様に設定される。したがって、三相信号源 B2～B4 に同期した出力電圧が負荷に印加される。図 5-30 にインバータのシミュレーション結果の一例として、a～c 相電圧、a 相と b 相の線間電圧、および a 相の負荷電流を示す。このときのゲート駆動回路の信号は次式で与えている。

$$\begin{align}
&\text{B2}: V = \cos(we * time) \\
&\text{B3}: V = \cos(we * time - ph3) \\
&\text{B4}: V = \cos(we * time - ph5)
\end{align} \tag{5-41}$$

ここで we=2π*50[rad/s] は角周波数、ph3=$2\pi/3$[rad]、ph5=$4\pi/3$[rad] である。図 5-30 を見ると、入力信号に同期した方形波電圧がインバータから出力されていることがわかる。

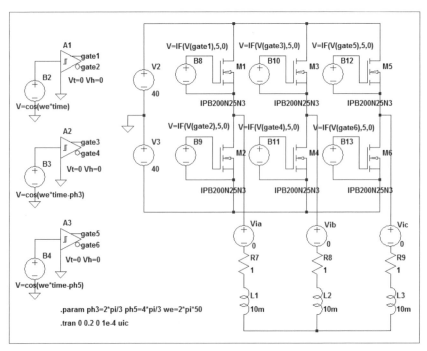

〔図 5-29〕三相インバータの SPICE モデルの一例

図 5-31 に、永久磁石モータをインバータで駆動する場合のシミュレーションモデルを示す。回路（A）は永久磁石モータで、図 5-23 と同様のモデルを使用している。回路（B）は運動方程式で、BTm がモータトルク τ_m[N・m]、ITL が負荷トルク τ_L[N・m]、コンデンサ電圧 V(wm) が回転速度 ω_m[rad/s]、Bwt の端子電圧 V(theta) が回転子位置角 θ[rad] になる。回路（C）と回路（D）は図 5-29 と同様であるが、回路（C）の信号

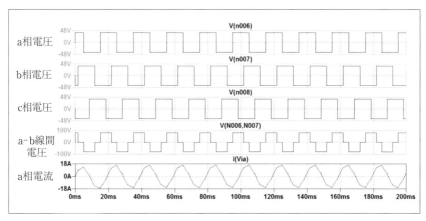

〔図 5-30〕三相インバータの動作波形

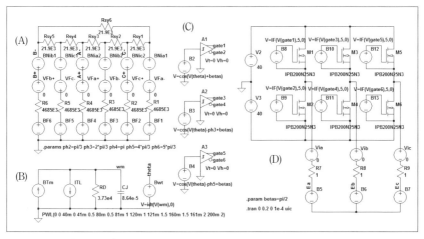

〔図 5-31〕インバータ駆動時のシミュレーションモデル

として、回転子位置角を用いて次のような式で与えている。ここで負荷角 betas は $\pi/2$[rad] とした。

$$B2: V = \cos(V(theta) + betas)$$
$$B3: V = \cos(V(theta) - ph3 + betas) \quad \cdots\cdots\cdots\cdots\cdots \quad (5\text{-}42)$$
$$B4: V = \cos(V(theta) - ph5 + betas)$$

図 5-32 はインバータ駆動時のシミュレーション結果の一例である。同図は、$t=0$[s] においてモータを無負荷で起動させ、$t=40$[ms] から 40[ms] 間隔で負荷トルクを 0[N·m] から 2[N·m] までステップ状に増加させたときの応答波形で、上から a 相電圧、a 相電流、負荷トルク、回転速度を示す。これを見ると、モータ起動時の様子と、負荷を加えたときの応答特性が良好に再現されていることがわかる。

5-6 SR モータの動特性シミュレーション

図 5-33 に SR モータの駆動回路を示す。本回路は非対称ハーフブリッジコンバータと呼ばれ、各相とも 2 個のトランジスタとダイオードで構成される。上下のトランジスタを同時にオンすればモータ巻線に電流が流れ、オフすると上下のダイオードを通って電源側に回生される。図に

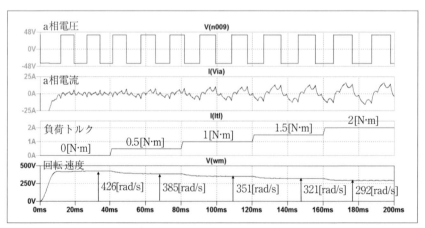

〔図 5-32〕シミュレーション結果の一例

示すように、a 相の固定子極と回転子極が対向状態にあるときに b 相を励磁すれば、回転子は時計方向に 30 度回転する。同様に c 相、a 相と励磁を切り替えれば時計方向に回転する。SR モータでは回転子の位置角を検出して励磁を適切に切り替えることによって連続回転を得ている。

図 5-34 に SR モータのシミュレーションモデルを示す。同図 (A) が SR モータのモデル、(B) が運動方程式回路モデル、同図 (C) が可変磁気抵抗 R_a ～ R_c、およびその微分 $dR_a/d\theta$ ～ $dR_c/d\theta$ を与えるビヘビア電源、(D) が駆動回路である非対称ハーフブリッジコンバータ、(E) がそのゲート信

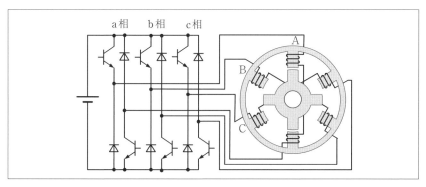

〔図 5-33〕SR モータの駆動回路

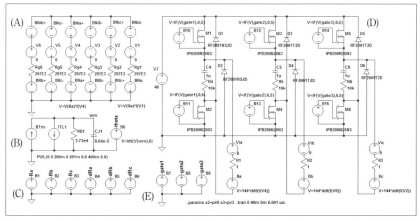

〔図 5-34〕SR モータの SPICE シミュレーションモデル

― 161 ―

号生成回路である。(A) の SR モータモデルの巻線電流起磁力 Bia+〜Bic-
は、回路 (E) のコンバータの出力電流 Via〜Vic を用いて (5-43) 式で与
えている。巻線電流起磁力以外は 5-2 節で述べたモデルと同じである。

$$\begin{array}{l} \text{Bia}+,\ \text{Bia}-: V = 72*I(\text{Via}) \\ \text{Bib}+,\ \text{Bib}-: V = 72*I(\text{Vib}) \\ \text{Bic}+,\ \text{Bic}-: V = 72*I(\text{Vic}) \end{array} \quad \cdots\cdots\cdots\cdots\cdots\cdots (5\text{-}43)$$

SR モータでは、磁気抵抗の減少する期間に巻線電流を流すことによ
って有効回転トルクが得られるので、ここでは図 5-35 のような方法で
ゲート信号を生成した。同図 (a) は a 相の磁気抵抗の変化で、固定子
と回転子が対向状態となる $\theta = n\pi/2$[rad] ($n=0,1,2\cdots$) で最小値、
$\theta = n\pi/2 \pm \pi/4$[rad] で最大値になる。ここで、回転子位置角を $\theta^* = 0.5 \times$
atan(tan2θ) によって変換すると、同図 (b) に示すように、$\pm\pi/4$ で正規
化された位置角 θ^* が得られる。一般に、6極-4極 SR モータではデ
ューティー比 1/3 で各相の励磁を切り替えていくので、同図 (c) の波形
"gate1"のように、θ^* を 0 から 1.5 の範囲で変化するのこぎり波になる

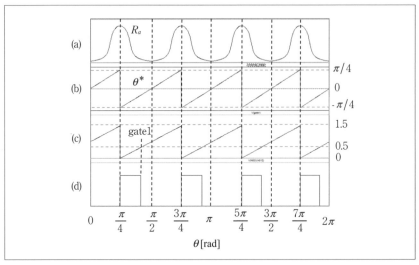

〔図 5-35〕ゲート信号生成の一例

ように補正し、0<gate1<0.5 の範囲でゲート信号を生成することとした。図 5-34（E）の B7 は、θ から "gate1" を生成するためのビヘビア電源で、その属性は以下のように設定している。

$$V = (1.5/\pi)*atan(tan(2*(V(theta)))) + 0.75 \quad \cdots\cdots\cdots\cdots (5\text{-}44)$$

b 相および c 相は、(5-41) 式の位相を V(theta)$-\pi/6$ および V(theta)$-\pi/3$ に置き換える。図（E）の gate2 および gate3 はそれぞれ b 相および c 相の信号である。コンバータモデル（D）の B10〜B15 はトランジスタのゲート信号生成のためのビヘビア電源で、if 関数を用いて gate1,2,3 が 0 から 0.5 の範囲で 5[V] を出力し、それ以外では 0[V] になるように設定した。

図 5-36 に、SR モータを無負荷で起動させ、200[ms] で 0.8[N·m] の負荷トルクを投入したときのシミュレーション結果を示す。上から a 相電圧、負荷トルク、回転速度、モータトルク、および a 相電流を示す。図 5-37 は起動時の各部波形を拡大したものである。同図 (a)、(b)、(c) がそれぞれ a 相、b 相、c 相の磁気抵抗と相電圧、(d) が相電流、(e) がモータトルクの変化を示している。これを見ると、t=0[s]（θ=0[rad]）で b 相が励磁されて回転がスタートし、以下 c 相、a 相と励磁が切り替わっ

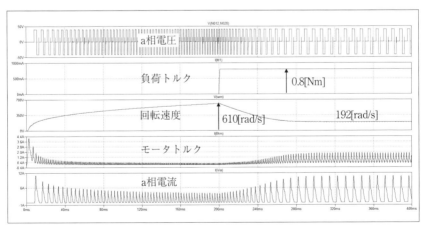

〔図 5-36〕シミュレーション結果の一例

ていくことがわかる。図5-38に定常回転時の各部波形を示す。以上の結果から、提案したSRモータのシミュレーションモデルの妥当性が了解される。

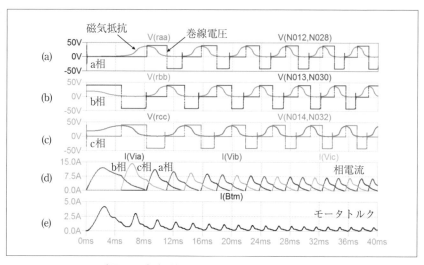

〔図5-37〕起動時のシミュレーション結果

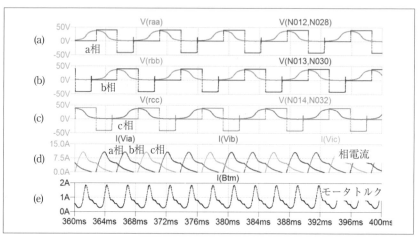

〔図5-38〕定常状態のシミュレーション結果

5-7 まとめ

以上、磁気回路に基づいてPMモータならびにSRモータのトルクを計算する方法を述べた。さらに、運動方程式とモータの磁気回路を組み合わせることにより、起動時や負荷変動時などのモータのダイナミックな特性も計算可能であることを示した。本方法は、モータおよび運動方程式を回路でモデル化するので、インバータなどの電子回路との接続も容易である。本章では磁気特性は線形としたが、非線形性を考慮することもできる。次章では非線形磁気特性を考慮したSRモータの解析について紹介する。なお、SPICEによるシミュレーションでは、トルクや角速度などをビヘビア電源で計算するので、計算値の単位が[A]や[V]になる。表5-2にSPICEシミュレーションにおける単位と実単位の対比をまとめた。

〔表5-2〕SPICEシミュレーションにおける単位と実単位の対応表

	実単位	SPICE
電圧	V	V
電流	A	A
磁束	Wb	A
起磁力	A	V
磁気抵抗	A/Wb	V
トルク	N・m	A
回転子位置角	rad あるいは deg	V
角速度	rad/s	V

参考文献

1) 森本茂雄、真田雅之:省エネモータの原理と設計法、第6章、科学情報出版株式会社 (2013)
2) 一ノ倉理:磁気回路法を用いたモータの解析技術、日本応用磁気学会(現日本磁気学会)第143回研究会 (2005)

第6章
非線形磁気特性を考慮したSRモータの解析

4章および5章では、磁気特性は線形と仮定して、永久磁石モータとスイッチトリラクタンス（SR）モータの基本的な磁気回路モデルの導出方法、並びにモータのダイナミックな動作解析について述べたが、このうちSRモータについては、鉄心の飽和領域まで使用するため、非線形磁気特性の考慮が必須である。本章では、非線形磁気特性を考慮したSRモータの解析手法として、①有限要素法（FEM）で求めた磁化曲線に基づくSRモータの非線形可変磁気抵抗モデル、②FEMなどによる事前計算なしに、モータの形状・寸法と材料の磁気特性から直接導出でき、磁束分布も考慮可能な非線形磁気回路モデルの2つのモデルについて述べる。

6－1　磁化曲線に基づくSRモータの非線形可変磁気抵抗モデル
6－1－1　SRモータの基本構成

図6-1に、計算に用いたSRモータの形状・寸法を示す。図4-29に示したSRモータと同一であり、モータの積み厚は51[mm]、ギャップ長は0.2[mm]、1極あたりの巻数は72（1相あたり144）である。

図6-2に、SRモータの一般的な駆動回路である非対称ハーフブリッジコンバータの構成を示す。各相上下のトランジスタがON時には、直流電源から電流がモータ巻線に供給される。一方、OFF時には巻線に蓄えられたエネルギーがダイオードを介して、電源側に回生される。

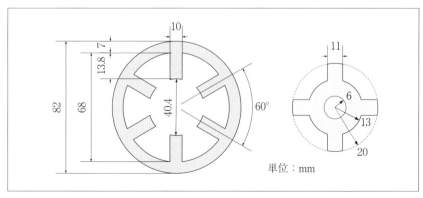

〔図6-1〕計算に用いたSRモータの形状・寸法

◆第6章　非線形磁気特性を考慮した SR モータの解析

　図 6-3（a）に示すように、固定子極と回転子極が完全に対向した位置を回転子位置角 $\theta=0$[deg.] とし、時計回りの方向を回転の正方向とする。このとき、a 相の巻線のインダクタンスは $\theta=0$[deg.] で最大となり、固

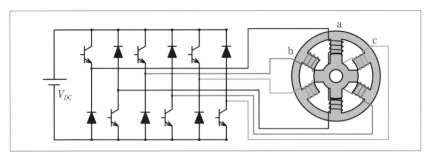

〔図 6-2〕SR モータの駆動回路

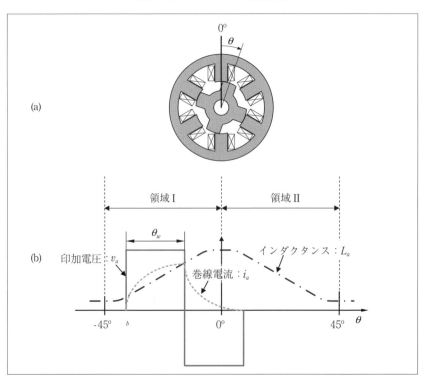

〔図 6-3〕回転子位置角の定義とインダクタンス、励磁電圧、巻線電流の関係

定子極と回転子極が完全に非対向になる $\theta=\pm 45$[deg.] で最小になる。同図 (b) は、回転子位置角に対する a 相の巻線インダクタンス L_a[H] と励磁電圧 v_a[V]、巻線電流 i_a[A] の概略波形を示したものである。同図において、励磁電圧の印加を始める位置角を励磁開始角 θ_b[deg.]、励磁開始角から終了角までの幅を励磁幅 θ_w[deg.] と定義する。

SR モータのトルク τ_m[N・m] は、磁気随伴エネルギー $W_F{'}$[J] を用いると、次式で与えられる。

$$\tau_m = \left[\frac{\partial W_F{'}}{\partial \theta}\right]_{i=一定} \quad\cdots\cdots\cdots\cdots\cdots\cdots\cdots\cdots\cdots \quad(6\text{-}1)$$

ここで、磁気随伴エネルギー $W_F{'}$ は、鉄心の磁気特性を線形と仮定すると、インダクタンスと電流を用いて、

$$W_F{'} = \sum_{x=a,b,c} \frac{1}{2} L_x(\theta) i_x^2 \quad\cdots\cdots\cdots\cdots\cdots\cdots\cdots\cdots\cdots \quad(6\text{-}2)$$

で表されるので、(6-1) 式と (6-2) 式からトルクは次式で与えられる。

$$\tau_m = \sum_{x=a,b,c} \frac{1}{2} i_x^2 \frac{\partial L_x(\theta)}{\partial \theta} \quad\cdots\cdots\cdots\cdots\cdots\cdots\cdots\cdots \quad(6\text{-}3)$$

したがって、SR モータのトルクは電流の 2 乗とインダクタンスの傾きの積で決まることがわかる。すなわち、図 6-3 (b) においてインダクタンスの傾きが正である領域 I で励磁を行うと回転方向と同一のトルクが発生し、傾きが負の領域 II で励磁を行うと回転方向と逆のトルクが生じる。したがって、モータとして使う場合には領域 I で励磁を行い、発電機として用いる場合には領域 II で励磁をすればよい。

6－1－2 非線形可変磁気抵抗モデルの導出

図 6-4 に、FEM で計算した SR モータの磁化曲線の回転子位置角に対する変化を示す。4-5-2 項では、この磁化曲線の立ち上がり部分の傾きから SR モータの線形可変磁気抵抗モデルを導出したが、実際の SR モータは鉄心の飽和領域まで使用するため、非線形磁気特性の考慮が必須

である。以下では、飽和領域まで含む磁化曲線からSRモータの非線形可変磁気抵抗モデルを導出する手法について述べる。

図6-4より、巻線電流起磁力 Ni[A]は、鎖交磁束 ϕ[Wb]と回転子位置角 θ[rad.]の関数になることがわかる。よって、磁化曲線は次のべき級数で表すことができる。

$$Ni = \sum_{j=2k-1} a_j(\theta)\phi^j \quad \cdots\cdots\cdots\cdots\cdots\cdots\cdots\cdots\cdots\cdots\cdots\cdots\cdots (6\text{-}4)$$

したがって、$Ni=R\phi$ より、非線形可変磁気抵抗 R_{SRM}[A/Wb]は次式で表される。

$$R_{SRM} = \sum_{j=2k-1} a_j(\theta)\phi^{j-1} \quad \cdots\cdots\cdots\cdots\cdots\cdots\cdots\cdots\cdots\cdots (6\text{-}5)$$

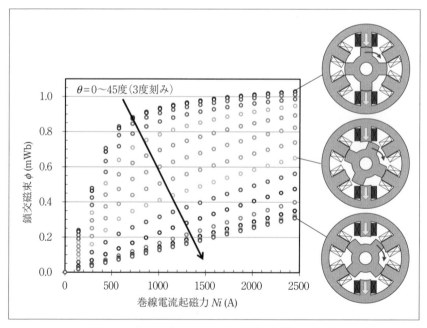

〔図6-4〕SRモータの磁化曲線

(6-4) 式、(6-5) 式の $a_j(\theta)$ は、回転子位置角 θ の関数で表される係数である。この式において考慮すべき ϕ の次数は、磁化曲線の非線形性の強さで異なるが、ここでは次式に示すように1次、3次、15次で表す。

$$Ni = a_1(\theta)\phi + a_3(\theta)\phi^3 + a_{15}(\theta)\phi^{15} \quad \cdots\cdots\cdots\cdots\cdots \quad (6\text{-}6)$$

図 6-5 に、FEM の算定結果を (6-6) 式で近似した曲線を示す。また、図 6-6 に係数 $a_1(\theta)$[A/Wb]、$a_3(\theta)$[A/Wb^3]、および $a_{15}(\theta)$[A/Wb^{15}] の回転子位置角 θ に対する変化を示す。この SR モータの回転子の極数は 4 であることから、90 度周期で係数 $a_1(\theta)$、$a_3(\theta)$、および $a_{15}(\theta)$ は変化する。したがって、これらの係数は、次のようなフーリエ級数で表すことができる。

$$a_j(\theta) = q_{j0} + \sum_{m=1} q_{jm} \cos 4m\theta \quad (j=1,3,15) \quad \cdots\cdots\cdots\cdots \quad (6\text{-}7)$$

以上より、SR モータは図 6-7 に示すような非線形可変磁気抵抗で表すことができる。

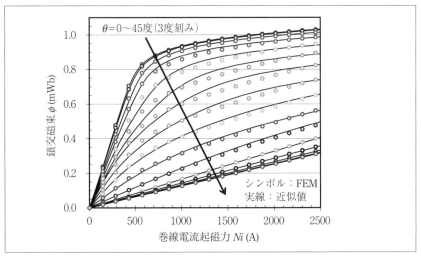

〔図 6-5〕磁化曲線の近似

◆第6章 非線形磁気特性を考慮したSRモータの解析

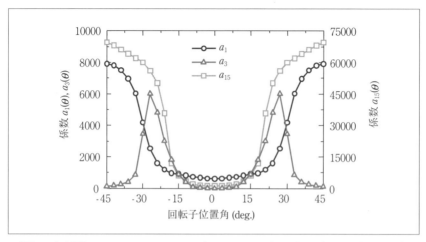

〔図6-6〕係数 $a_1(\theta)$、$a_3(\theta)$、および $a_{15}(\theta)$ の回転子位置角 θ に対する変化

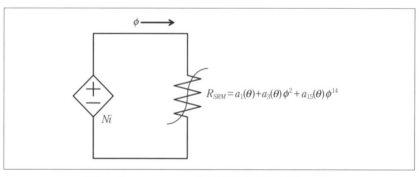

〔図6-7〕SRモータの非線形可変磁気抵抗モデル

6－1－3 トルク算定式

SRモータのトルク τ_m[N・m]は、磁気エネルギー W_F[J]を用いると、次式で与えられる。

$$\tau_m = -\left[\frac{\partial W_F}{\partial \theta}\right]_{\phi=一定} \quad \cdots\cdots\cdots\cdots\cdots\cdots\cdots\cdots\cdots\cdots\cdots\cdots\cdots\cdots\cdots (6\text{-}8)$$

ここで、磁気エネルギー W_F は、

$$W_F = \int_0^\phi Ni d\phi \quad \cdots\cdots\cdots\cdots\cdots\cdots\cdots\cdots\cdots\cdots\cdots\cdots\cdots\cdots\cdots\cdots\cdots \quad (6\text{-}9)$$

で与えられることから、上式に (6-4) 式を代入すると、SR モータの磁気エネルギーに関する次式を得る。

$$\begin{aligned} W_F &= \int_0^\phi \sum_{j=2k-1} a_j(\theta) \phi^j d\phi \\ &= \sum_{j=2k-1} \frac{1}{j+1} a_j(\theta) \phi^{j+1} \end{aligned} \quad \cdots\cdots\cdots\cdots\cdots\cdots\cdots\cdots\cdots \quad (6\text{-}10)$$

よって、SR モータのトルク τ_m は、各相のトルクの和であることを勘案すると、次式で与えられる。

$$\begin{aligned} \tau_m &= -\sum_{x=a,b,c} \left(\sum_{j=2k-1} \frac{1}{j+1} \phi_x^{j+1} \frac{da_j(\theta)}{d\theta} \right) \\ &= -\sum_{x=a,b,c} \left\{ \frac{1}{2}\phi_x^2 \frac{da_1(\theta)}{d\theta} + \frac{1}{4}\phi_x^4 \frac{da_3(\theta)}{d\theta} + \frac{1}{16}\phi_x^{16} \frac{da_{15}(\theta)}{d\theta} \right\} \end{aligned} \quad (6\text{-}11)$$

したがって、SR モータの非線形可変磁気抵抗モデルとその駆動回路、(6-11) 式で表されるトルクを計算するブロック、並びに運動方程式の電気的等価回路を結合すれば、図 6-8 に示すような SR モータの電気－磁気－運動連成モデルが構築できる。

６－１－４　非線形可変磁気抵抗モデルによる特性算定結果

図 6-9 に、電源電圧 V_{DC}=60[V]、励磁開始角 θ_b=－37.2[deg.]、励磁幅 θ_w=30[deg.]、負荷トルク τ_L=1.0[N・m] とした場合の、始動から定常状態に至るまでの過渡解析の結果を示す。図は上から励磁電圧、巻線電流、トルク、回転速度である。この図を見ると、起動と同時に大きな始動電流が流れ、これに伴い回転速度が急激に上昇していることがわかる。

図 6-10 (a) に、電源電圧 V_{DC} を 40、60、80[V] とした場合のトルク－速度特性の計算値と実測値を示す。なお、励磁開始角は－37.2[deg.]、励磁幅は 30[deg.] である。この図を見ると、計算値と実測値はほぼ一致していることがわかる。同図 (b) は同条件におけるトルク－出力特性である。これについても両者は良好に一致している。

◆第6章 非線形磁気特性を考慮したSRモータの解析

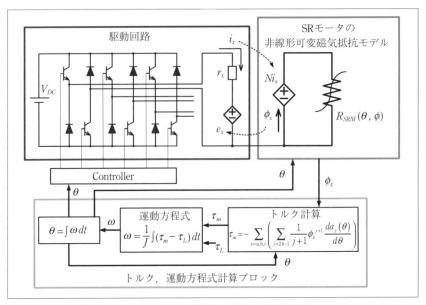

〔図6-8〕SRモータの電気－磁気－運動連成モデル

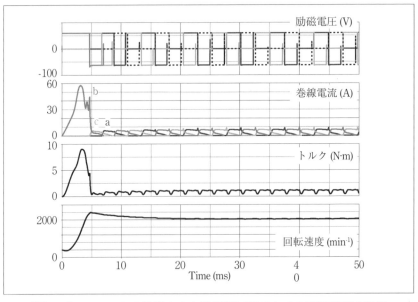

〔図6-9〕SRモータの始動から定常状態に至るまでの過渡解析の結果

- 176 -

図 6-11 (a) に、電源電圧 60[V]、負荷トルク 0.5[N・m] とした場合の励磁電圧と相電流の観測波形と計算波形を示す。同図 (b) は負荷トルク

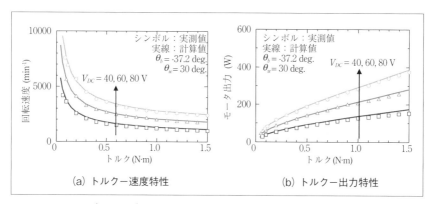

〔図 6-10〕SR モータの速度特性および出力特性

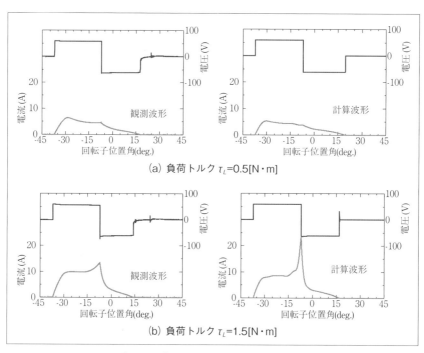

〔図 6-11〕励磁電圧、巻線電流波形

を 1.5[N・m] とした場合の波形である。これらの図を見ると、両者はおおよそ一致していることがわかる。

6-2 磁束分布を考慮した SR モータの非線形磁気回路モデル

前節で述べた SR モータの非線形可変磁気抵抗モデルは、各相につき1つの可変磁気抵抗で表現できるため、極めて簡便なモデルであるが、事前に FEM などによって磁化曲線を算定する必要があること、モータ内部の磁束分布が計算できないことなど、いくつか欠点もある。そこで本節では、モータの形状・寸法と材料の磁気特性から直接導出でき、磁束分布も考慮可能な SR モータの非線形磁気回路モデルの導出方法について述べる。

6-2-1 空隙の磁気回路

本節での計算に用いる SR モータは、前節と同様、図 4-29 に示した SR モータと同一である。図 6-12 に諸元を示す。

SR モータは、固定子および回転子ともに突極構造を有するため、回転子の回転に伴い磁極周辺の磁束分布は複雑に変化する。そこで、回転に伴って変化する磁極周辺の磁束分布を円弧と直線で近似することで、回転子の回転運動を考慮可能な空隙の磁気抵抗を導出する。

SR モータの場合、磁極周辺の磁束分布は固定子極と回転子極の相対的な位置関係によって、次の3つの状態に分けられる。
(1) 固定子極に対して回転子極が完全に対向した状態（完全対向）
(2) 固定子極に対して回転子極の一部が対向した状態（部分対向）
(3) 固定子極に対して回転子極が対向していない状態（非対向）

上記の (1) ～ (3) の各々の場合について空隙の磁気抵抗を与える式を導出する。なお、図 6-12 の SR モータの場合、形状・寸法から決まる各状態と回転子位置角 θ[deg.] の関係は、表 6-1 の通りである。

(1) 完全対向

図 6-13 に示す完全対向において、固定子極と回転子極が対向した部分の空隙磁気抵抗 R_{fo}[A/WB] は、空隙における磁束の流れを直線で近似することにより、次式で与えられる。

$$R_{fo} = \frac{r_{sp} - r_{rp}}{\mu_0 r_{sp} \beta_s D} \quad \cdots\cdots\cdots\cdots\cdots\cdots\cdots\cdots\cdots\cdots\cdots\cdots\cdots\cdots\cdots\cdots \quad (6\text{-}12)$$

ここで、μ_0[H/m]は真空の透磁率である。r_{sp}[m]はモータの中心から固定子極先端までの長さであり、r_{rp}[m]は回転子の半径である。また、β_{sp}[rad.]は固定子極中心角、D[m]はモータの積み厚である。

また、同図に示すように、固定子極幅に対して回転子極幅が広い場合、固定子極の側面から回転子極先端に流れる磁束も存在する。この磁束の磁路を中心角 $\pi/2$[rad.]の円弧で近似すれば、磁気抵抗 R_{ff}[A/WB]は次式で与えられる。

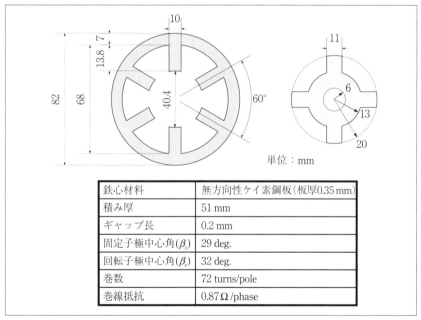

〔図6-12〕考察対象としたSRモータの諸元

〔表6-1〕SRモータの各状態と回転子位置角の関係

完全対向	$0° \leq |\theta| \leq 1.5°$
部分対向	$1.5° \leq |\theta| \leq 30.5°$
非対向	$30.5° \leq |\theta| \leq 45°$

$$R_{ff} = \frac{\pi}{4\mu_0 D} \quad \cdots\cdots\cdots\cdots\cdots\cdots\cdots\cdots\cdots\cdots\cdots\cdots\cdots\cdots \quad (6\text{-}13)$$

(2) 部分対向

図 6-14 に示す部分対向において、極同士が重なっている部分の空隙磁気抵抗 R_{po}[A/WB] は、次式で表される。

$$R_{po} = \frac{r_{sp} - r_{rp}}{\mu_0 r_{sp} \theta_{ov} D} \quad (\text{ただし、} \theta_{ov} = \beta_s - \theta + \frac{\pi}{120}) \quad \cdots\cdots\cdots \quad (6\text{-}14)$$

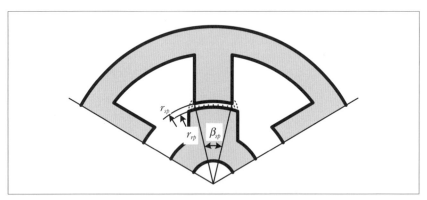

〔図 6-13〕完全対向時の空隙の磁路

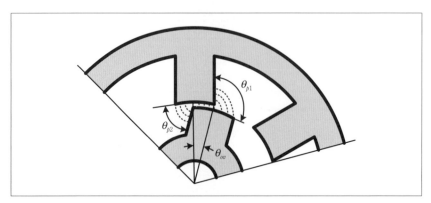

〔図 6-14〕部分対向時の空隙の磁路

また、固定子極の側面から回転子極の先端、並びに固定子極の先端から回転子極の側面へ流れる磁束の磁路については、これらを中心角 θ_{p1}[rad.] および θ_{p2}[rad.] の円弧で近似することで、各々の磁気抵抗は次式のように求まる。

$$R_{pf1} = \frac{\theta_{p1}}{2\mu_0 D} \quad (ただし、\theta_{p1} = \frac{\pi}{2} + \theta - \frac{\pi}{120}) \quad \cdots\cdots (6\text{-}15)$$

$$R_{pf2} = \frac{\theta_{p2}}{2\mu_0 D} \quad (ただし、\theta_{p2} = \frac{\pi}{2} - \theta - \frac{\pi}{120}) \quad \cdots\cdots (6\text{-}16)$$

(3) 非対向

　図 6-15 に示す非対向においては、磁束の磁路を 4 つの領域に分け、それぞれについて磁束の磁路を直線、もしくは円弧で近似することで磁気抵抗を求める。領域 I における磁気抵抗は、同図 (a) に示すように、磁路を中心角 $\pi/2$[rad.] の円弧で表すことができるので、

$$R_{un1} = \frac{\pi}{4\mu_0 D} \quad \cdots\cdots\cdots\cdots\cdots\cdots\cdots\cdots (6\text{-}17)$$

で与えられる。

　領域 II の磁気抵抗は、中心角が回転子位置角 θ[rad.] の円弧で磁路を近似できるので、次式で求められる。

$$R_{un2} = \frac{(2r_{n2} + w_{rpu})\theta}{2\mu_0 w_{rpu} D} \quad (ただし、r_{n2} = r_{sp}\cos\frac{\beta_{sp}}{2} - \frac{W_{sp}}{2\tan\theta} - \frac{W_{rp}}{2\sin\theta})$$

$$\cdots (6\text{-}18)$$

ここで、r_{n2}[m] は領域 II の磁路の内側の半径、w_{rpu}[m] は固定子極と重なっていない回転子極の幅、W_{sp}[m] および W_{rp}[m] は固定子極幅並びに回転子極幅である。

　領域 III の磁気抵抗は、同図 (b) に示すように磁路を中心角 θ_{n3}[rad.] の円弧で表すことができるので、次式のように求まる。

$$R_{un3} = \frac{\theta_{n3}}{2\mu_0 D} \quad (ただし、\theta_{n3} = \frac{\pi}{2} - \theta - \frac{\pi}{120}) \quad \cdots\cdots\cdots\cdots (6\text{-}19)$$

領域 IV については、長さ d_{n4}[m] の直線で磁路を近似することが可能なため、次式で与えられる。

$$R_{un4} = \frac{d_{n4}}{\mu_0 L_{rp} D} \quad (ただし、d_{n4} = 2r_{n2} \sin\frac{\theta}{2}) \quad \cdots\cdots\cdots\cdots (6\text{-}20)$$

ここで、L_{rp}[m] は回転子極の長さである。なお、非対向状態においては

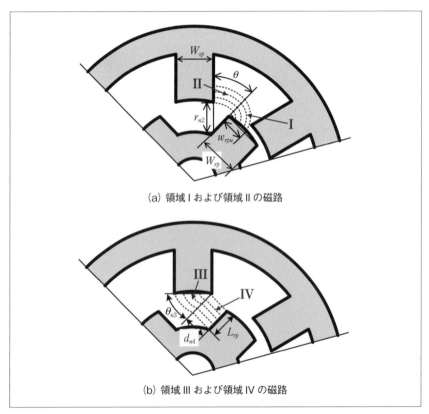

(a) 領域 I および領域 II の磁路

(b) 領域 III および領域 IV の磁路

〔図 6-15〕非対向時の空隙の磁路

固定子極から回転子ヨークへ直接流れ込む磁束も存在すると考えられるが、ここでは簡単のため無視した。

図6-16に、(6-12)式～(6-20)式を用いて求めた回転子位置角に対する空隙磁気抵抗 R_g[A/WB] の変化を示す。この図から、空隙の磁気抵抗は完全対向の $\theta=0$[deg.] で最小になること、そして非対向になる $\theta=30$[deg.] 付近で急激に増加することがわかる。

６－２－２　ヨークおよび磁極周辺の磁気回路

(1) ヨークの磁気回路

モータ鉄心の非線形磁気特性を考慮するためには、2-1節でも述べたように、材料の B-H 曲線を次の多項式で表せばよい。

$$H = \alpha_1 B + \alpha_n B^n \quad \cdots\cdots\cdots\cdots\cdots\cdots\cdots\cdots\cdots\cdots \quad (6\text{-}21)$$

図6-17に、鉄心材料の B-H 曲線とこれを $n=15$ で近似した曲線を示す。α_1 および α_{15} の値はそれぞれ 103[A・m^{-1}T^{-1}]、1.52[A・m^{-1}T^{-15}] である。ここで磁路の長さを l[m]、断面積を S[m^2] とすると、非線形磁気抵抗 R_m[A/WB] は、次式で与えられる。

$$R_m = \frac{\alpha_1 l}{S} + \frac{\alpha_n l}{S^n} \phi^{n-1} \quad \cdots\cdots\cdots\cdots\cdots\cdots\cdots\cdots \quad (6\text{-}22)$$

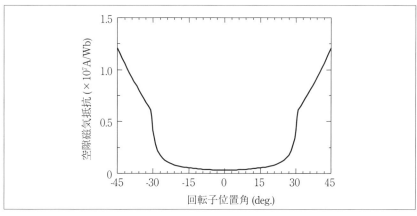

〔図6-16〕回転子位置角に対する空隙の磁気抵抗の変化

したがって、固定子ヨークの磁気抵抗 R_{sy}[A/WB]、および回転子ヨークの磁気抵抗 R_{ry}[A/WB] は、図 6-18 に示す磁路長と断面積から（6-22）式を用いて求めることができる。

(2) 磁極周辺の磁気回路

図 6-19 (a) に、FEM を用いて計算した、部分対向時の磁極周辺の磁

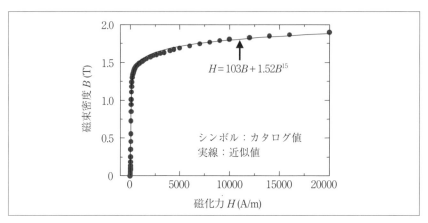

〔図 6-17〕鉄心材料の *B-H* 曲線とその近似曲線

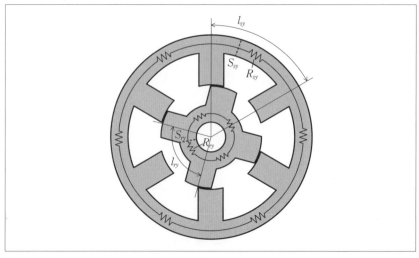

〔図 6-18〕固定子ヨークおよび回転子ヨークの磁路長と断面積

束密度分布を示す。同図を見ると、固定子極と回転子極が対向した部分で磁束密度が高くなっており、極先端で局所的な磁気飽和が生じていることがわかる。これは、SR モータは両突極構造を有するため、同図 (b) に示すように、磁気抵抗が最も小さい極同士が向かい合った部分に磁束が集中するためである。また、この局所的な磁気飽和によって、同図 (a)、(b) に示すように磁極周辺にも磁束が広がる。このような複雑な磁束の流れは、回転子の回転運動に伴い周期的に変化する。したがって、磁極周辺の磁気回路はこれらの現象を考慮して導出する必要がある。

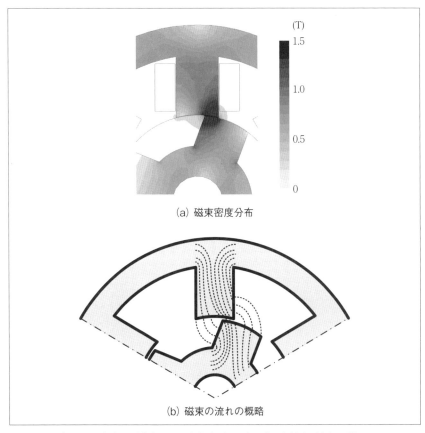

(a) 磁束密度分布

(b) 磁束の流れの概略

〔図 6-19〕部分対向時の磁束密度分布と概略的な磁束の流れ

具体的には、図6-20に示すように、極先端を極同士が対向した部分と対向していない部分の2つの要素に分割し、それぞれを回転子位置角で変化する非線形磁気抵抗で表す。また、空間部は磁束の膨らみを考慮できるように3つの要素に分割し、これらも回転子位置角で変化する線形磁気抵抗で表す。これらの要素の寸法のうち、w_{spa}[m]、w_{spu}[m]、w_{rpa}[m]、w_{rpu}[m]は、極同士の重なりの幅で決まる。一方、要素の長さl_{spt}[m]およびl_{rpt}[m]は、同図に示すように磁路が円弧で近似できると仮定して、それぞれ$l_{spt}=w_{rpu}$、$l_{rpt}=w_{spu}$とする。これらの寸法はすべて回転子位置角の関数となる。

図6-21に、磁極周辺の磁気回路を示す。磁極部の非線形可変磁気抵抗は、(6-22)式に基づいて求めることができる。ギャップ部の線形可変磁気抵抗は、完全対向であれば(6-12)式と(6-13)式、部分対向であれば(6-14)式～(6-16)式、そして非対向であれば(6-17)式～(6-20)式に基づいて、それぞれ求めることができる。なお、図中の従属電源は巻数Nと巻線電流i[A]で決まる起磁力Ni[A]である。

さらに、図6-22に示すように、SRモータにおいては、隣接する固定子極間と、固定子極から固定子ヨークへの漏れ磁束が存在するため、各々の磁気抵抗を次式で与える。

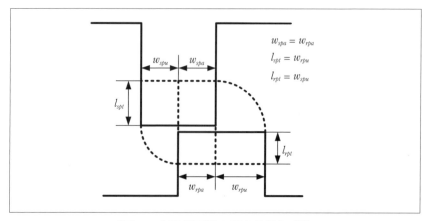

〔図6-20〕磁極周辺の要素分割と寸法

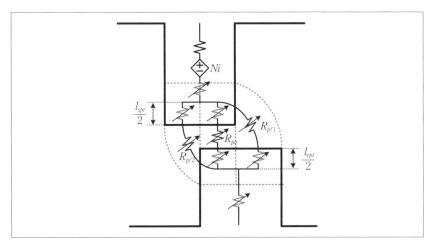

〔図 6-21〕磁極周辺の磁気回路

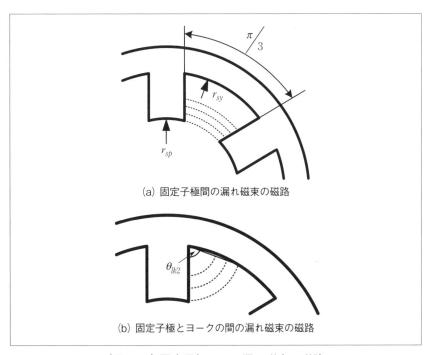

(a) 固定子極間の漏れ磁束の磁路

(b) 固定子極とヨークの間の漏れ磁束の磁路

〔図 6-22〕固定子極からの漏れ磁束の磁路

$$R_{lk1} = \frac{(r_{sy}+3r_{sp})\pi}{6\mu_0(r_{sy}-r_{sp})D} \quad \cdots\cdots\cdots\cdots\cdots\cdots\cdots\cdots\cdots\cdots\cdots\cdots\cdots \quad (6\text{-}23)$$

$$R_{lk2} = \frac{\theta_{lk2}}{2\mu_0 D} \quad \cdots\cdots\cdots\cdots\cdots\cdots\cdots\cdots\cdots\cdots\cdots\cdots\cdots\cdots\cdots\cdots \quad (6\text{-}24)$$

ここで、r_{sy}[m] はモータの中心から固定子ヨークまでの長さであり、θ_{lk2}[rad.] は固定子極とヨークの成す角である。

　以上のようにして導出した SR モータの非線形磁気回路モデルを、図 6-23 に示す。また図 6-24 に、導出した非線形磁気回路モデルを用いて算定した、SR モータの磁化曲線を示す。比較のため、前節の図 6-4 に示した FEM による算定結果を併せて示す。この図を見ると、両者は良好に一致していることがわかる。

６－２－３　非線形磁気回路モデルによる特性算定結果

　SR モータの非線形磁気回路モデルにおけるトルク算定には、前節の 6-1-3 項で述べた手法がそのまま適用できる。すなわち、図 6-25 に示すように、SR モータの非線形磁気回路モデルを用いて計算した磁化曲線を、次式で近似する。

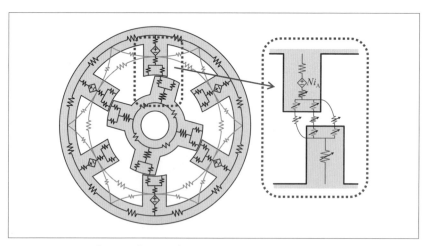

〔図 6-23〕SR モータの非線形磁気回路モデル

$$Ni = \sum_{j=2k-1} a_j(\theta)\phi^j \quad \cdots\cdots\cdots\cdots\cdots\cdots\cdots\cdots\cdots\cdots\cdots\cdots\cdots\cdots\cdots\cdots\cdots (6\text{-}25)$$

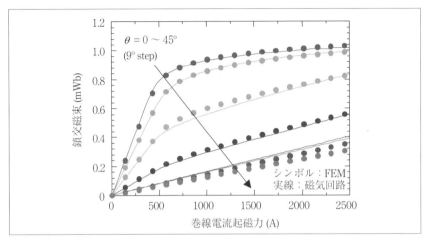

〔図 6-24〕SR モータの磁化曲線の算定結果の比較

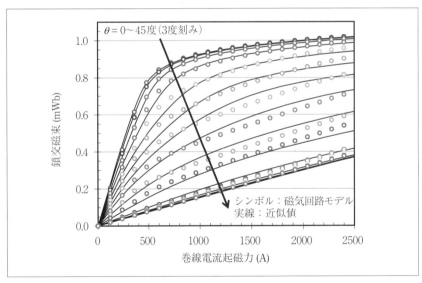

〔図 6-25〕SR モータの非線形磁気回路モデルを用いて計算した磁化曲線とその近似曲線

この式において考慮すべき ϕ の次数は、磁化曲線の非線形性の強さで異なるが、ここでは 6-1-3 項と同様に、1 次、3 次、15 次で表す。

$$Ni = a_1(\theta)\phi + a_3(\theta)\phi^3 + a_{15}(\theta)\phi^{15} \quad\cdots\cdots (6\text{-}26)$$

上式中の係数 $a_1(\theta)$[A/Wb]、$a_3(\theta)$[A/Wb^3]、および $a_{15}(\theta)$[A/Wb^{15}] は、この SR モータの回転子の極数が 4 であることから、図 6-26 に示すように、90[deg.] 周期で変化する。よって、これらの係数は、次のフーリエ級数で表すことができる。

$$a_j(\theta) = q_{j0} + \sum_{m=1} q_{jm} \cos 4m\theta \quad (j=1,3,15) \quad\cdots\cdots (6\text{-}27)$$

したがって、SR モータのトルク τ_m[N・m] は、磁気エネルギー W_F[J] が、

$$\begin{aligned}
W_F &= \int_0^\phi Ni\, d\phi \\
&= \int_0^\phi \sum_{j=2k-1} a_j(\theta)\phi^j\, d\phi \quad\cdots\cdots (6\text{-}28) \\
&= \sum_{j=2k-1} \frac{1}{j+1} a_j(\theta)\phi^{j+1}
\end{aligned}$$

であることから、6-1-3 項と同様に、

$$\begin{aligned}
\tau_m &= -\left[\frac{\partial W_F}{\partial \theta}\right]_{\phi=-\text{定}} \\
&= -\sum_{x=a,b,c}\left(\sum_{j=2k-1}\frac{1}{j+1}\phi_x^{j+1}\frac{da_j(\theta)}{d\theta}\right) \quad (6\text{-}29) \\
&= -\sum_{x=a,b,c}\left\{\frac{1}{2}\phi_x^2\frac{da_1(\theta)}{d\theta} + \frac{1}{4}\phi_x^4\frac{da_3(\theta)}{d\theta} + \frac{1}{16}\phi_x^{16}\frac{da_{15}(\theta)}{d\theta}\right\}
\end{aligned}$$

となる。

以上、導出した SR モータの非線形磁気回路モデルとその駆動回路、(6-29) 式で与えられるトルクを計算するブロック、並びに運動方程式の電気的等価回路を結合すれば、図 6-27 に示すような SR モータの電気—

磁気－運動連成モデルが構築できる。なお、前節の図 6-8 に示した電気－磁気－運動連成モデルとの差異は、SR モータの磁気回路モデルの部

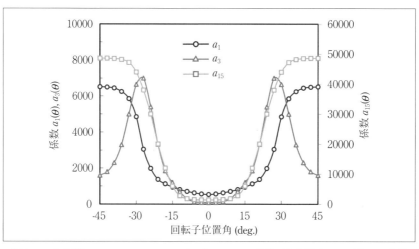

〔図 6-26〕係数 $a_1(\theta)$、$a_3(\theta)$、および $a_{15}(\theta)$ の回転子位置角 θ に対する変化

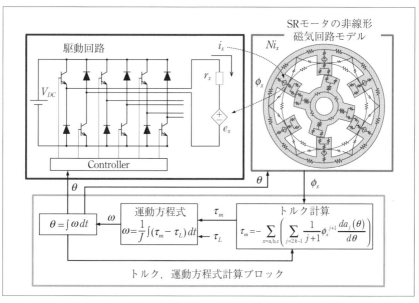

〔図 6-27〕SR モータの電気－磁気－運動連成モデル

◆第6章 非線形磁気特性を考慮したSRモータの解析

分のみである。

　図6-27に示した電気－磁気－運動連成モデルを用いて求めた、SRモータの始動から定常状態に至るまでの過渡解析の結果を、図6-28に示す。図は上から順にb相の励磁電圧、各相の巻線電流、トルク、そして回転速度である。この図を見ると、起動と同時に大きな始動電流が流れ、これにより大きな始動トルクが発生し、回転速度が急激に上昇していることがわかる。その後、回転速度は徐々に落ち着き、30[ms]後に約2000[min^{-1}]でほぼ定常になる。このように、電気－磁気－運動連成モデルを用いると始動も含めたモータの動特性が算定可能になる。

　図6-29(a)には、SRモータのトルク－速度特性の算定結果並びに実験結果を示す。同図(b)は、同条件におけるトルク－出力特性である。これらの図を見ると、計算値と実測値は良好に一致していることがわかる。

　図6-30(a)には電源電圧60[V]、負荷トルク0.5[N・m]とした場合の励磁電圧と巻線電流の観測波形と計算波形を示す。同図(b)は、負荷トルクを1.5[N・m]とした場合の波形である。これらの図を見ると、軽負荷並びに磁気特性の非線形性が顕著に現れる重負荷時においても、良好

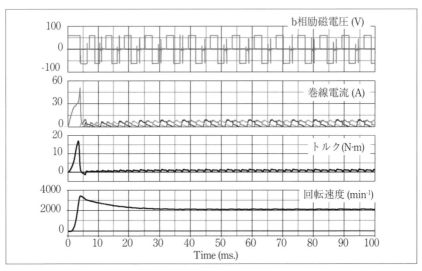

〔図6-28〕モータ起動シミュレーションの一例（負荷トルク1[N・m]）

な一致を示していることがわかる。

さらに、この非線形磁気回路モデルでは、固定子や回転子の極および

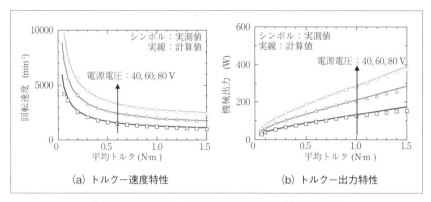

〔図6-29〕SRモータの速度特性および出力特性

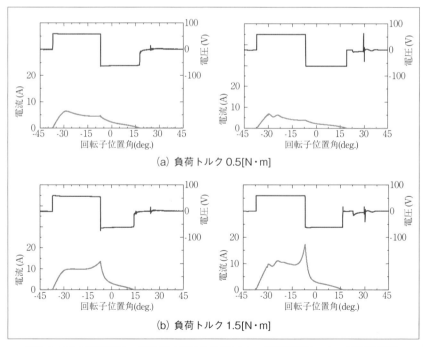

〔図6-30〕励磁電圧、相電流波形の比較（左：観測波形、右：計算波形）

ヨークの磁束を求めることもできる。図 6-31 に、SR モータ各部の磁束密度波形の算定例を示す。また比較のため、FEM で計算した結果も示す。このとき、電源電圧 60[V]、励磁開始角 −37.2[deg.]、励磁幅 30[deg.]、回転速度 3000[min⁻¹] である。この図を見ると、両手法による算定結果は、すべての場所でよく一致していることがわかる。また、SR モータ内部の磁束密度波形は、場所によって大きく異なっており、磁束が複雑に分布している様子が確認できる。

6-3 まとめ

以上、非線形磁気特性を考慮した SR モータの解析手法として、FEM で求めた磁化曲線から導出可能な非線形可変磁気抵抗モデルと、モータの形状・寸法と材料の磁気特性から直接導出でき、磁束分布も考慮可能な非線形磁気回路モデルの 2 つのモデルについて述べた。

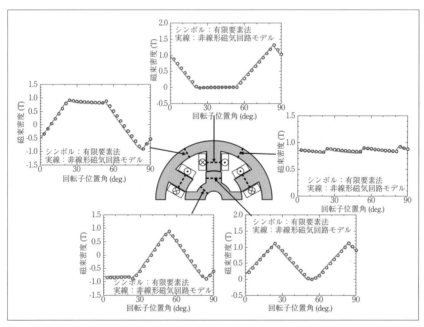

〔図 6-31〕SR モータ各部の磁束密度波形の計算結果

非線形可変磁気抵抗モデルは、各相につき1つの可変磁気抵抗で表現できるため、極めて簡便なモデルであり、磁気特性の非線形性も考慮できる。事前にFEMなどにより磁化曲線を算定する必要があること、モータ内部の磁束分布が計算できないことなど、いくつか欠点はあるが、計算精度は高いことから、本モデルは特に制御システムの検討に比重を置いた解析・設計に有用である。

　一方、非線形磁気回路モデルは、FEMなどによる事前計算なしに、モータの形状・寸法と材料の磁気特性から直接導出することが可能である。計算精度も高く、モータ内部の磁束分布も計算できることから、これを利用してSRモータの鉄損を計算することも可能である。

参考文献

1) 月井智之、中村健二、一ノ倉理：SRM解析のための非線形磁気抵抗のSPICEモデルについて、日本応用磁気学会誌、**25**, 1227 (2001)
2) 月井智之、中村健二、一ノ倉理：非線形磁気特性を考慮したSRMのSPICEシミュレーション、電気学会論文誌D、**122**、16 (2002)
3) Kenji Nakamura, Yosuke Suzuki, Hiroki Goto, O. Ichinokura：Calculation of the Characteristics of an Outer-Rotor-Type Multipolar SR Motor for Application to Electric Vehicles, Transactions of the Magnetics Society of Japan, **5**, 113 (2005)
4) 中村健二、木村幸四郎、一ノ倉理：磁気飽和を考慮したSRMの簡易磁気回路モデル、日本応用磁気学会誌、**28**、602 (2004)
5) Kenji Nakamura, Koshiro Kimura, Osamu Ichinokura：Electromagnetic and motion coupled analysis for switched reluctance motor based on reluctance network analysis, Journal of Magnetism and Magnetic Materials, **290-291**, 1309 (2005)
6) Kenji Nakamura, Shinya Fujio, Osamu Ichinokura：A Method for Calculating Iron Loss of an SR Motor Based on Reluctance Network Analysis and Comparison of Symmetric and Asymmetric Excitation, IEEE Transactions on Magnetics, **42**, 3440 (2006)

第7章
リラクタンスネットワークによるモータ解析の基礎

本章では、表面磁石モータを例に挙げて、磁気回路網（Reluctance Network Analysis：RNA）モデルの導出法について述べる。まず始めに、要素分割の方法、並びに各要素の磁気抵抗の導出法について述べる。次いで、RNAモデルに適したトルクの算定法として、体積積分に基づく式と面積分に基づく式の2種類のトルク式を導出するとともに、これを用いて実際に表面磁石モータ、埋込磁石モータ、スイッチトリラクタンス（SR）モータのトルクを算定した結果について紹介する。

7－1　モータのRNAモデル

　図7-1に、3相6スロット4極の表面磁石モータを示す。モータ鉄心の材質は厚さ0.35[mm]の無方向性ケイ素鋼板であり、そのB-H曲線を図7-2に示す。また、永久磁石の材質はネオジム焼結磁石であり、保磁力H_cは975[kA/m]、残留磁束密度B_rは1.27[T]、リコイル比透磁率μ_rは1.037である。

　RNAモデルの導出においては、まず図7-3に示すように、表面磁石モータを形状や磁束の流れを勘案して複数の要素に分割する。このとき固定子の周方向の分割数は、スロット内の漏れ磁束も考慮できるようにするため、固定子極数とスロット数の和である12とする。

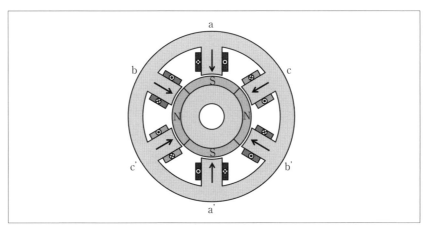

〔図7-1〕表面磁石モータ

一方、固定子極先端とギャップ、並びに回転子については、磁束分布が複雑になるため、より細かく要素分割する必要がある。同図は、一例として、周方向に6度ずつ、すなわち60分割した場合を示す。次いで、分割した各要素を、要素寸法と材料特性に基づき磁気回路で表す。この例では、図7-4 に示すように、A～Jまでの10種類の要素が存在するこ

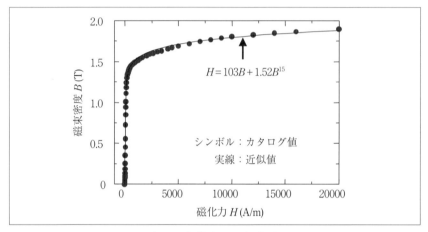

〔図7-2〕鉄心の磁化曲線

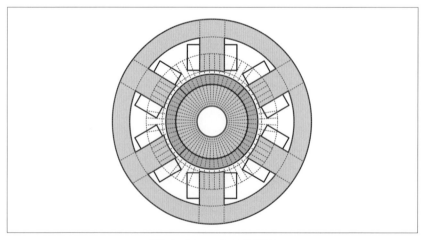

〔図7-3〕モータの分割図

とから、以下では各要素に対応した磁気回路を順番に導出する。
(1) 要素A
　図7-5に、回転子ヨークの要素Aに対応する磁気回路を示す。この図において、まず周方向の非線形磁気抵抗 $R_{ry\theta}$ [A/Wb] は、断面積 $S_{sy\theta}$ [m²] と周方向の長さ $l_{ry\theta}$ [m] がそれぞれ

$$S_{sy\theta} = (r_{ry} - r_{sh})D, \quad l_{ry\theta} = \left(\frac{r_{ry} + r_{sh}}{2}\right)\frac{2\pi}{n_\theta} \quad \cdots\cdots\cdots\cdots (7\text{-}1)$$

であることから、

$$R_{ry\theta} = \frac{\alpha_1 l_{ry\theta}}{2S_{ry\theta}} + \frac{\alpha_n l_{ry\theta}}{2S_{ry\theta}^n}\phi^{n-1} \quad \cdots\cdots\cdots\cdots\cdots\cdots (7\text{-}2)$$

となる。ここで、r_{ry}[m] は回転子ヨークの半径、r_{sh}[m] はシャフトの半径、D[m] はモータの積み厚である。また、n_θ は周方向の分割数である。
　次いで、径方向の非線形磁気抵抗 R_{ryr} [A/Wb] は、同じく断面積 S_{syr} [m²] と径方向の長さ l_{ryr} [m] がそれぞれ、

$$S_{syr} = \frac{3r_{ry} + r_{sh}}{4}\frac{2\pi}{n_\theta}D, \quad l_{ryr} = r_{ry} - r_{sh} \quad \cdots\cdots\cdots\cdots (7\text{-}3)$$

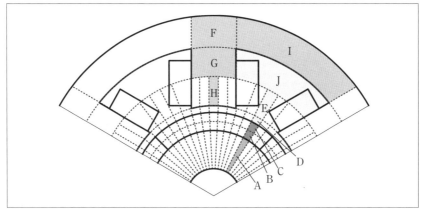

〔図7-4〕モータ分割の拡大図

であることから、

$$R_{ryr} = \frac{\alpha_1 l_{ryr}}{2 S_{ryr}} + \frac{\alpha_n l_{ryr}}{2 S_{ryr}^n} \phi^{n-1} \quad \cdots\cdots\cdots\cdots\cdots\cdots\cdots\cdots\cdots\cdots\cdots \quad (7\text{-}4)$$

となる。

(2) 要素BおよびC

　図7-6に、回転子磁石の要素Bに対応する磁気回路を示す。なお、要

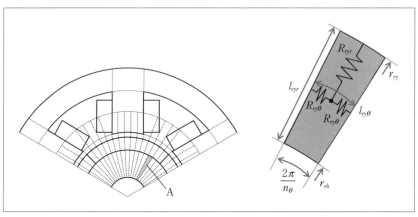

〔図7-5〕回転子ヨークの要素Aに対応する磁気回路

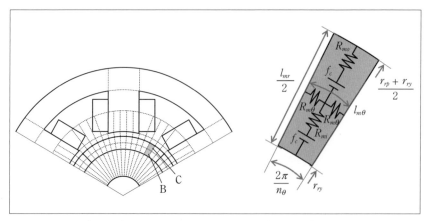

〔図7-6〕回転子磁石の要素Bに対応する磁気回路

素Bと要素Cは、回路構成や磁気抵抗の導出方法が同じであるため、ここでは代表して要素Bの導出方法について述べる。

まず同図中のf_c[A]は永久磁石の起磁力であり、径方向に着磁されていることから、磁石の保磁力H_c[A/m]と径方向長さl_{mr}[m]を用いて、

$$f_c = \frac{H_c l_{mr}}{4} \quad \cdots\cdots\cdots\cdots\cdots\cdots\cdots\cdots\cdots\cdots\cdots\cdots\cdots\cdots (7\text{-}5)$$

で与えられる。

径方向の磁気抵抗は上部と下部で断面積が異なることから、磁気抵抗の値も異なる。上部の磁気抵抗R_{mo}[A/Wb]は、断面積S_{mo}[m^2]が

$$S_{mo} = \frac{3r_{rp} + 5r_{ry}}{8} \frac{2\pi}{n_\theta} D \quad \cdots\cdots\cdots\cdots\cdots\cdots\cdots\cdots\cdots\cdots (7\text{-}6)$$

であることから、

$$R_{mo} = \frac{l_{mr}}{4\mu_r \mu_0 S_{mo}} \quad \cdots\cdots\cdots\cdots\cdots\cdots\cdots\cdots\cdots\cdots\cdots\cdots (7\text{-}7)$$

と求まる。ここで、r_{rp}[m]は回転子半径、μ_rはリコイル比透磁率、μ_0[H/m]は真空の透磁率である。

一方、下部の磁気抵抗R_{mi}[A/Wb]は、断面積S_{mi}[m^2]が

$$S_{mi} = \frac{r_{rp} + 7r_{ry}}{8} \frac{2\pi}{n_\theta} D \quad \cdots\cdots\cdots\cdots\cdots\cdots\cdots\cdots\cdots\cdots (7\text{-}8)$$

であることから、

$$R_{mi} = \frac{l_{mr}}{4\mu_r \mu_0 S_{mi}} \quad \cdots\cdots\cdots\cdots\cdots\cdots\cdots\cdots\cdots\cdots\cdots\cdots (7\text{-}9)$$

となる。

次いで、周方向の磁気抵抗$R_{m\theta}$[A/Wb]は、断面積$S_{m\theta}$[m^2]と周方向の長さ$l_{m\theta}$[m]がそれぞれ

$$S_{m\theta} = \frac{l_{mr}D}{2}, \quad l_{m\theta} = \left(\frac{r_{rp}+3r_{ry}}{4}\right)\frac{2\pi}{n_\theta} \quad \cdots\cdots\cdots (7\text{-}10)$$

であることから、

$$R_{m\theta} = \frac{l_{m\theta}}{2\mu_r\mu_0 S_{m\theta}} \quad \cdots\cdots\cdots (7\text{-}11)$$

となる。

(3) 要素DおよびE

図7-7に、ギャップの要素Dに対応する磁気回路を示す。なお、要素Dとギャップ上部の空間の要素Eは、回路構成や磁気抵抗の導出方法が同じであるため、ここでは代表して要素Dの導出方法について述べる。

周方向の磁気抵抗 $R_{g\theta}$[A/Wb] は、断面積 $S_{g\theta}$[m²] と周方向の長さ $l_{g\theta}$[m] がそれぞれ

$$S_{g\theta} = l_g D, \quad l_{g\theta} = \left(\frac{r_{sp}+r_{rp}}{2}\right)\frac{2\pi}{n_\theta} \quad \cdots\cdots\cdots (7\text{-}12)$$

であることから、$R_{g\theta}=l_{g\theta}/(2\mu_0 S_{g\theta})$ と求まる。ここで、l_g[m] はギャップ長、

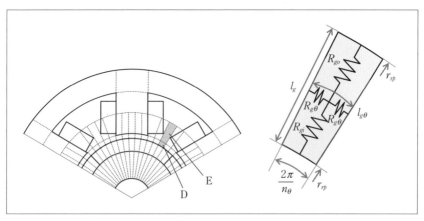

〔図7-7〕ギャップの要素Dに対応する磁気回路

r_{sp}[m] は固定子内半径である。

次いで、径方向の磁気抵抗のうち、上部の磁気抵抗 R_{go}[A/Wb] は、断面積 S_{go}[m²] が

$$S_{go} = \frac{3r_{sp}+r_{rp}}{4}\frac{2\pi}{n_\theta}D \quad \cdots\cdots\cdots\cdots\cdots\cdots\cdots\cdots\cdots\cdots \text{(7-13)}$$

であることから、$R_{go}=l_g/(2\mu_0 S_{go})$ となる。

一方、下部の磁気抵抗 R_{gi}[A/Wb] は、断面積 S_{gi}[m²] が

$$S_{gi} = \frac{r_{sp}+3r_{rp}}{4}\frac{2\pi}{n_\theta}D \quad \cdots\cdots\cdots\cdots\cdots\cdots\cdots\cdots\cdots\cdots \text{(7-14)}$$

であることから、$R_{gi}=l_g/(2\mu_0 S_{gi})$ と求まる。

(4) 要素 F、G、H

図 7-8 に、固定子極の要素 G に対応する磁気回路を示す。なお、固定子極とヨークの接合部の要素 F、および固定子極先端の要素 H は、いずれも要素 G と回路構成や磁気抵抗の導出方法が同じであるため、ここでは代表して要素 G の導出方法について述べる。また、要素 F～H の形状は、円筒座標系を基準に要素分割されているため、同図に示すように上辺と下辺に弧を有するが、ここではこれを同体積の直方体とみなして磁気回路を導出する。

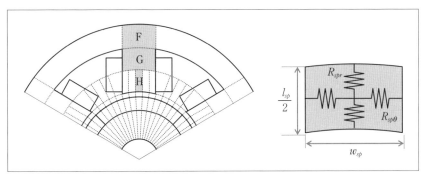

〔図 7-8〕固定子極の要素 G に対応する磁気回路

要素 G の周方向の非線形磁気抵抗 $R_{sp\theta}$ [A/Wb] は、要素の形状が縦 $l_{sp}/2$[m]、横 w_{sp}[m] の直方体であると仮定すると、断面積 $S_{sp\theta}$[m²] は $S_{sp\theta}=(l_{sp}D/2)$ となることから、

$$R_{sp\theta} = \frac{\alpha_1 w_{sp}}{2S_{sp\theta}} + \frac{\alpha_n w_{sp}}{2S_{sp\theta}^n}\phi^{n-1} \quad \cdots\cdots\cdots\cdots\cdots (7\text{-}15)$$

と求まる。ここで、l_{sp}[m] は固定子極長、w_{sp}[m] は固定子極幅である。

径方向の非線形磁気抵抗 R_{spr}[A/Wb] は、同様に要素形状を直方体と仮定すると、断面積 S_{spr}[m²] が $S_{spr}=w_{sp}D$ となることから、

$$R_{spr} = \frac{\alpha_1 l_{sp}}{4S_{spr}} + \frac{\alpha_n l_{sp}}{4S_{spr}^n}\phi^{n-1} \quad \cdots\cdots\cdots\cdots\cdots (7\text{-}16)$$

と求まる。

(5) 要素 I

図7-9に、固定子ヨークの要素 I に対応する磁気回路を示す。まず、周方向の非線形磁気抵抗 $R_{sy\theta}$[A/Wb] を導出するために、周方向の長さ $l_{sy\theta}$[m] を求める。同図中の直角三角形 OXY において、∠XOY の角度を θ'[rad.] とすると、周方向の長さ $l_{sy\theta}$ は、次式で与えられる。

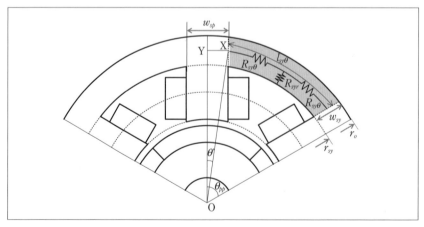

〔図7-9〕固定子ヨークの要素 I に対応する磁気回路

$$l_{sy\theta} = \frac{r_o + r_{sy}}{2}(\theta_{pp} - 2\theta') \quad (ただし、\theta' = \sin^{-1}\frac{w_{sp}}{r_o + r_{sy}}) \quad (7\text{-}17)$$

ここで、r_o[m] はモータ半径、r_{sy}[m] は固定子ヨーク内半径、θ_{pp}[rad.] はスロットピッチ角である。したがって、非線形磁気抵抗 $R_{sy\theta}$[A/Wb] は、断面積 $S_{sy\theta}$[m^2] が $S_{sy\theta} = w_{sy}D$ であることから、

$$R_{sy\theta} = \frac{\alpha_1 l_{sy\theta}}{2S_{sy\theta}} + \frac{\alpha_n l_{sy\theta}}{2S_{sy\theta}^n}\phi^{n-1} \quad \cdots\cdots\cdots\cdots\cdots\cdots\cdots\cdots (7\text{-}18)$$

と求まる。ここで、w_{sy}[m] は固定子ヨーク幅である。

次いで、径方向の非線形磁気抵抗 R_{syr}[A/Wb] は、断面積 S_{syr}[m^2] が

$$S_{syr} = \frac{r_o + 3r_{sy}}{4}(\theta_{pp} - 2\theta')D \quad \cdots\cdots\cdots\cdots\cdots\cdots\cdots\cdots (7\text{-}19)$$

であることから、

$$R_{syr} = \frac{\alpha_1 w_{sy}}{2S_{syr}} + \frac{\alpha_n w_{sy}}{2S_{syr}^n}\phi^{n-1} \quad \cdots\cdots\cdots\cdots\cdots\cdots\cdots\cdots (7\text{-}20)$$

となる。

(6) 要素 J

図 7-10 に、固定子スロットの要素 J に対応する磁気回路を示す。要素 J の磁気回路は、鉄心と空気の違いはあるが、上述の要素 I と導出法は同じである。まず、周方向の磁気抵抗 $R_{a\theta}$[A/Wb] を導出するために、周方向の長さ $l_{a\theta}$[m] を求めると、

$$l_{a\theta} = \frac{r_{sy} + r_{sc}}{2}(\theta_{pp} - 2\theta'') \quad (ただし、\theta'' = \sin^{-1}\frac{w_{sp}}{r_{sy} + r_{sc}}) \quad (7\text{-}21)$$

となる。ここで、r_{sc}[m] はモータ中心から固定子極中央までの長さであり、$r_{sc} = (r_{sy} + r_{sp})/2$ で与えられる。したがって、周方向の磁気抵抗 $R_{a\theta}$[A/Wb] は、断面積 $S_{a\theta}$[m^2] が $S_{a\theta} = (r_{sy} - r_{sc})D$ であることから、

$$R_{a\theta} = \frac{l_{a\theta}}{2\mu_0 S_{a\theta}} \quad \cdots\cdots\cdots\cdots\cdots\cdots\cdots\cdots\cdots\cdots\cdots\cdots\cdots\cdots\cdots\cdots\cdots\cdots \text{(7-22)}$$

と求まる。

次いで、径方向の磁気抵抗のうち、上部の磁気抵抗 R_{aro}[A/Wb] は、断面積 S_{aro}[m^2] が

$$S_{aro} = \frac{3r_{sy} + r_{sc}}{4}(\theta_{pp} - 2\theta'')D \quad \cdots\cdots\cdots\cdots\cdots\cdots\cdots\cdots\cdots\cdots\cdots\cdots \text{(7-23)}$$

であることから、

$$R_{aro} = \frac{r_{sy} - r_{sc}}{2\mu_0 S_{aro}} \quad \cdots\cdots\cdots\cdots\cdots\cdots\cdots\cdots\cdots\cdots\cdots\cdots\cdots\cdots\cdots\cdots \text{(7-24)}$$

と求まる。

一方、下部の磁気抵抗 R_{ari}[A/Wb] は、断面積 S_{ari}[m^2] が

$$S_{ari} = \frac{r_{sy} + 3r_{sc}}{4}(\theta_{pp} - 2\theta'')D \quad \cdots\cdots\cdots\cdots\cdots\cdots\cdots\cdots\cdots\cdots\cdots\cdots \text{(7-25)}$$

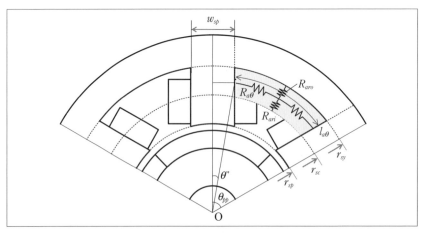

〔図7-10〕固定子スロットの要素 J に対応する磁気回路

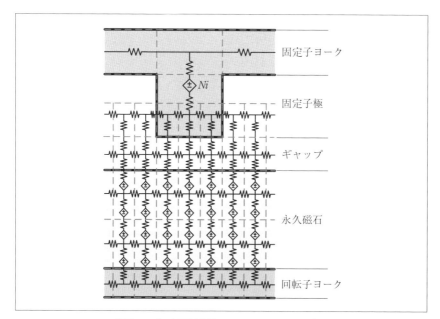

〔図 7-11〕表面磁石モータの RNA モデル

より、

$$R_{ari} = \frac{r_{sy} - r_{sc}}{2\mu_0 S_{ari}} \quad \cdots\cdots\cdots\cdots\cdots\cdots\cdots\cdots\cdots\cdots\cdots\cdots\cdots\cdots\cdots\cdots (7\text{-}26)$$

となる。

　図 7-11 に、以上のようにして導出した、表面磁石モータの1スロット分の RNA モデルを示す。図中の固定子極に配置された起磁力 Ni[A]は、巻線電流による起磁力である。

7－2　RNA におけるトルク算定法

　以下では、RNA モデルに適したトルク算定法として、体積積分と面積積分に基づく2種類のトルク式を導出するとともに、これらを用いて表面磁石モータ、埋込磁石モータ、SR モータのトルクを算定した結果について述べる。

7-2-1 体積積分に基づくトルク式

図7-12 (a) に示す円筒座標系に置かれた回転子に働くトルク τ_m[N·m] は、次式で与えられる。

$$\tau_m = \int_V \left\{ r(I \times B)_\theta + B \frac{\partial H}{\partial \theta} \right\} dV \quad \cdots\cdots (7\text{-}27)$$

ここで、I は電流ベクトル、B は磁束密度ベクトル、H は磁界強度ベクトルである。右辺第1項は磁界中に置かれた導体に作用する力を表し、第2項は磁界が磁性体に作用する力を表す。

表面磁石モータなど、回転子に導体が存在しないモータの場合、(7-27)式の右辺第1項は省略でき、トルクは

$$\tau_m = \int_V B \frac{\partial H}{\partial \theta} dV \quad \cdots\cdots (7\text{-}28)$$

となる。さらに、B と H の成分のうち、周方向成分と軸方向成分が十分に小さく無視できる場合、磁束密度と磁界強度の径方向成分 B_r[T]、H_r[A/m] を用いて、トルクは次式で与えられる。

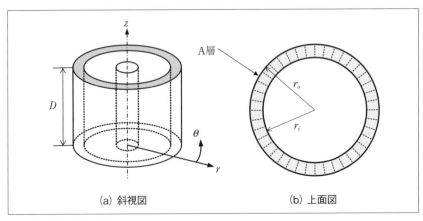

〔図7-12〕円筒座標系に置かれた回転子

$$\tau_m = \int_V B_r \frac{\partial H_r}{\partial \theta} dV \quad \text{..} \quad (7\text{-}29)$$

したがって、回転子内部の磁束密度と磁界強度分布を求め、(7-29) 式を用いて体積積分を行えば、回転子に作用するトルクが求まる。

　RNA の場合には、モータが複数の要素に分割されること、また計算されるのは磁束 ϕ[Wb] と起磁力 f[A] の分布であることから、(7-29) 式を離散化し、磁束と起磁力の式に変形する。ここではまず簡単のため、図 7-12 に示す回転子表面の A 層に着目して、(7-29) 式を変形すると、

$$\begin{aligned}
\tau_m &= \int_V B_r \frac{\partial H_r}{\partial \theta} dV \\
&= \frac{Dl_m(r_o + r_i)}{2} \int_0^{2\pi} B_r \frac{\partial H_r}{\partial \theta} d\theta \\
&= \frac{Dl_m(r_o + r_i)}{2} \sum_{j=1}^{n_\theta} B_{rj} \frac{\Delta H_{rj}}{\Delta \theta} \Delta \theta \quad \cdots (7\text{-}30)\\
&= \frac{Dl_m(r_o + r_i)}{2} \sum_{j=1}^{n_\theta} \frac{\phi_{rj}}{\Delta S} \frac{(f_{rj+1} - f_{rj-1})}{2l_m \Delta \theta} \Delta \theta \\
&= \frac{n_\theta}{4\pi} \sum_{j=1}^{n_\theta} \phi_{rj}(f_{rj+1} - f_{rj-1}) \quad \left(\text{ただし、} \Delta S = \frac{2\pi D(r_o + r_i)}{2n_\theta}\right)
\end{aligned}$$

が得られる。ここで、ϕ_{rj}[Wb] および f_{rj}[A] は、A 層の j 番目の要素の磁束と起磁力の径方向成分である。したがって、モータの RNA モデルにおけるトルクはある要素に流れる磁束 ϕ_{rj} と、これに隣接する 2 つの要素の起磁力の差の積を、すべての要素について計算し、これらの和として与えられることがわかる。

　実際のモータの RNA モデルの場合には、回転子は径方向にも複数の層に分割される。また、2 次元モデルでは、(7-28) 式の B と H の成分のうち、径方向成分と周方向成分について考慮する必要があることから、トルク式は、

$$\tau_m = \frac{n_\theta}{4\pi}\left\{\sum_{k=1}^{3}\sum_{j=1}^{n_\theta}\phi_{rkj}\left(f_{rkj+1}-f_{rkj-1}\right)+\sum_{k=1}^{3}\sum_{j=1}^{n_\theta}\phi_{\theta kj}\left(f_{\theta kj+1}-f_{\theta kj-1}\right)\right\} \quad (7\text{-}31)$$

となる。ここで、ϕ_{rkj}[Wb]およびf_{rkj}[A]は、図7-13 (a) に示すように、RNA モデルにおける回転子の k 層目の j 番目の要素における磁束と起磁力の径方向成分である。一方、$\phi_{\theta kj}$[Wb]および$f_{\theta kj}$[A]は、同図 (b) に示すように、回転子の k 層目の j 番目の要素における磁束と起磁力の周方向成分である。このように、回転子内部のすべての要素の磁束と起磁力の径方向成分および周方向成分を用いることで、回転子に生じるトルクを計算することができる。

7-2-2　面積分に基づくトルク式

続いて、もう1つのトルク式を導出する。(7-27) 式を変形すると、

$$\tau_m = \int_V \mathrm{div}\left(r_o H_\theta \boldsymbol{B}\right) dV \quad \cdots\cdots\cdots\cdots\cdots\cdots\cdots\cdots\cdots\cdots\cdots (7\text{-}32)$$

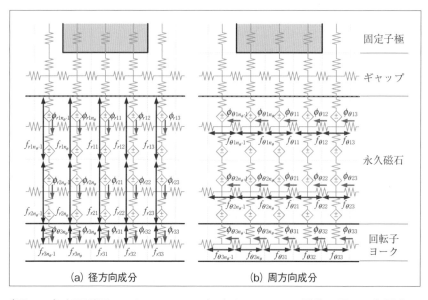

〔図7-13〕表面磁石モータの RNA モデルにおいてトルク計算に用いる各要素の磁束と起磁力

が得られる。したがって、(7-32) 式にガウスの発散定理を適用すると、次の面積分の形に変形することができる。

$$
\begin{aligned}
\tau_m &= \int_S r_o H_\theta \boldsymbol{B} \cdot d\boldsymbol{S} \\
&= \int_S r_o H_\theta B_r dS
\end{aligned}
\quad \cdots\cdots\cdots\cdots\cdots\cdots (7\text{-}33)
$$

すなわち、図 7-14 に示すように、トルクは回転子表面における磁束密度の径方向成分 B_r[T] と、磁界強度の周方向成分 H_θ[H/m] の積の面積分からでも求まることを意味する。

したがって、先ほどと同様に、RNA モデルに合わせて、(7-33) 式を離散化し、磁束と起磁力の式に変形すると、

$$
\begin{aligned}
\tau_m &= \int_S r_o H_\theta B_r dS \\
&= r_o^2 D \int_0^{2\pi} H_\theta B_r d\theta \\
&= r_o^2 D \sum_{j=1}^{n_\theta} \frac{f_{s\theta j}}{r_o \Delta\theta} \times \frac{\phi_{srj}}{r_o D \Delta\theta} \times \Delta\theta \\
&= \frac{n_\theta}{2\pi} \sum_{j=1}^{n_\theta} f_{s\theta j} \phi_{srj} \qquad \left(\text{ただし、} \Delta\theta = \frac{2\pi}{n_\theta}\right)
\end{aligned}
\quad \cdots\cdots (7\text{-}34)
$$

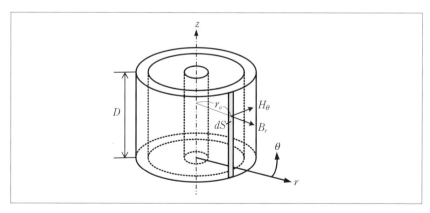

〔図 7-14〕回転子表面における磁束密度の径方向成分 B_r と磁界強度の周方向成分 H_θ

が得られる。ここで、ϕ_{srj}[Wb] および $f_{s\theta j}$[A] は、回転子表面の j 番目の要素における磁束の径方向成分と起磁力の周方向成分である。(7-34) 式に基づき、RNA モデルでトルクを計算する場合には、図 7-15 に示すように、回転子表面に薄い表面層を設ければよい。

7−2−3 トルクの計算例

前項までで導出した体積積分に基づくトルク式である (7-31) 式と、面積分に基づくトルク式である (7-34) 式を用いて、表面磁石モータと埋込磁石モータのトルクを計算した例を示す。また併せて、永久磁石モータ以外の算定例として、SR モータのトルクを計算した例についても示す。

図 7-16 に、各モータの基本構成と巻線の向きを示す。これら 3 種類のモータはすべて同体格でギャップ長も等しく、それぞれモータ直径は

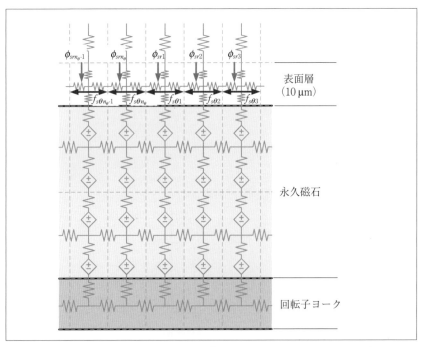

〔図 7-15〕表面磁石モータの RNA モデルにおいてトルク計算に用いる回転子表面の各要素の磁束と起磁力

82[mm]、積み厚は51[mm]、ギャップ長は0.2[mm]である。また、固定子の形状・寸法は完全に同一で、巻線の仕様も等しく、1極当りの巻線の巻数は72である。ただし、永久磁石モータとSRモータでは励磁方法が異なるため、同図に示すように固定子巻線の励磁の向きは異なる。

　まず、表面磁石モータおよび埋込磁石モータについては、それぞれ図7-16 (a)、(b) の位置で回転子を固定した状態で、固定子巻線に振幅1[A]～5[A]の3相正弦波電流を流したときの電流の位相とトルクの関係を求めた。図7-17および図7-18に、表面磁石モータおよび埋込磁石モータの電流の位相に対するトルクの算定結果を示す。これらの図を見ると、体積積分で求めたトルクと面積分で求めたトルクは、ほぼ一致していることがわかる。また、有限要素法の算定結果とも良好に一致している。

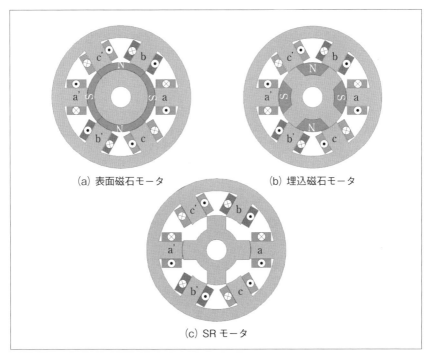

(a) 表面磁石モータ　　(b) 埋込磁石モータ

(c) SR モータ

〔図7-16〕各モータの基本構成と巻線の向き

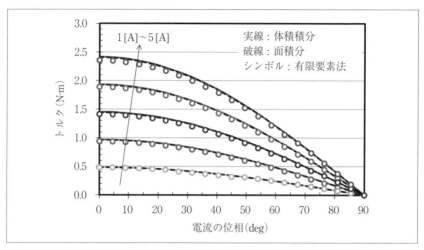

〔図7-17〕表面磁石モータの電流の位相に対するトルクの算定結果の比較

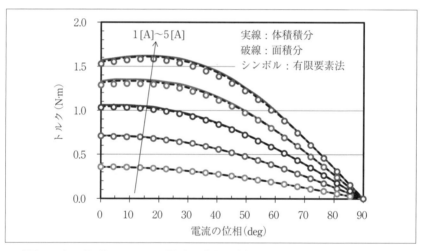

〔図7-18〕埋込磁石モータの電流の位相に対するトルクの算定結果の比較

続いて、SRモータについては、図7-16(c)のように、a相の固定子極と回転子極が対向した位置を回転子位置角0[deg.]とし、a相の固定子巻線のみに1[A]〜5[A]の直流電流を流した状態で、回転子を対向位置から非対向位置である−45[deg.]まで回転させたときのトルク、すなわち

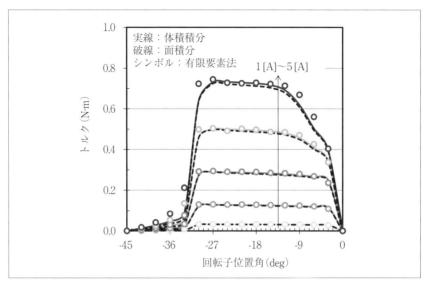

〔図7-19〕SRモータの静止トルク特性の算定結果の比較

静止トルクを計算した。図7-19に、SRモータの静止トルクの算定結果を示す。この図を見ると、SRモータについても、体積積分で求めたトルクと面積分で求めたトルクはほぼ一致していることがわかる。

7-3 まとめ

以上、表面磁石モータを例に挙げて、モータのRNAモデルの導出法について述べるとともに、RNAモデルに適したトルク算定法として、体積積分と面積分に基づく2つのトルク式を導出した。導出した2つのトルク式は、ガウスの発散定理で結ばれる式であるため、本質的に等価である。したがって、どちらの式を用いてトルクを計算してもよい。また、永久磁石モータとSRモータのトルク算定結果から計算精度も十分に高いことが明らかになった。

次章では、RNAに基づく各種永久磁石モータの解析事例について述べる。

参考文献
1) 見城尚志、永守重信:新・ブラシレスモータ、5章、総合電子出版社 (2000)
2) 中村健二、一ノ倉理:リラクタンスネットワーク解析におけるモータトルクの統一的算定手法、電気学会論文誌 D、**135**、1063 (2015)

第8章
リラクタンスネットワークによる永久磁石モータの解析

本章では、前章で述べたモータのRNAモデルの導出法、並びにトルク算定法に基づき、各種永久磁石モータの特性算定事例について述べる。併せて、集中巻表面磁石モータの事例では、回転子の回転運動を考慮した磁石起磁力のモデル化について述べる。分布巻表面磁石モータの事例では、分布巻の場合の巻線電流起磁力の配置について説明する。また、集中巻埋込磁石モータの事例では、埋込磁石回転子の場合の回転運動の表現方法について述べる。

8－1　集中巻表面磁石モータ
8－1－1　RNAモデルの導出

図8-1に、本節での計算に用いる3相6スロット4極の集中巻表面磁石モータの諸元を示す。モータ鉄心の材質は厚さ0.35[mm]の無方向性ケイ素鋼板であり、そのB-H曲線を図8-2に示す。また、永久磁石はネオジム焼結磁石であり、保磁力 H_c は975[kA/m]、残留磁束密度 B_r は1.27[T]、リコイル比透磁率 μ_r は1.037である。

RNAモデルの導出においては、まず図8-3に示すように、表面磁石モータを形状や磁束の流れを勘案して複数の要素に分割する。このとき固定子の周方向の分割数は、スロット内の漏れ磁束も考慮できるようにするため、固定子極数とスロット数の和である12とする。一方、固定子

項目	値	項目	値
モータ直径	82 mm	巻数	144 回/相
回転子直径	39.4 mm	巻線抵抗	0.87 Ω/相
ギャップ長: l_g	0.5 mm	鉄心	無方向性ケイ素鋼板
固定子極幅: w_{sp}	10 mm	永久磁石	
固定子極中心角: β_{sp}	30 deg	保磁力	975 kA/m
固定子ヨーク幅: w_{sy}	7 mm	残留磁束密度	1.27 T
積み厚: D	51 mm	磁石長: l_m	3 mm
シャフト直径	12 mm	着磁方向	径方向

〔図8-1〕集中巻表面磁石モータの諸元

極先端とギャップ、並びに回転子については、磁束分布が複雑になるため、より細かく要素分割する必要がある。同図には一例として、周方向に6度ずつ、すなわち60分割した場合を示すが、実際のRNAモデルでは周方向に2度ずつ、すなわち180分割した。なお、この表面磁石モータの回転子ヨークは十分に厚く磁気飽和しないため、他と比べて磁気抵

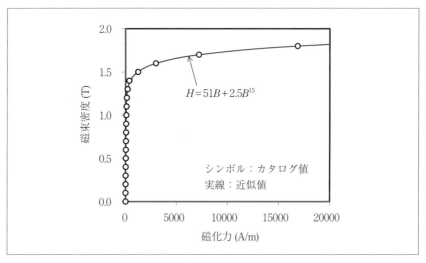

〔図8-2〕鉄心の B-H 曲線

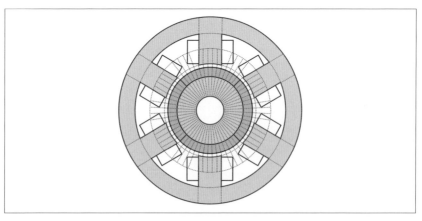

〔図8-3〕モータの分割図

抗が十分小さいことから無視する。また、永久磁石は径方向に着磁されており、磁石内部の磁束分布はほぼ一様であることから、永久磁石の径方向の分割数は1とした。このような考えに基づきモータを分割すると、図8-4に示すようになる。以下では、図中のA～Hまでの各要素について、磁気回路を順番に導出する。

(1) 要素A

図8-5に、回転子ヨークの要素Aに対応する磁気回路を示す。まず同図中のf_c[A]は永久磁石の起磁力であり、径方向に着磁されていることから、磁石の保磁力H_c[A/m]と径方向長さl_m[m]を用いて、

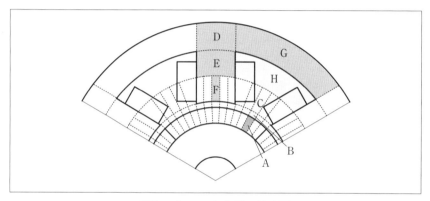

〔図8-4〕モータ分割の拡大図

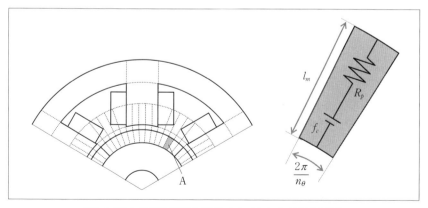

〔図8-5〕回転子磁石の要素Aに対応する磁気回路

$$f_c = H_c l_m = 975 [\text{kA/m}] \times 0.003 [\text{m}] = 2925 [\text{A}] \quad \cdots\cdots\cdots\cdots \quad (8\text{-}1)$$

となる。

次いで、磁石の磁気抵抗 R_p[A/Wb] は、断面積 S_m[m^2] が回転子半径 r_{rp}[m] と積み厚 D[m] を用いて、

$$S_m = \left(r_{rp} - \frac{l_m}{2} \right) \frac{2\pi}{n_\theta} D = \left(0.0197 - \frac{0.003}{2} \right) \times \frac{2\pi}{180} \times 0.051 = 3.24 \times 10^{-5}$$
$$\cdots (8\text{-}2)$$

で与えられることから、

$$R_p = \frac{l_m}{\mu_r \mu_0 S_m} = \frac{0.003}{1.037 \times \mu_0 \times 3.24 \times 10^{-5}} = 7.105 \times 10^7 \quad \cdots\cdots \quad (8\text{-}3)$$

となる。ここで、μ_r はリコイル比透磁率である。

(2) 要素 B および C

図 8-6 に、ギャップの要素 B に対応する磁気回路を示す。なお、要素 B とギャップ上部の空間の要素 C は、回路構成や磁気抵抗の導出方法が同じであるため、ここでは代表して要素 B の導出方法について述べる。

周方向の磁気抵抗 $R_{g\theta}$[A/Wb] は、断面積 $S_{g\theta}$[m^2] と周方向の長さ $l_{g\theta}$[m] がそれぞれ

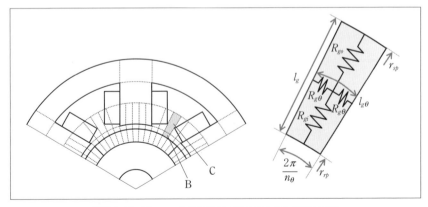

〔図 8-6〕ギャップの要素 B に対応する磁気回路

$$S_{g\theta} = l_g D = 0.0005 \times 0.051 = 2.55 \times 10^{-5} \quad \cdots\cdots\cdots\cdots\cdots \quad (8\text{-}4)$$

$$l_{g\theta} = \left(\frac{r_{sp} + r_{rp}}{2}\right)\frac{2\pi}{n_\theta} = \left(\frac{0.0202 + 0.0197}{2}\right) \times \frac{2\pi}{180} = 6.96 \times 10^{-4} \quad (8\text{-}5)$$

であることから、

$$R_{g\theta} = \frac{l_{g\theta}}{2\mu_0 S_{g\theta}} = \frac{6.96 \times 10^{-4}}{2\mu_o \times 2.55 \times 10^{-5}} = 1.09 \times 10^7 \quad \cdots\cdots\cdots \quad (8\text{-}6)$$

と求まる。ここで、l_g[m] はギャップ長、r_{sp}[m] は固定子内半径である。

次いで、径方向の磁気抵抗のうち、上部の磁気抵抗 R_{go}[A/Wb] は、断面積 S_{go}[m^2] が

$$S_{go} = \frac{3r_{sp} + r_{rp}}{4}\frac{2\pi}{n_\theta} D = 3.57 \times 10^{-5} \quad \cdots\cdots\cdots\cdots\cdots \quad (8\text{-}7)$$

であることから、

$$R_{go} = \frac{l_g}{2\mu_0 S_{go}} = 5.57 \times 10^6 \quad \cdots\cdots\cdots\cdots\cdots\cdots\cdots \quad (8\text{-}8)$$

となる。

一方、下部の磁気抵抗 R_{gi}[A/Wb] は、断面積 S_{gi}[m^2] が

$$S_{gi} = \frac{r_{sp} + 3r_{rp}}{4}\frac{2\pi}{n_\theta} D = 3.53 \times 10^{-5} \quad \cdots\cdots\cdots\cdots\cdots \quad (8\text{-}9)$$

であることから、

$$R_{gi} = \frac{l_g}{2\mu_0 S_{gi}} = 5.64 \times 10^6 \quad \cdots\cdots\cdots\cdots\cdots\cdots\cdots \quad (8\text{-}10)$$

と求まる。

(3) 要素 D、E、F

図 8-7 に、固定子極の要素 E に対応する磁気回路を示す。なお、固定子極とヨークの接合部の要素 D、および固定子極先端の要素 F は、いずれも要素 E と回路構成や磁気抵抗の導出方法が同じであるため、ここでは代表して要素 E について述べる。また、要素 D～F の形状は、円筒座標系を基準に要素分割されているため、同図に示すように上辺と下辺に弧を有するが、ここではこれを同体積の直方体とみなして磁気回路を導出する。

要素 E の周方向の非線形磁気抵抗 $R_{sp\theta}$[A/Wb] は、鉄心の磁気特性が図 8-2 に示す通りであり、また要素の形状が縦 $l_{sp}/2$[m]、横 w_{sp}[m] の直方体であると仮定すると、断面積 $S_{sp\theta}$[m^2] が

$$S_{sp\theta} = \frac{l_{sp}D}{2} = \frac{0.0138 \times 0.051}{2} = 3.52 \times 10^{-4} \quad \cdots\cdots\cdots\cdots (8\text{-}11)$$

となることから、

$$R_{sp\theta} = \frac{\alpha_1 w_{sp}}{2S_{sp\theta}} + \frac{\alpha_{15} w_{sp}}{2S_{sp\theta}^{15}} \phi^{14} \quad \cdots\cdots\cdots\cdots\cdots\cdots\cdots (8\text{-}12)$$

と求まる。ここで α_1 と α_{15} は図 8-2 に示したように、α_1=51[A・m^{-1}T^{-1}]、α_{15}=2.5[A・m^{-1}T^{-15}] である。

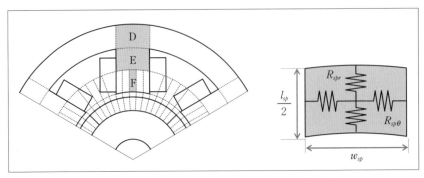

〔図 8-7〕固定子極の要素 E に対応する磁気回路

次いで、径方向の非線形磁気抵抗 R_{spr}[A/Wb] は断面積 S_{spr}[m²] が

$$S_{spr} = w_{sp}D = 0.01 \times 0.051 = 5.1 \times 10^{-4} \quad \cdots\cdots (8\text{-}13)$$

であることから、

$$R_{spr} = \frac{\alpha_1 l_{sp}}{4S_{spr}} + \frac{\alpha_{15} l_{sp}}{4S_{spr}^{15}} \phi^{14} \quad \cdots\cdots (8\text{-}14)$$

と求まる。

(5) 要素 G

図 8-8 に、固定子ヨークの要素 G に対応する磁気回路を示す。まず周方向の非線形磁気抵抗 $R_{sy\theta}$[A/Wb] については、

$$R_{sy\theta} = \frac{\alpha_1 l_{sy\theta}}{2S_{sy\theta}} + \frac{\alpha_{15} l_{sy\theta}}{2S_{sy\theta}^{15}} \phi^{14} \quad \cdots\cdots (8\text{-}15)$$

で与えられる。ここで、$l_{sy\theta}$[m] は固定子ヨークの周方向の長さであり、同図中の直角三角形 OXY において、∠XOY の角度を θ'[rad.] とすると、

$$\theta' = \sin^{-1}\frac{w_{sp}}{r_o + r_{sy}} = \sin^{-1}\frac{0.01}{0.041 + 0.034} = 0.134 \quad \cdots\cdots (8\text{-}16)$$

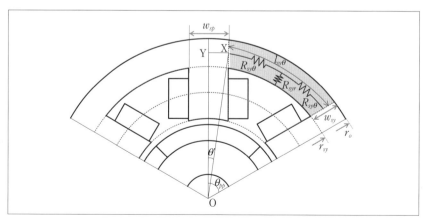

〔図 8-8〕固定子ヨークの要素 G に対応する磁気回路

であるから、

$$l_{sy\theta} = \frac{r_o + r_{sy}}{2}(\theta_{pp} - 2\theta') = \frac{0.041 + 0.034}{2}\left(\frac{\pi}{3} - 2 \times 0.134\right) = 2.92 \times 10^{-2}$$
$$\cdots (8\text{-}17)$$

と求まる。ここで、r_o[m]はモータ半径、r_{sy}[m]は固定子ヨーク内半径、θ_{pp}[rad.]はスロットピッチ角である。また、$S_{sy\theta}$[m^2]はヨークの断面積であり、

$$S_{sy\theta} = w_{sy}D = 0.007 \times 0.051 = 3.57 \times 10^{-4} \quad \cdots\cdots (8\text{-}18)$$

である。なお、w_{sy}[m]は固定子ヨーク幅である。

次いで、径方向の非線形磁気抵抗 R_{syr}[A/Wb]は、

$$R_{syr} = \frac{\alpha_1 w_{sy}}{2S_{syr}} + \frac{\alpha_{15} w_{sy}}{2S_{syr}^{15}}\phi^{14} \quad \cdots\cdots (8\text{-}19)$$

で与えられる。ここで、S_{syr}[m^2]は断面積であり、

$$S_{syr} = \frac{r_o + 3r_{sy}}{4}(\theta_{pp} - 2\theta')D = 1.42 \times 10^{-3} \quad \cdots\cdots (8\text{-}20)$$

と求まる。

(6) 要素H

図8-9に、固定子スロットの要素Hに対応する磁気回路を示す。要素Hの磁気回路は、鉄心と空気の違いはあるが、上述の要素Gと導出法は同じである。

まず周方向の磁気抵抗 $R_{a\theta}$[A/Wb]は、周方向の長さ $l_{a\theta}$[m]が

$$l_{a\theta} = \frac{r_{sy} + r_{sc}}{2}(\theta_{pp} - 2\theta'') = \frac{0.034 + 0.0271}{2}\left(\frac{\pi}{3} - 2 \times 0.1644\right) = 2.19 \times 10^{-2}$$

$$\left(\text{ただし、}\theta'' = \sin^{-1}\frac{0.01}{0.034 + 0.0271} = 0.1644[\text{rad.}]\right) \quad \cdots (8\text{-}21)$$

であり、断面積 $S_{a\theta}$[m^2]が

$$S_{a\theta} = (r_{sy} - r_{sc})D = 0.0069 \times 0.051 = 3.52 \times 10^{-4} \quad \cdots\cdots\cdots\cdots (8\text{-}22)$$

であることから、

$$R_{a\theta} = \frac{l_{a\theta}}{2\mu_0 S_{a\theta}} = 2.48 \times 10^7 \quad \cdots\cdots\cdots\cdots\cdots\cdots\cdots\cdots\cdots (8\text{-}23)$$

となる。ここで、r_{sc}[m]はモータ中心から固定子極中央までの長さであり、$r_{sc}=(r_{sy}+r_{sp})/2$ で与えられる。

次いで、径方向の磁気抵抗のうち、上部の磁気抵抗 R_{aro}[A/Wb] は、断面積 S_{aro}[m^2] が

$$S_{aro} = \frac{3r_{sy} + r_{sc}}{4}(\theta_{pp} - 2\theta'')D = 1.18 \times 10^{-3} \quad \cdots\cdots\cdots\cdots (8\text{-}24)$$

であることから、

$$R_{aro} = \frac{r_{sy} - r_{sc}}{2\mu_0 S_{aro}} = 2.33 \times 10^6 \quad \cdots\cdots\cdots\cdots\cdots\cdots\cdots\cdots (8\text{-}25)$$

一方、下部の磁気抵抗 R_{ari}[A/Wb] は、断面積 S_{ari}[m^2] が

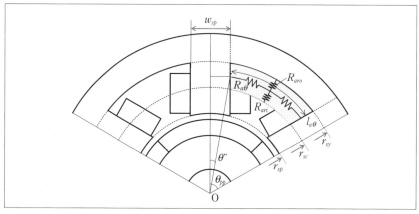

〔図 8-9〕固定子スロットの要素 H に対応する磁気回路

$$S_{ari} = \frac{r_{sy} + 3r_{sc}}{4}(\theta_{pp} - 2\theta'')D = 1.056 \times 10^{-3} \quad \cdots\cdots\cdots\cdots (8\text{-}26)$$

より、

$$R_{ari} = \frac{r_{sy} - r_{sc}}{2\mu_0 S_{ari}} = 2.60 \times 10^6 \quad \cdots\cdots\cdots\cdots\cdots\cdots\cdots (8\text{-}27)$$

となる。

図8-10に、以上のようにして導出した、集中巻表面磁石モータのRNAモデルの一部を示す。図中の固定子極に配置された起磁力Ni[A]は、巻線電流による起磁力であり、固定子極の中央に配置する。

8-1-2 回転運動を考慮した磁石起磁力のモデル化

モータの動特性を算定するためには、RNAモデルにおいて回転子の回転運動を模擬する必要がある。ここでは、4-2-2項でも述べた方法に従い、永久磁石の起磁力F_c[A]を回転子位置角θ[rad.]の関数で表すこ

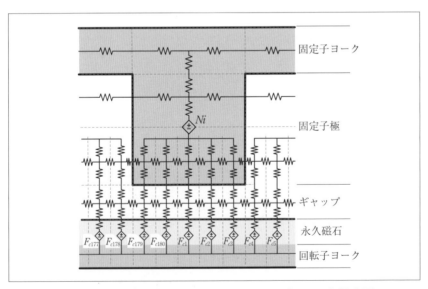

〔図8-10〕集中巻表面磁石モータのRNAモデルの一部拡大図

とで回転運動を模擬する。この表面磁石モータの回転子の極数は4であり、径方向に一様に着磁されているため、その起磁力分布は図8-11に示すようになる。このような周期的な関数を表現する方法としては、フーリエ級数がよく用いられるが、同図のような方形波の場合、値が急峻に変化する点で振動が生じ（ギブス現象）、解の収束性や精度に影響を与える恐れがある。そこで、本書ではフーリエ級数の代わりに、次の関数で方形波を表す。

$$F_c(\theta) = \frac{2f_c}{\pi} \tan^{-1}(B\sin(p\theta)) \quad \cdots\cdots\cdots\cdots\cdots\cdots\cdots (8\text{-}28)$$

ここで、p は極対数である。また、B は任意の係数であり、大きくなるほどより方形波に近づく。図8-12に、$B=100$ とした場合の結果を示す。この図を見ると、(8-28)式を用いることで、値が急峻に変化する点での振動もなく、起磁力分布が模擬できることがわかる。なお、図8-10に示したRNAモデルの各々の磁石起磁力の間には、空間的な位相差があることから、これらを次式で与える。

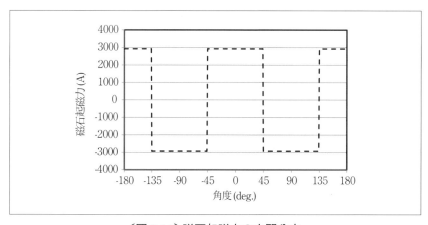

〔図8-11〕磁石起磁力の空間分布

$$F_{c1}(\theta) = \frac{2f_c}{\pi}\tan^{-1}\left(B\sin(p\theta)\right)$$

$$F_{c2}(\theta) = \frac{2f_c}{\pi}\tan^{-1}\left(B\sin p\left(\theta - 2\times\frac{\pi}{180}\right)\right)$$

$$F_{c3}(\theta) = \frac{2f_c}{\pi}\tan^{-1}\left(B\sin p\left(\theta - 4\times\frac{\pi}{180}\right)\right) \quad \cdots\cdots\cdots (8\text{-}29)$$

$$\vdots$$

$$F_{c180}(\theta) = \frac{2f_c}{\pi}\tan^{-1}\left(B\sin p\left(\theta - 358\times\frac{\pi}{180}\right)\right)$$

以上のように、RNAモデルにおける各磁石起磁力を回転子位置角の関数で与えることで、回転子の回転運動が考慮できる。

8-1-3 集中巻表面磁石モータの特性算定

図8-13に、集中巻表面磁石モータの電気-磁気-運動連成解析モデルを示す。この連成解析モデルは、モータを駆動するための電気回路、集中巻表面磁石モータのRNAモデル、トルクを計算するブロック、並びに運動方程式の電気的等価回路から構成される。ここで7-2節でも述

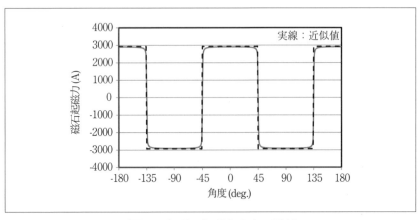

〔図8-12〕磁石起磁力分布の近似

べたように、表面磁石モータなど、回転子に導体が存在しないモータのトルク τ_m[N・m] は次の体積積分の式で与えられる。

$$\tau_m = \int_V \boldsymbol{B} \frac{\partial \boldsymbol{H}}{\partial \theta} dV \quad \cdots\cdots\cdots\cdots\cdots\cdots\cdots\cdots\cdots\cdots\cdots\cdots\cdots\cdots \quad (8\text{-}30)$$

さらに、この RNA モデルの磁石回転子部の要素では、$\boldsymbol{B}$ と $\boldsymbol{H}$ の成分のうち、径方向成分である B_r[T] と H_r[A/m] のみを考慮していることから、トルクは次式で計算することができる。

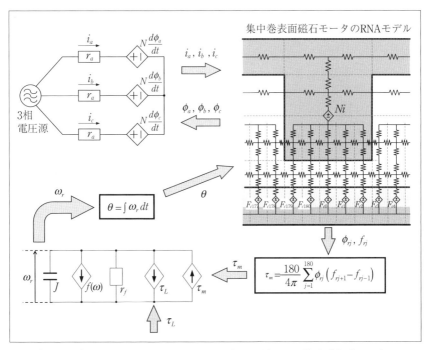

〔図 8-13〕集中巻表面磁石モータの電気―磁気―運動連成解析モデル

$$\tau_m = \int_V B_r \frac{\partial H_r}{\partial \theta} dV$$

$$= \frac{n_\theta}{4\pi} \sum_{j=1}^{n_\theta} \phi_{rj} \left(f_{rj+1} - f_{rj-1} \right) \qquad \cdots (8\text{-}31)$$

$$= \frac{180}{4\pi} \{ \phi_{r1}(f_{r2} - f_{r180}) + \phi_{r2}(f_{r3} - f_{r1}) + \cdots + \phi_{r180}(f_{r1} - f_{r179}) \}$$

上式中の ϕ_{rj}[Wb] および f_{rj}[A] は、図8-14 に示す磁石回転子部の j 番目の要素の磁束と起磁力の径方向成分である。

図8-15 に、静止状態から3相対称交流電圧を用いて、無負荷でモータを低周波起動した場合の相電圧、相電流、モータトルク、回転速度を示す。0秒から5秒までの間に、周波数をランプ状に 0[Hz] から 50[Hz] まで増加させており、それに同期して回転速度が 1500[min^{-1}] まで上昇していることがわかる。

図8-16 に、巻線電流対トルク特性の計算結果を示す。このとき表面磁石モータは回転速度 1000[min^{-1}] 一定の下、3相対称交流電流で励磁されており、その電流位相角は β_s=0[deg] である。この図を見ると、RNA

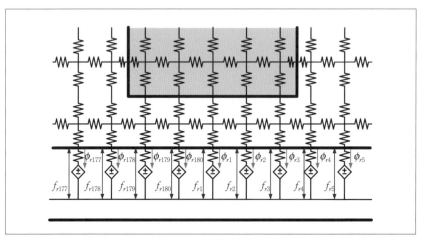

〔図8-14〕表面磁石モータの RNA モデルにおいてトルク計算に用いる各要素の磁束と起磁力

モデルによる計算結果は、実測値とほぼ良好に一致していることがわかる。なお、実測値との誤差は、鉄損や機械損を無視しているためである。

また、図8-17には電流振幅5[A]のときのトルク波形の計算結果を示

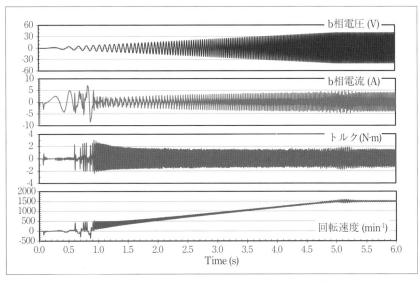

〔図8-15〕集中巻表面磁石モータの動解析の結果（起動時）

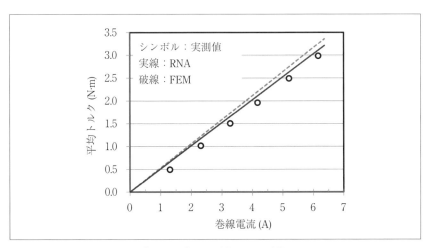

〔図8-16〕電流対トルク特性

す。この表面磁石モータはオープンスロット構造を有するため、コギングトルクに起因するトルクリプルが大きいが、RNA モデルにより、比較的よく模擬されていることが了解される。

8−2 分布巻表面磁石モータ
8−2−1 RNA モデルの導出および巻線電流起磁力の配置

図 8-18 に、本節での計算に用いる 3 相 24 スロット 4 極の分布巻表面磁石モータを示す。固定子形状は四角形であり、その高さと幅はともに 104[mm] である。回転子表面には、セグメント形状の磁石が張り付けら

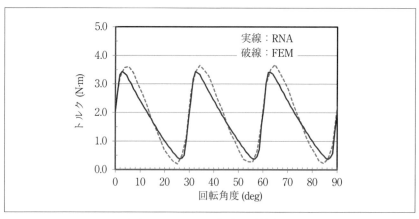

〔図 8-17〕トルク波形の計算結果

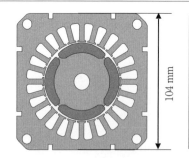

モータ外形	104 mm × 104 mm
回転子平均直径	58.2 mm
ギャップ平均長	1.75 mm
巻数	480 回/相
巻線抵抗	8.46Ω/相
永久磁石	フェライト
保磁力	294 kA/m
残留磁束密度	0.38 T

〔図 8-18〕分布巻表面磁石モータの諸元

れており、回転子の平均直径は58.2[mm]、ギャップの平均長は1.75[mm]である。固定子、回転子の鉄心材料は厚さ0.5[mm]の無方向性ケイ素鋼板であり、比透磁率は3800である。永久磁石の材料はフェライトであり、保磁力は294[kA/m]、残留磁束密度は0.38[T]、リコイル比透磁率は1.05である。1相あたりの巻数は480、巻線抵抗は8.46[Ω]である。図8-19に、このモータを横から見た断面の模式図を示す。固定子および回転子鉄心の積み厚は35[mm]であるが、これに対して永久磁石の軸長は52.8[mm]であり、17.8[mm]のオーバーハングが存在する。図8-18に示した通り、このモータの固定子形状は四角形であるが、以下では図8-20に示すような円筒形と仮定し、RNAモデルの導出を行う。

　図8-21（a）にモータの要素分割を示す。固定子の周方向の分割数は、スロット内の漏れ磁束も考慮できるようにするため、固定子極数とスロット数の和である48とする。一方、磁束分布がより複雑になる固定子極先端とギャップ、並びに回転子については96とする。分割した各要素は、前節の集中巻表面磁石モータの場合と同様にして、要素寸法と材料特性に基づき、同図（b）に示すような磁気回路で表す。ただし、このモータはフェライト磁石を用いているため、動作磁束密度は最大でも

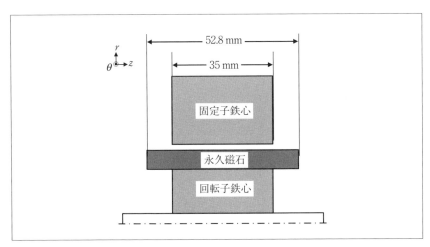

〔図8-19〕モータを横から見た断面の模式図

1.0[T] 以下であることから、鉄心の磁気飽和は生じないものとし、比透磁率 μ_s=3800 を用いて、鉄心の磁気抵抗 R_m[A/Wb] を次式で与える。

$$R_m = \frac{l}{\mu_s \mu_0 S} \tag{8-32}$$

ここで、l[m] は分割要素の磁路長、S[m²] は断面積、μ_0[A/m] は真空の

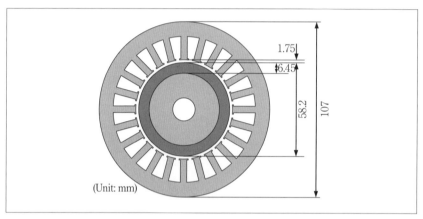

〔図 8-20〕解析形状

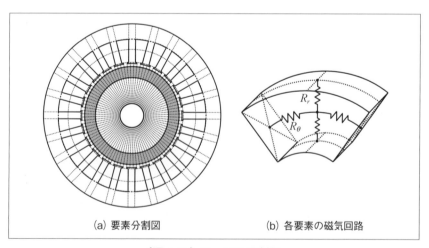

(a) 要素分割図　　　(b) 各要素の磁気回路

〔図 8-21〕モータの分割図

透磁率である。また、この表面磁石モータの回転子ヨークは十分に厚く、磁気抵抗の値が他と比べて十分小さいことから、回転子ヨークの磁気抵抗は無視する。

図8-22に、分布巻表面磁石モータの巻線配置とこれに対応した巻線電流起磁力の配置を示す。同図(a)に示すように、分布巻では複数の固定子極にまたがって1つのコイルが施される。たとえば、a相のコイルに着目すると、②～⑥までの極が1つのコイルで巻かれている。したがって、コイルの巻数をN、流れる電流をi_a[A]とすると、コイルの施された極とスロットには同一の起磁力Ni_a[A]が生じる。よって、RNAモデルにおいてこれを表現するためには、同図(b)のように9個の起磁力Ni_aを極およびスロットに配置すればよい。他の相についても、同様の考えに基づき起磁力を配置すると、同図に示すように固定子極およびスロットには、それぞれ2～3個の起磁力が配置される。

図8-23に、以上のようにして導出した分布巻表面磁石モータのRNAモデルの一部を示す。

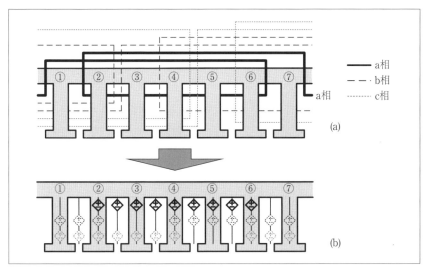

〔図8-22〕各相の巻線配置とこれに対応した巻線電流起磁力の配置

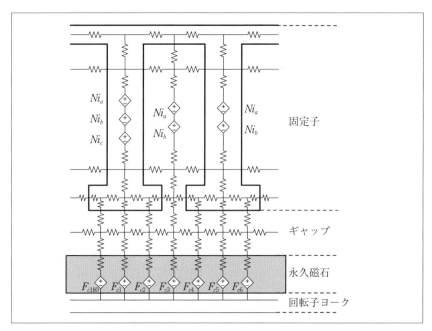

〔図8-23〕分布巻表面磁石モータのRNAモデルの一部拡大図

8－2－2　セグメント磁石のモデル化

　前節の8-1-2項で述べたように、RNAモデルにおいて永久磁石回転子の回転運動を模擬するためには、永久磁石の起磁力 F_c[A] を回転子位置角 θ[rad.] の関数で表せばよい。セグメント磁石のように、磁石長 l_m[m] が位置によって変わる場合についても、これと同様に考えに基づき、磁石長を回転子位置角を用いて、

$$l_m(\theta) = A\tan^{-1}(B\sin(p\theta)) \quad \cdots\cdots\cdots\cdots\cdots\cdots\cdots (8\text{-}33)$$

と表せば、磁石起磁力は $F_c = H_c l_m$ より、

$$F_c(\theta) = H_c\{A\tan^{-1}(B\sin(p\theta))\} \quad \cdots\cdots\cdots\cdots (8\text{-}34)$$

となり、回転子位置角の関数で表すことができる。なお、上式中の A と B は係数であり、それぞれ $A=4.99$、$B=9$ である。

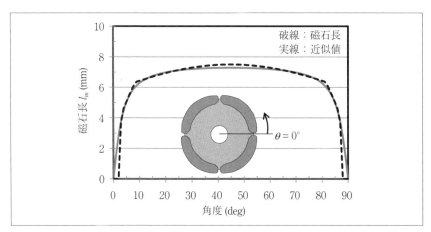

〔図8-24〕セグメント磁石の磁石長

図8-24に、セグメント磁石の磁石長とこれを（8-34）式で近似した結果を示す。なお、図8-23に示したRNAモデルの各々の磁石起磁力の間には、空間的な位相差があることから、これらを次式で与える。

$$F_{c1}(\theta) = H_c \left\{ A\tan^{-1}(B\sin(p\theta)) \right\}$$
$$F_{c2}(\theta) = H_c \left\{ A\tan^{-1}\left(B\sin\left(p\theta - 3.75 \times \frac{\pi}{180}\right)\right) \right\}$$
$$F_{c3}(\theta) = H_c \left\{ A\tan^{-1}\left(B\sin\left(p\theta - 7.5 \times \frac{\pi}{180}\right)\right) \right\} \quad \cdots\cdots (8\text{-}35)$$
$$\vdots$$
$$F_{c96}(\theta) = H_c \left\{ A\tan^{-1}\left(B\sin\left(p\theta - 356.25 \times \frac{\pi}{180}\right)\right) \right\}$$

8－2－3　オーバーハングの考慮

図8-19に示したように、回転子の永久磁石がモータ鉄心の積み厚よりも長い、いわゆるオーバーハング構造を有する場合、突き出した永久磁石からモータ鉄心の積層面に流入する磁束や空間に漏れる磁束が生じ

る。したがって、これらを厳密に考慮するためには3次元のRNAモデルが必要になるが、解析規模が大きくなり計算時間の長大化が予想される。そこで、ここでは簡易的にオーバーハングを考慮する方法について述べる。

まず図8-25に示すように、オーバーハング周辺の磁束の流れを3種類仮定し、これらの磁束の磁路を、円弧と直線で近似することで各々の磁気抵抗を求める。それぞれの磁路の磁気抵抗を R_{gs}[A/Wb]、R_{gr}[A/Wb]、R_{gm}[A/Wb]とすると、次式で与えられる。

$$R_{gs} = \frac{n_\theta l_g}{2\pi\mu_0 r_{rp} D_{oh}} + \frac{n_\theta}{8\mu_0 (r_{rp} + l_g)} \quad \cdots\cdots (8\text{-}36)$$

$$R_{gr} = \frac{n_\theta}{8\mu_0 (r_{rp} - l_m)} \quad \cdots\cdots (8\text{-}37)$$

$$R_{gm} = \frac{n_\theta l_m}{2\pi\mu_0 D_{oh} \left(r_{rp} - {l_m}/{2}\right)} + \frac{n_\theta (2r_{rp} - l_m)}{4\mu_0 r_{rp} (r_{rp} - l_m)} \quad \cdots\cdots (8\text{-}38)$$

次いで、図8-26に示すように、永久磁石についてもオーバーハング部を分割し、上述の磁気抵抗と接続すれば、簡易的にオーバーハングを考

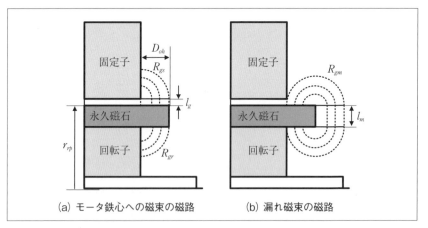

〔図8-25〕オーバーハング周辺の磁束の磁路

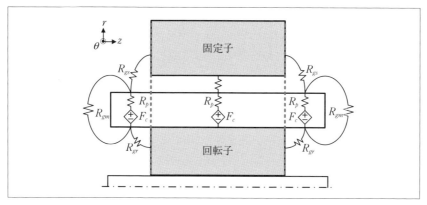

〔図8-26〕オーバーハング部の磁気回路

慮することができる。

8－2－4　分布巻表面磁石モータの特性算定

　分布巻表面磁石モータのトルク式は、回転子の基本構造が等しいため、前節の集中巻表面磁石モータと同一である。すなわち、次のトルク式において

$$\tau_m = \int_V \boldsymbol{B}\frac{\partial \boldsymbol{H}}{\partial \theta}dV \qquad (8\text{-}39)$$

$\boldsymbol{B}$と$\boldsymbol{H}$の成分のうち、径方向成分であるB_r[T]とH_r[A/m]のみを考慮していることから、次式で計算することができる。

$$\begin{aligned}\tau_m &= \int_V B_r\frac{\partial H_r}{\partial \theta}dV \\ &= \frac{n_\theta}{4\pi}\sum_{j=1}^{n_\theta}\phi_{rj}\left(f_{rj+1}-f_{rj-1}\right) \\ &= \frac{96}{4\pi}\{\phi_{r1}\left(f_{r2}-f_{r96}\right)+\phi_{r2}\left(f_{r3}-f_{r1}\right)+\cdots+\phi_{r96}\left(f_{r1}-f_{r95}\right)\}\end{aligned} \qquad (8\text{-}40)$$

ここで、ϕ_{rj}[Wb]およびf_{rj}[A]は、図8-27に示す磁石回転子部のj番目の要素の磁束と起磁力の径方向成分である。

図8-28 に、分布巻表面磁石モータの電気－磁気－運動連成解析モデルを示す。この連成解析モデルは、モータを駆動するための 120 通電方式の方形波インバータ、分布巻表面磁石モータの RNA モデル、(8-40) 式で表されるトルクを計算するブロック、並びに運動方程式の電気的等価回路から構成される。

このモデルにおいて回転子位置角 θ [rad.] が与えられると、駆動回路のトランジスタの ON/OFF が決まり、各相の巻線電流 i_a[A]、i_b[A]、i_c[A] が計算される。電流が求められると RNA モデルにおける起磁力 Ni_a[A]、Ni_b[A]、Ni_c[A] が決まり、磁気回路の磁束が計算される。これにより各相の巻線の鎖交磁束 ϕ_a[Wb]、ϕ_b[Wb]、ϕ_c[Wb] が求まり、その時間微分から巻線に生じる逆起電力が計算される。一方、磁石回転子の各要素の起磁力 f_{rj}[A] と磁束 ϕ_{rj}[Wb] からはモータトルク τ_m[N・m] が (8-40) 式に従って計算される。このモータトルク τ_m と負荷トルク τ_L[N・m] より、運動方程式の電気的等価回路では、モータの回転数 ω_r[rad/s] が計算される。したがって、この回転数 ω_r を積分すれば、回転子位置角 θ が得

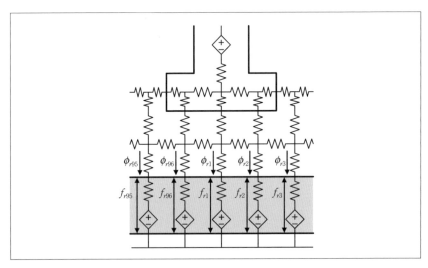

〔図 8-27〕表面磁石モータの RNA モデルにおいてトルク計算に用いる各要素の磁束と起磁力

られる。この連成解析モデルは、汎用の回路シミュレータである SPICE などを利用して計算することが可能であり、上述の計算がすべて同時に実行される。

図 8-29 に、上述の連成モデルを用いて計算した分布巻表面磁石モータの始動から定常状態に至るまでの過渡解析の結果を示す。なお、駆動回路の直流電源電圧は 311[V] である。図は上から、線間電圧、相電流、トルク、回転速度である。シミュレーションでは無負荷で起動した後に、150[ms] から 250[ms] の間に負荷をランプ状に 2.0[N·m] まで変化させている。この図を見ると、起動直後にモータの回転速度が急激に 4800[min^{-1}] 付近まで上昇し、その後負荷の増加に伴って徐々に減少して約 3200[min^{-1}] で定常回転に至る様子が確認できる。

図 8-30（a）に、分布巻表面磁石モータのトルク－電流特性を示す。この図を見ると、計算値と実測値は良好に一致していることがわかる。ま

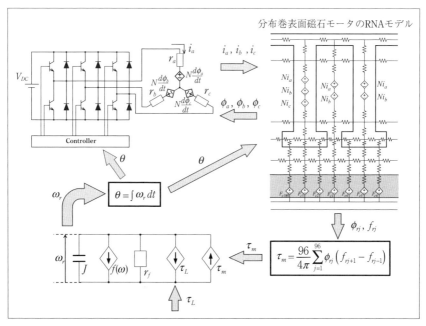

〔図 8-28〕分布巻表面磁石モータの電気－磁気－運動連成解析モデル

◆第8章 リラクタンスネットワークによる永久磁石モータの解析

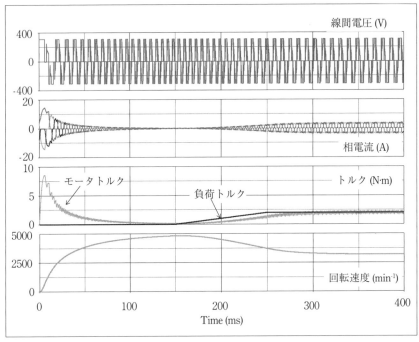

〔図8-29〕分布巻表面磁石モータの動解析の結果

た、同図 (b) のトルク－速度特性についても、定性的によく一致している。なお、実測値との誤差の原因は、鉄損および機械損を無視しているためである。図8-31 には、入出力電力、並びに効率の計算値と実測値を示す。入出力電力についてもおおよそ一致した結果が得られている。なお、効率については、特に軽負荷領域で誤差が大きいが、これはシミュレーションにおける効率は銅損のみを考慮した値であり、鉄損および機械損は無視しているためである。

図8-32 に、負荷トルク 1.0[N・m] のときの励磁電圧と相電流の観測波形と計算波形を示す。これらの図を見ると、電圧・電流波形ともに両者はほぼ一致していることがわかる。

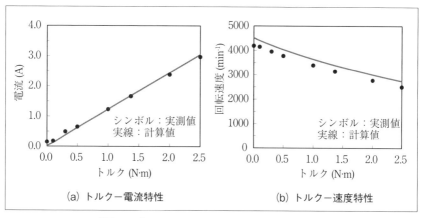

〔図 8-30〕トルクー電流特性並びに速度特性

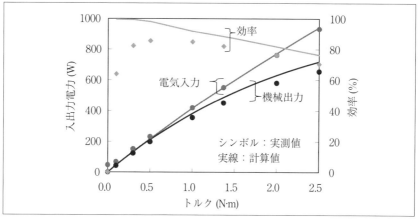

〔図 8-31〕入出力効率特性

◆第8章 リラクタンスネットワークによる永久磁石モータの解析

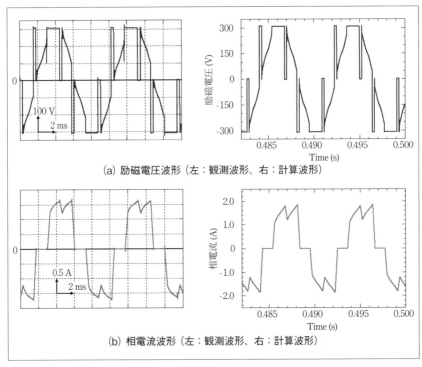

(a) 励磁電圧波形（左：観測波形、右：計算波形）

(b) 相電流波形（左：観測波形、右：計算波形）

〔図 8-32〕励磁電圧・相電流波形（負荷トルク 1.0N・m）

8－3 埋込磁石モータ
8－3－1 RNA モデルの導出

　図 8-33 に、本節での解析に用いる 3 相 12 スロット 8 極の集中巻埋込磁石モータを示す。モータ直径は 150[mm]、積み厚は 146[mm]、ギャップ長は 0.5[mm] であり、回転子鉄心には円弧状の永久磁石が埋め込まれている。モータ鉄心の材質は厚さ 0.20[mm] の無方向性ケイ素鋼板であり、その B-H 曲線を図 8-34 に示す。また、永久磁石の材質はネオジム焼結磁石であり、保磁力 H_c は 900[kA/m]、残留磁束密度 B_r は 1.2[T]、リコイル比透磁率 μ_r は 1.061 である。

　RNA モデルの導出においては、前節までと同様、まず図 8-35（a）に示

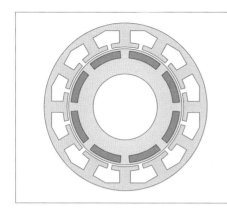

モータ直径	150 mm
積み厚	146 mm
ギャップ長	0.5 mm
巻数	104 回/相
巻線抵抗	56 mΩ/相
永久磁石	ネオジム焼結磁石
保磁力	900 kA/m
残留磁束密度	1.2 T

〔図8-33〕埋込磁石モータの諸元

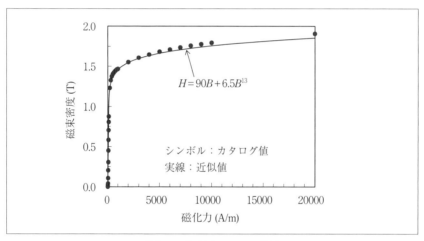

〔図8-34〕鉄心のB-H曲線

すように、埋込磁石モータを形状や磁束の流れを勘案して複数の要素に分割する。固定子の周方向の分割数は、スロット内の漏れ磁束も考慮できるよう、固定子極数とスロット数の和である24とする。回転子については、磁束分布がより複雑になることから、周方向に2度ずつ等間隔に180分割する。また、径方向については、回転子鉄心内部に磁石が埋め込まれていることから3分割する。分割した各要素は、前節までと同様に、

要素寸法と材料特性に基づき、同図(b)に示すような磁気回路で表す。鉄心部の非線形磁気抵抗 R_m[A/Wb] については、材料の B-H 曲線が

$$H = \alpha_1 B + \alpha_n B^n \quad \cdots\cdots\cdots\cdots\cdots\cdots\cdots\cdots\cdots\cdots\cdots\cdots (8\text{-}41)$$

で表されることから、分割した要素の平均磁路長を l[m]、平均断面積を S[m^2] として、次式のように与える。

$$R_m = \frac{\alpha_1 l}{S} + \frac{\alpha_n l}{S^n}\phi^{n-1} \quad \cdots\cdots\cdots\cdots\cdots\cdots\cdots\cdots\cdots (8\text{-}42)$$

ここで、α_1 および α_n は係数、n は次数であり、図 8-34 より、それぞれ n=13、α_1=90[A・m^{-1}T^{-1}]、α_{13}=6.5[A・m^{-1}T^{-13}] である。

一方、空間の線形磁気抵抗 R_{air} は、真空の透磁率 μ_0[H/m] を用いて、

$$R_{air} = \frac{l}{\mu_0 S} \quad \cdots\cdots\cdots\cdots\cdots\cdots\cdots\cdots\cdots\cdots\cdots\cdots\cdots\cdots (8\text{-}43)$$

で与える。

図 8-36 に、以上のようにして導出した埋込磁石モータの RNA モデルの一部を示す。同図中の起磁力 Ni_a[A] と Ni_b[A] は a 相と b 相の巻線電

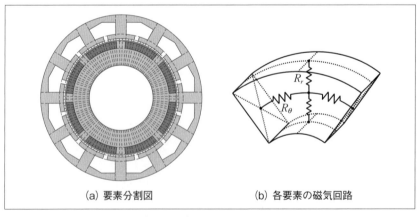

(a) 要素分割図　　　　(b) 各要素の磁気回路

〔図 8-35〕モータの分割図

流による起磁力であり、固定子極の中央に配置する。また、回転子の磁石／鉄心層の各要素は、回転子の回転運動に伴い、周期的に永久磁石か鉄心に変化する。次項では、この磁石／鉄心層のモデリング手法について述べる。

8－3－2　埋込磁石回転子の回転運動の考慮

前節までで述べたように、表面磁石モータの場合、回転子の回転運動は永久磁石の起磁力を回転子位置角の関数で与えることで模擬できる。一方、埋込磁石モータの場合は、回転子鉄心内部に永久磁石が埋め込まれるため、図8-36に示した磁石／鉄心層のように、回転子位置角によって、要素が永久磁石や鉄心に変化する層が存在する。したがって、永久磁石の起磁力に加えて、磁気抵抗も回転子位置角によって変化する。そこで以下では、磁石／鉄心層の磁石部は径方向に着磁されており、磁束は径方向のみに流れること、同様に鉄心部についても磁束は径方向のみに流れると仮定し、この磁石／鉄心層の要素を可変磁気抵抗R_{ip}[A/Wb]と可変起磁力F_c[A]の直列回路で表す。

まず起磁力F_cについては、磁石部では保磁力H_c[A/m]と磁石長l_m[m]を用いて、$F_c=H_c l_m$で与えられる。一方、鉄心部では起磁力はゼロになる。図8-37に、磁石／鉄心層の起磁力分布を示す。同図の2δ[rad.]は、隣接する磁石同士の間隔である。この起磁力分布は周期性を有することか

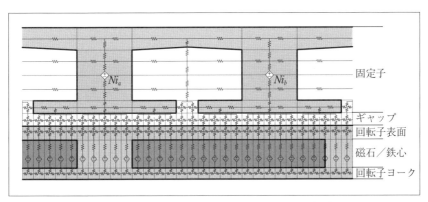

〔図8-36〕埋込磁石モータのRNAモデルの一部拡大図

ら、フーリエ級数で表すこともできるが、8-1-2項でも述べたように、値が急峻に変化する点で振動が生じ、解の収束性や精度に影響を与える恐れがある。そこで、同図のような起磁力分布は、位相の異なる方形波の重ね合わせで表現できることに着目し、8-1-2項において磁石起磁力を表すのに用いた(8-28)式に基づき、次式で表す。

$$F_c(\theta) = \frac{f_c}{\pi}\left\{\tan^{-1}\left(B\sin p(\theta+\delta)\right) + \tan^{-1}\left(B\sin p(\theta-\delta)\right)\right\} \quad (8\text{-}44)$$

ここで、pは極対数である。また、Bは任意の係数であり、図8-38に

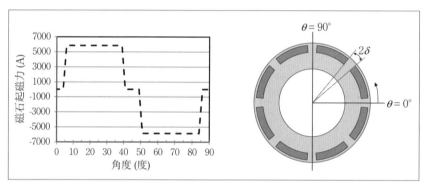

〔図8-37〕磁石／鉄心層の磁石起磁力分布

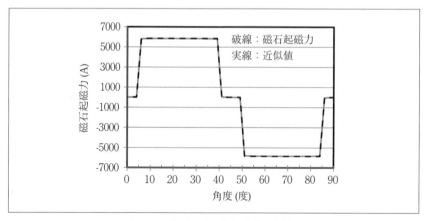

〔図8-38〕磁石起磁力分布の近似

$B=500$ とした場合の結果を示す。この図を見ると、(8-44) 式を用いることで、値が急峻に変化する点での振動もなく、起磁力分布を模擬できることがわかる。

なお、図 8-39 に示すように RNA モデルの各々の磁石起磁力の間には、空間的な位相差があることから、これらを次式で与える。

$$F_{c1}(\theta) = \frac{f_c}{\pi}\{\tan^{-1}(B\sin p(\theta+\delta)) + \tan^{-1}(B\sin p(\theta-\delta))\}$$

$$F_{c2}(\theta) = \frac{f_c}{\pi}\left\{\tan^{-1}\left(B\sin p\left(\theta+\delta-2\times\frac{\pi}{180}\right)\right) + \tan^{-1}\left(B\sin p\left(\theta-\delta-2\times\frac{\pi}{180}\right)\right)\right\}$$

$$F_{c3}(\theta) = \frac{f_c}{\pi}\left\{\tan^{-1}\left(B\sin p\left(\theta+\delta-4\times\frac{\pi}{180}\right)\right) + \tan^{-1}\left(B\sin p\left(\theta-\delta-4\times\frac{\pi}{180}\right)\right)\right\}$$

$$\vdots$$

$$F_{c180}(\theta) = \frac{f_c}{\pi}\left\{\tan^{-1}\left(B\sin p\left(\theta+\delta-358\times\frac{\pi}{180}\right)\right) + \tan^{-1}\left(B\sin p\left(\theta-\delta-358\times\frac{\pi}{180}\right)\right)\right\}$$

$$\cdots (8\text{-}45)$$

次いで、磁気抵抗 R_{ip}[A/Wb] については、磁石部ではリコイル比透磁率 μ_r を用いて、次の線形磁気抵抗で与える。

$$R_{ip} = \frac{l_m}{\mu_r \mu_0 S_m} \quad \cdots\cdots\cdots\cdots\cdots\cdots (8\text{-}46)$$

ここで、S_m[m^2] は要素の平均断面積である。一方、鉄心部では次の非線形磁気抵抗で表される。

$$R_{ip} = \frac{\alpha_1 l_m}{S_m} + \frac{\alpha_n l_m}{S_m^n}\phi^{n-1} \quad \cdots\cdots\cdots\cdots\cdots\cdots (8\text{-}47)$$

したがって、磁石/鉄心層の各要素の磁気抵抗 R_{ip} については、回転子位置角に応じて、磁石部にあるときは (8-46) 式で表される線形磁気抵抗、鉄心部にあるときは (8-47) 式で表される非線形磁気抵抗で与えればよい。

◆第8章 リラクタンスネットワークによる永久磁石モータの解析

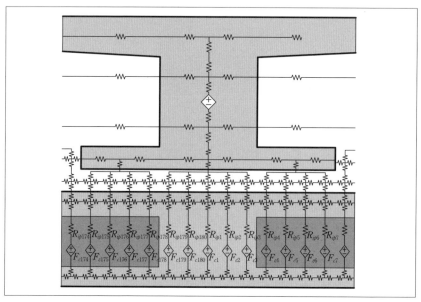

〔図8-39〕埋込磁石モータのRNAモデルの固定子1極分の拡大図

8－3－3　埋込磁石モータの特性算定

前章の7-2節で述べたように、RNAにおけるトルク式には、体積積分に基づく式と面積分に基づく式の2種類あるが、埋込磁石モータの場合は、一般に回転子の磁気回路が複雑になるため、体積積分から求める方法ではトルクの計算が煩雑になる。したがって、ここでは次の面積分に基づくトルク式を用いる。

$$\tau_m = \int_S r_o H_\theta B_r dS$$
$$= \frac{n_\theta}{2\pi} \sum_{j=1}^{n_\theta} f_{s\theta j} \phi_{srj} \quad \cdots\cdots\cdots\cdots (8\text{-}48)$$
$$= \frac{180}{2\pi} (f_{s\theta 1}\phi_{sr1} + f_{s\theta 2}\phi_{sr2} + \cdots + f_{s\theta 180}\phi_{sr180})$$

また、図8-40に示すように、この埋込磁石モータは回転子表面に0.5[mm]の非常に薄い鉄心層があることから、この層の各要素の起磁力

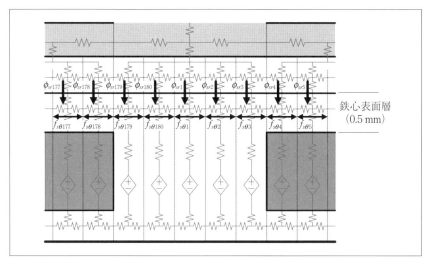

〔図 8-40〕トルク計算に用いる鉄心表面層の各要素の起磁力と磁束

$f_{s\theta j}$[A] と磁束 ϕ_{srj}[Wb] を (8-48) 式のトルク計算に用いる。

図 8-41 に、埋込磁石モータの電気－磁気－運動連成解析モデルを示す。最近の永久磁石モータは、PWM インバータの電流ベクトル制御によって、速度やトルクが制御されるのが一般的である。同図の連成モデルは、3 相電流源を入力として用いており、上述のように入力電流が正弦波かつ電流位相が適切に制御され、モータが一定速度で駆動されている場合のトルクやモータ内部の磁束分布の計算に適する。

図 8-42 に、モータ入力端子を開放し、外部から回転子を一定速度で駆動したときの誘起電圧特性を示す。比較のため、有限要素法（FEM）よる算定結果も示す。この図を見ると、両手法の計算結果はほぼ一致していることがわかる。図 8-43 は、回転速度 3000[min^{-1}] のときの無負荷誘起電圧波形である。この図より、波形レベルでも精度よく算定できることが了解される。

図 8-44 に、巻線電流対トルク特性の計算結果を示す。このときの回転速度は 3000[min^{-1}] である。この図を見ると、トルクの算定精度も高く、磁気飽和に伴ってトルクの上昇が鈍化する傾向も計算できている。図

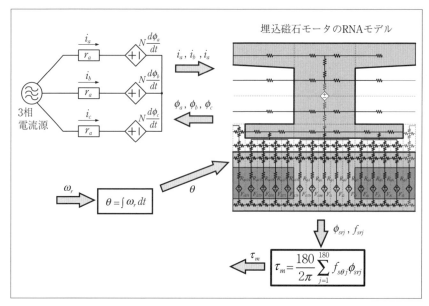

〔図 8-41〕埋込磁石モータの電気-磁気-運動連成モデル

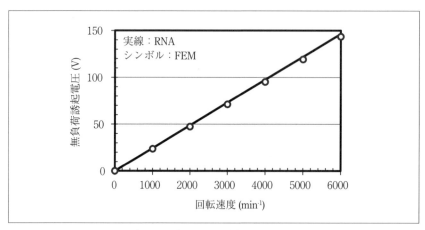

〔図 8-42〕無負荷誘起電圧特性

8-45 は、巻線電流が 10[A] のときのトルクの計算波形である。スロット高調波に起因するトルクの脈動についても、比較的精度よく計算できることがわかる。

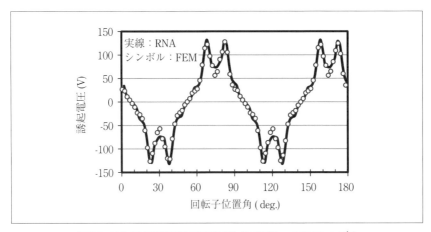

〔図 8-43〕無負荷誘起電圧波形（回転数：3000[min^{-1}]）

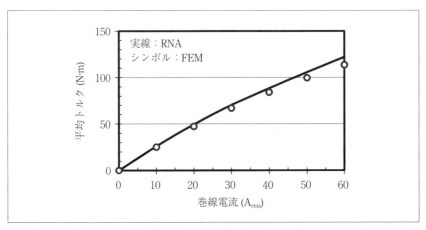

〔図 8-44〕巻線電流対トルク特性

◆第8章 リラクタンスネットワークによる永久磁石モータの解析

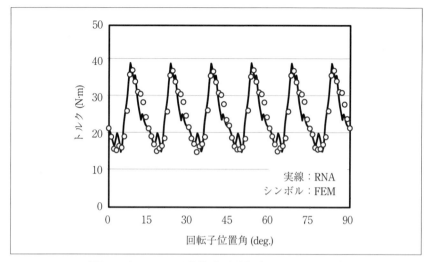

〔図8-45〕トルクの計算波形（巻線電流：10[A_{rms}]）

8-4 まとめ

以上、RNAに基づく各種永久磁石モータの解析事例について述べた。永久磁石モータのRNAモデルにおいて、回転子の回転運動を模擬するには、表面磁石モータの場合は磁石起磁力を回転子位置角の関数で表せばよい。一方、埋込磁石モータの場合は、回転子位置角によって、永久磁石や鉄心に変化する要素が存在するため、起磁力に加えて磁気抵抗も回転子位置角の関数で表す必要がある。なお、磁石起磁力の変化は一般に方形波のようになるが、これをフーリエ級数を用いずに表すことができる関数についても紹介した。

また、分布巻の場合の巻線電流起磁力の配置については、コイルが施されている複数の極とスロットのすべてに対して、巻線の巻数と電流の積で決まる同じ大きさの起磁力を配置すればよいことを示した。

永久磁石モータは様々な巻線配置や回転子構造を有するが、RNAを用いることで、それらのモータの特性を精度よく算定できることが示された。

参考文献

1) Kenji Nakamura, Kenichi Saito, Osamu Ichinokura：Dynamic Analysis of Interior Permanent Magnet Motor Based on a Magnetic Circuit Model, IEEE Transactions on Magnetics, **39**, 3250 (2003)
2) 松下悟史、長尾寛己、中村健二、一ノ倉理：SPICE のための分布巻 BLDCM の磁気回路モデル、日本応用磁気学会誌、**27**、538 (2003)
3) 齋藤憲一、中村健二、一ノ倉理：磁気回路法に基づいた埋込磁石同期モータの動的解析、日本応用磁気学会誌、**28**、615 (2004)
4) Kenji Nakamura, Kenichi Saito, Tadaaki Watanabe, Osamu Ichinokura：A new nonlinear magnetic circuit model for dynamic analysis of interior permanent magnet synchronous motor, Journal of Magnetism and Magnetic Materials, **290-291**, 1313 (2005)
5) Hiroki Goto, Hai-Jiao Guo, Osamu Ichinokura：A New Magnetic Matrix Model of IPMSM, The 36th Annual Conference of the IEEE Industrial Electronics Society (IECON 2010), 2201 (2010)
6) 鈴木邦彰、中村健二、一ノ倉理：可変起磁力と可変磁気抵抗を用いた IPM モータの RNA モデル、日本磁気学会誌、**35**、281 (2011)

第9章
電気—磁気回路網によるうず電流解析

一般的な鉄心材料である電磁鋼板はうず電流損を低減するために、薄い鋼板を絶縁して重ねあわせた積層構造を有するため、積層方向のうず電流分布を無視することがでる。一方で、バルク体に発生するうず電流は、うず電流の分布を考慮した計算を行う必要がある。本章では、電気－磁気回路網によるうず電流の分布まで考慮したうず電流損の算定方法について説明する。

９－１　電気－磁気回路によるうず電流解析の基礎

　図9-1（a）に示す導体板を有する角形鉄心を用いて磁気インダクタンスの導出法について説明する。同図では、巻数 N のコイルが巻かれた角形鉄芯に導体板が挟まれており、コイルには電流 i[A] が流れている。このとき、鉄心を流れる磁束を計算する磁気回路と導体を流れるうず電流を計算する電気回路は同図（b）のようになる。ここで、Ni[A] は磁気回路における起磁力、R_m[A/Wb] は鉄心の磁気抵抗、R_{mc}[A/Wb] は導体の磁気抵抗、ϕ[Wb] は鉄心を流れる磁束、r_{ed}[Ω] はうず電流路における導体板の電気抵 i_{ed}[A] は導体板を流れるうず電流である。導体板を流れるうず電流は、鉄心を流れる磁束の時間微分と導体板の電気抵抗から計算でき、次式で表される。

$$i_{ed} = \frac{1}{r_{ed}}\frac{d\phi}{dt} \quad\quad\quad (9\text{-}1)$$

この導体板に発生するうず電流 i_{ed} が、同図に示すように磁気回路における反作用磁界の起磁力となるため、磁気回路と電気回路を連成解析することで、反作用磁界を考慮した計算が可能となる。

　一方で、導体板のうず電流 i_{ed} と鎖交する磁束 ϕ の関係は（3-12）式で簡単に求まるため、磁気回路における起磁力 Ni と磁束 ϕ の間には次の関係が成立する。

$$Ni = (R_m + R_c)\phi + \frac{1}{r_{ed}}\frac{d\phi}{dt} \quad\quad\quad (9\text{-}2)$$

♦第9章　電気―磁気回路網によるうず電流解析

(9-2)式において、右辺第2項は磁束の時間変化量によって発生する反作用磁界を表しており、$1/r_{ed}$ を L_m[S] に置き換えると、(9-2)式は次式に置き換えることができる。

$$Ni = (R_m + R_c)\phi + L_m \frac{d\phi}{dt} \quad\quad\quad (9\text{-}3)$$

ここで、L_m は反作用磁界の強さを表す素子であり、本書では磁気イン

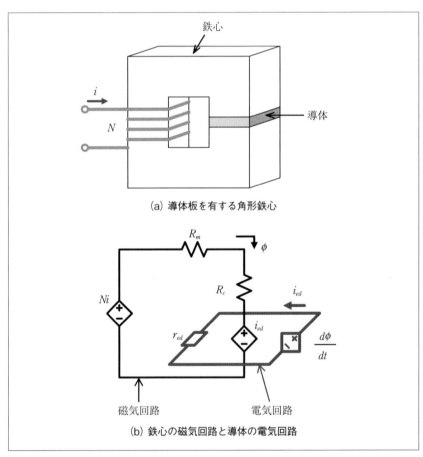

〔図9-1〕導体板を有する角形鉄心の電気―磁気回路

ダクタンスと呼ぶことにする。

図9-2に(9-3)式が表す磁気回路を示す。このように、磁気インダクタンスを用いることで、電気回路を用いずに反作用磁界を考慮した磁気回路モデルを作成することができる。

9－2　電気回路網の導出

図9-3(a)に解析対象である導体の分割図を示す。分割した各要素を同図(b)に示すような、x軸方向の電気抵抗r_xとz軸方向の電気抵抗$r_z[\Omega]$に置き換える。この図に示すように、$r_x[\Omega]$は電流路が$\Delta X[\mathrm{m}]$、断面積$A_x[\mathrm{m}^2]$が$\Delta Z/2 \times Y$となるので、電気抵抗率$\rho[\Omega \cdot \mathrm{m}]$を用いて、次式で与えることができる。

$$r_x = \rho \frac{2\Delta X}{\Delta ZY} \quad \cdots\cdots\cdots\cdots\cdots\cdots\cdots\cdots\cdots\cdots\cdots\cdots\cdots\cdots\cdots\cdots\cdots \quad (9\text{-}4)$$

同様に、z軸方向の電気抵抗$r_z[\Omega]$は、電流路が$\Delta Z[\mathrm{m}]$、断面積$A_z[\mathrm{m}^2]$が$\Delta X/2 \times Y$であることから、次式で与えられる。

$$r_z = \rho \frac{2\Delta Z}{\Delta XY} \quad \cdots\cdots\cdots\cdots\cdots\cdots\cdots\cdots\cdots\cdots\cdots\cdots\cdots\cdots\cdots\cdots\cdots \quad (9\text{-}5)$$

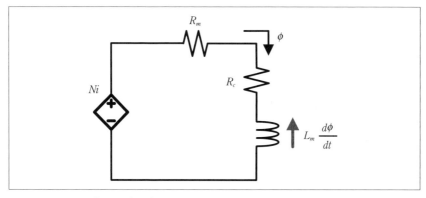

〔図9-2〕磁気インダクタンスを用いた磁気回路

また、隣接する要素が存在する場合、図9-4に示すように、隣り合う2つの電気抵抗が並列接続されると考えることができ、抵抗値は半分の値となる。

誘導起電力は、各要素を貫く磁束の時間微分から求めることができる。以下では、電気回路網モデルの各枝に与える起電力について説明する。

図9-5 (a) に示すように、分割した要素のうちk番目の要素のみに、y軸方向に磁束密度B_{yk}[T]の磁束が流れた場合を考える。この磁束密度

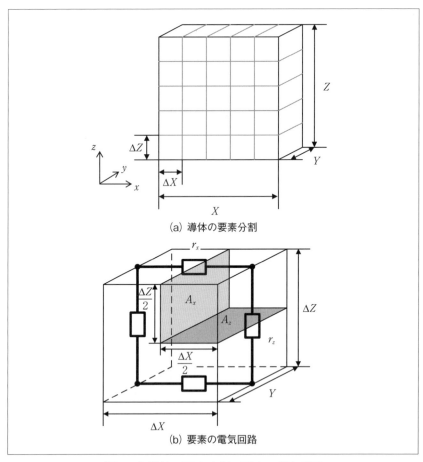

〔図9-3〕導体の要素分割と要素の電気回路

B_{yk} の時間変化によって誘起される電圧 e_k[V] は、次式で与えられる。

$$e_k = -\frac{\partial B_{yk}}{\partial t}\Delta X \Delta Z \quad \cdots\cdots\cdots\cdots\cdots\cdots\cdots\cdots\cdots\cdots\cdots\cdots (9\text{-}6)$$

ここで、図9-5（b）に示すように、この e_k による導体中の等電位線が k 番目の要素の中心から放射状の直線で近似できると仮定する。このとき、同図中の2つの節点A、B間の電位差は、以下のようにして求めることができる。

まず、基準となる等電位線を同図に示すように定める。このとき節点Aを通る等電位線と基準となる等電位線とがなす角を θ_A[rad] とする。節点Aを通る等電位線の電位 V_A[V] は、基準となる等電位線の電位を0Vとすれば、次式で表される。

$$V_A = e_k \frac{\theta_A}{2\pi} \quad \cdots\cdots\cdots\cdots\cdots\cdots\cdots\cdots\cdots\cdots\cdots\cdots\cdots\cdots (9\text{-}7)$$

同様に節点Bを通る等電位線と基準の等電位線とがなす角を θ_B[rad] とすれば、節点Bを通る等電位線の電位 V_B[V] は、

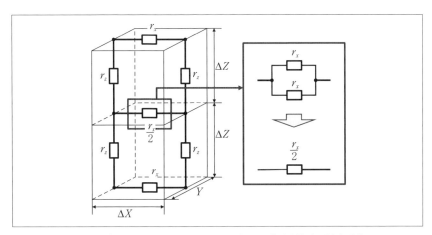

〔図9-4〕隣接する要素がある場合の電気抵抗（x 軸方向）

$$V_B = e_k \frac{\theta_B}{2\pi} \quad \cdots\cdots\cdots\cdots\cdots\cdots\cdots\cdots\cdots\cdots\cdots\cdots\cdots\cdots\cdots\cdots \quad (9\text{-}8)$$

で表される。したがって、節点 A、B 間の電位差 V_{AB}[V] は V_B と V_A の差で求めることができ、

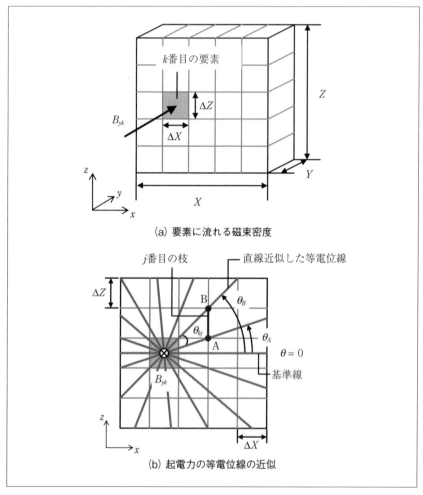

(a) 要素に流れる磁束密度

(b) 起電力の等電位線の近似

〔図9-5〕各枝に与える起電力の求め方

$$V_{AB} = e_k \frac{\theta_B - \theta_A}{2\pi} \quad \cdots\cdots\cdots\cdots\cdots\cdots\cdots\cdots \quad (9\text{-}9)$$

となる。以上のことから、j番目の枝の両端の節点とk番目の要素の中心とがなす角をθ_{kj}[rad]とすれば、k番目の要素の磁束B_{yk}によって、j番目の枝に誘起される電圧V_{kj}[V]は、次式で与えることができる。

$$V_{kj} = e_k \frac{\theta_{kj}}{2\pi} \quad \cdots\cdots\cdots\cdots\cdots\cdots\cdots\cdots \quad (9\text{-}10)$$

なお、各枝に誘起される電圧は、各々の要素に流れるすべての磁束によって生じる起電力の和で与えられることから、最終的に各枝に誘起される電圧V_j[V]は、次式で表される。

$$V_j = \sum_{k=1}^{K} e_k \frac{\theta_{kj}}{2\pi} \quad \cdots\cdots\cdots\cdots\cdots\cdots\cdots\cdots \quad (9\text{-}11)$$

以上のように求めた電気抵抗と誘導起電力をすべての枝に与えることで、図9-6に示す電気回路網モデルが導出される。

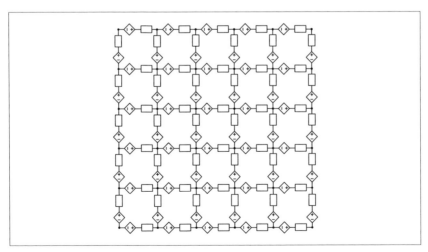

〔図9-6〕うず電流分布の算定するための電気回路網モデル

次に、うず電流の分布を考慮した、反作用磁界を考慮するために磁気回路網に与える磁気インダクタンスの導出法を以下に述べる。

図9-7に、k番目の要素の磁束密度B_{yk}によって発生した各枝のうず電流を示す。これらの各枝に流れる枝電流は、反作用磁界として磁気回路の起磁力を与える。したがって、j番目の枝に流れる電流i_{kj}[A]によるk番目の要素の起磁力F_{kj}[A]は、次式で与えることができる。

$$F_{kj} = i_{kj} \frac{\theta_{kj}}{2\pi} \quad \cdots\cdots (9\text{-}12)$$

最終的に、k番目の要素の起磁力F_k[A]はすべての枝電流の影響を受けるため、次式で表される。

$$F_k = \sum_{j=1}^{J} i_{kj} \frac{\theta_{kj}}{2\pi} \quad \cdots\cdots (9\text{-}13)$$

一方、k番目の要素の磁束密度B_{yk}によって発生したうず電流により、k番目以外にも起磁力が生じる。したがって、n番目の要素（$n \neq k$）の起磁力F_n[A]は、(9-13)式と同様に次式で与えられる。

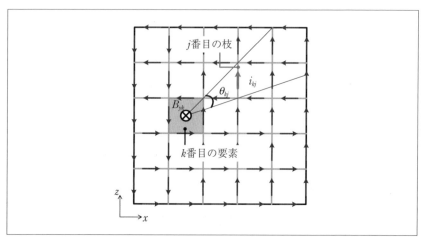

〔図9-7〕k番目の要素に鎖交する磁束で発生する枝電流

$$F_n = \sum_{j=1}^{J} i_{kj} \frac{\theta_{nj}}{2\pi} \quad \cdots\cdots\cdots\cdots\cdots\cdots\cdots\cdots\cdots\cdots\cdots\cdots\cdots\cdots\cdots\cdots\cdots\cdots\cdots\cdots (9\text{-}14)$$

ここで、i_{kj} と $e_k(=d\phi/dt)$ は比例関係にあるため、F_k と e_k の関係を示す比例定数を L_{mk}[S]、F_n と e_k の関係を示す比例定数を M_{mkn}[S] とすると、(9-13) 式および (9-14) 式は次のように置き換えることができる。

$$F_k = L_{mk} e_k \quad \cdots\cdots\cdots\cdots\cdots\cdots\cdots\cdots\cdots\cdots\cdots\cdots\cdots\cdots\cdots\cdots\cdots\cdots\cdots\cdots (9\text{-}15)$$
$$F_n = M_{mkn} e_k \quad \cdots\cdots\cdots\cdots\cdots\cdots\cdots\cdots\cdots\cdots\cdots\cdots\cdots\cdots\cdots\cdots\cdots\cdots\cdots (9\text{-}16)$$

したがって、(9-15) 式および (9-16) 式の比例定数 L_{mk}、M_{mkn} を磁気インダクタンスとして磁気回路に挿入することにより、うず電流の分布がある場合でも、反作用磁界を考慮した磁束の計算が可能となる。

9－3　電気－磁気回路網によるうず電流損の算定例

図 9-8 に解析および実験に用いたモデルの諸元を示す。励磁コイルおよびサーチコイルが巻かれたU字鉄心の一方の脚に、縦 35[mm]、横 25[mm]、厚さ 1[mm] のアルミニウム板が挟まれており、励磁コイルから発生する交番磁界によって、アルミニウム板にはうず電流が生じる。以下、前項で述べたうず電流分布を考慮可能な磁気回路網モデルの導出法について述べる。

まずうず電流の分布を計算するために、アルミニウム板を複数の要素に分割する。図 9-9 (a) に、磁気回路網に基づくアルミニウム板の分割例を示す。この図では、アルミニウム板は x 軸方向、z 軸方向にそれぞれ 3 分割されている。うず電流による反作用磁界を考慮するために、磁気インダクタンスを用いる。図 9-9 (a) のアルミニウム板における 3 番目の要素の磁気回路を同図 (b) に示す。この図において、ϕ_3[Wb] は 3 番目の要素に流れる磁束、R_{c3}[A/Wb] は要素の磁気抵抗、L_{m3}[S] は 3 番目の要素に流れる磁束で発生する反作用磁界を表す磁気インダクタンス、M_{mn3}[S] は n 番目 ($n \neq 3$) の要素に流れる磁束で発生する反作用磁界を示す磁気インダクタンスである。上述のように、導体の分割を行い、

◆第9章 電気—磁気回路網によるうず電流解析

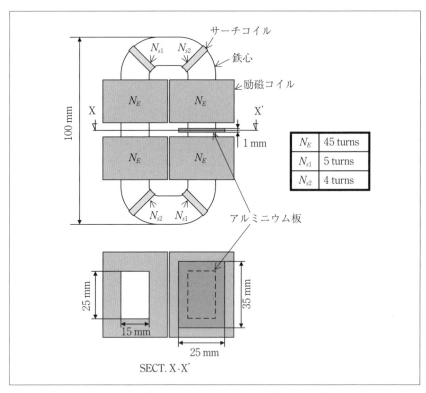

〔図9-8〕解析および実験モデルの形状と諸元

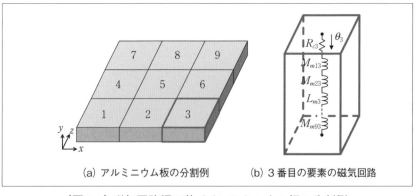

(a) アルミニウム板の分割例　　(b) 3番目の要素の磁気回路

〔図9-9〕磁気回路網に基づくアルミニウム板の分割例

前項で述べた磁気インダクタンスを計算し、磁気回路網モデルに挿入すれば、反作用磁界を考慮した磁気回路網モデルを導出することができる。
　図 9-10 に、磁気回路網に基づくアルミニウム板の実際の分割を示す。うず電流の分布を考慮するため、アルミニウム板は x 軸方向に 10 分割、z 軸方向に 14 分割した。図 9-11 に、磁気回路網モデルの全体図を示す。図中の N_{Ei}[A] は巻線電流起磁力であり、ϕ[Wb] は鉄心流れる磁束、R_m[A/Wb] は鉄心の磁気抵抗、R_{mL}[A/Wb] はアルミニウム板周辺の漏れ磁気抵抗である。
　図 9-12 に、導出した磁気回路網モデル用いて、振幅 10[A]、周波数 200[Hz] の電流を励磁コイルに流した場合のアルミニウム板に生じるうず電流密度分布を示す。この図を見ると、提案する磁気回路網モデルによってうず電流の分布が計算できていることがわかる。図 9-13 に、同

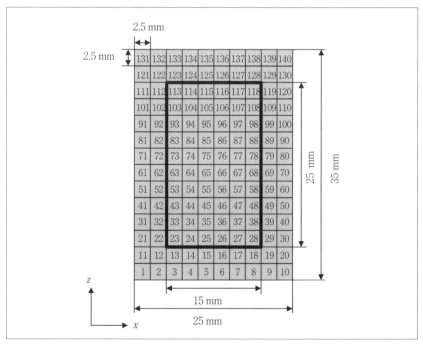

〔図 9-10〕磁気回路網に基づくアルミニウム板の分割

条件でのアルミニウム板を通過する磁束密度波形を示す。この波形を見ると、アルミニウム板中心部の要素（要素番号75番）は、外側の要素（要素番号23番）よりも反作用磁界の影響を強く受けるため、振幅が減少し、位相が遅れているのがわかる。

図9-14に、振幅10[A]、周波数50[Hz]および200[Hz]の電流を励磁コイルに流した場合のヒステリシスループの計算結果を示す。このヒステリシス曲線で囲まれる面積が、交流一周期ごとに発生する損失エネルギ

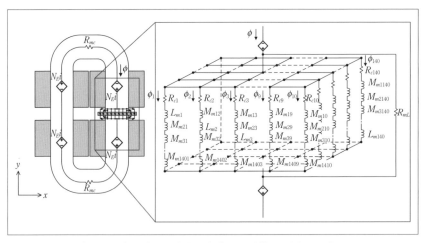

〔図9-11〕反作用磁界を考慮した磁気回路網モデル

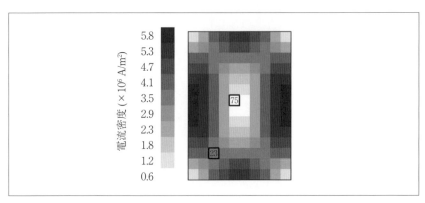

〔図9-12〕電気回路網によって得られたうず電流密度分布

ーである。この図を見ると、周波数が高いと、ヒステリシスループの幅が大きくなり、損失は増加するが、鉄心に流れる磁束は、反作用磁界の影響が大きくなるため、逆に減少していることがわかる。本磁気回路網モデルは鉄心に発生する鉄損を無視して計算しているため、アルミニウム板に発生するうず電流損 W_E[W] は、次式で求めることができる。

$$W_E = \frac{1}{T}\int_0^T N_E i d\phi \quad \cdots\cdots\cdots\cdots\cdots\cdots\cdots\cdots\cdots\cdots\cdots (9\text{-}17)$$

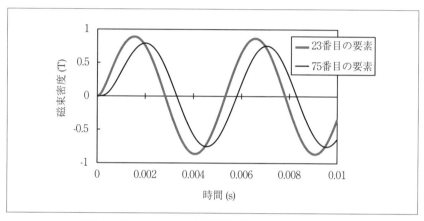

〔図9-13〕アルミニウム板を通過する磁束密度波形

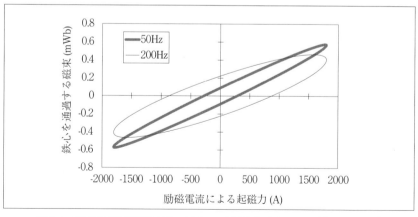

〔図9-14〕磁気回路網モデルによって得られたヒステリシスループ

次いで、導出した磁気回路網モデルの妥当性を検証するために、3次元有限要素法および実験との比較・検討を行った。また、併せて導体に発生するうず電流損の低減方法として、導体を複数に分割し、うず電流経路を断ち切ることで、導体に発生するうず電流損を低減できることが知られている。この導体を分割した効果についても、提案手法で算定可能であることを確認するため、分割なしのアルミニウム板と2分割したアルミニウム板を用いて解析と実験を行った。図9-15に、実験システムの構成を示す。励磁電圧 v_E[V]、励磁電流 i_E[A] およびサーチコイルの誘起電圧 v_S[V] をパワーメータで計測した。鉄心で発生する鉄損とアルミニウム板で発生するうず電流損の和として、全損失 W_I[W] は次式で与えられる。

$$W_I = \frac{N_E}{N_S} \frac{1}{T} \int_0^T v_S i_E dt \quad \cdots\cdots\cdots (9\text{-}18)$$

アルミニウム板に発生するうず電流損のみを分離するため、アルミニウム板を除き、鉄心に発生する鉄損 W_C[W] の測定も行った。これにより、

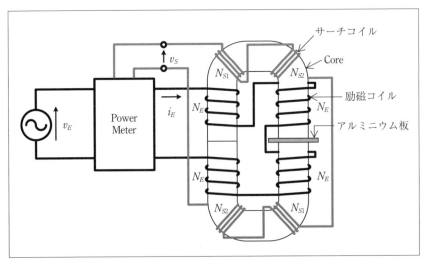

〔図9-15〕実験システムの構成

アルミニウム板に発生するうず電流損 W_E[W] は次式で求めることができる。

$$W_E = W_I - W_C \qquad (9\text{-}19)$$

図 9-16 に、分割なしのアルミニウム板を U 字鉄心に挟み、振幅 6.9[A]、周波数 50[Hz] の励磁電流を流したときのヒステリシスループを示す。実験で得られたヒステリシスループは鉄心の鉄損を含んでいるが、鉄心で発生する鉄損は全損失の 6.7[%] と小さい。この図を見ると、提案する磁気回路網モデルにより、うず電流損を精度よく計算できていることが了解される。

図 9-17 に、周波数 50[Hz] で励磁した場合のサーチコイル誘起電圧対うず電流損特性を示す。同図 (a) は、分割なしのアルミニウム板を使用した結果であり、同図 (b) は 2 分割のアルミニウム板を用いた結果である。この図を見ると、磁気回路網モデルにより計算したうず電流損と、3 次元有限要素法の計算値および実測値は概ね一致していることがわかる。さらに、提案手法によって、アルミニウム板の分割効果も考慮できていることがわかる。

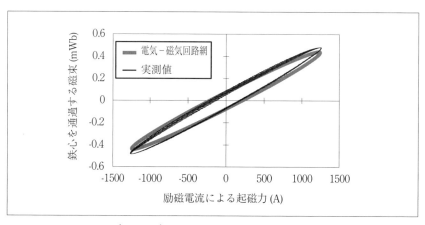

〔図 9-16〕ヒステリシスループの比較

◆第9章 電気―磁気回路網によるうず電流解析

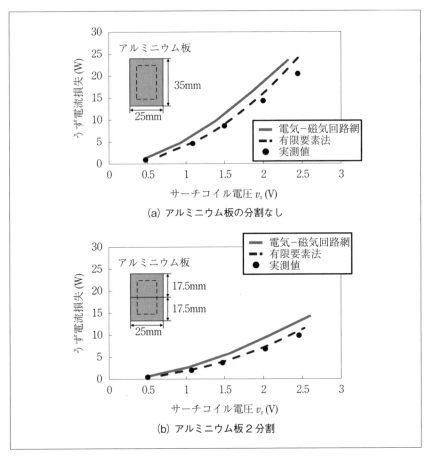

〔図9-17〕アルミニウム板のうず電流損比較

9-4 永久磁石モータの磁石うず電流損解析
9-4-1 永久磁石モータの諸元と磁気回路網モデルの導出

図9-18に考察に使用した集中巻表面磁石モータの形状および諸元を示す。本モータの固定子スロット数は12で、回転子磁石の極数は10である。固定子直径は73.5[mm]、回転子直径は32.4[mm]、ギャップ長は0.7[mm]である。固定子および回転子の積層長は64[mm]であり、材質は無方向性電磁鋼板（35A300）である。固定子には1スロットあたり37

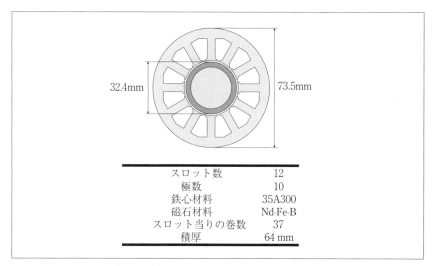

〔図 9-18〕表面磁石モータの形状と諸元

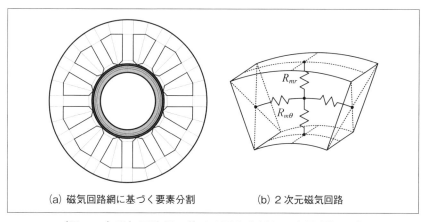

(a) 磁気回路網に基づく要素分割　　(b) 2 次元磁気回路

〔図 9-19〕磁気回路網に基づく要素分割と 2 次元磁気回路

ターンの巻線が施してある。永久磁石の材質は Nd-Fe-B であり、保磁力 H_c は 920kA/m、リコイル比透磁率 μ_r はそれぞれ 1.038 である。以下では、表面磁石モータの 2 次元磁気回路網モデルの導出方法について述べる。

　まず、図 9-19 (a) に示すように、表面磁石モータの磁束の流れを勘案して複数の要素に分割する。ステータ極先端部は周方向に 3 分割し、ギ

ャップから磁石にかけては周方向に1度毎に分割した。また、磁石は径方向に3分割した。分割した要素は、それぞれ同図 (b) に示すような2次元方向の4つの磁気抵抗で表す。これらの磁気抵抗は要素の磁気特性と要素寸法から定めることができる。ここで、本 SPM モータの動作磁束密度は1.3T 程度であることから、鉄心の磁気飽和は生じないものとし、鉄心の比透磁率 μ_s は 3000 とした。また、回転子ヨーク部の磁気抵抗は、磁石の磁気抵抗と比べて十分に小さいため、無視できるものとした。

鉄心の磁気抵抗 R_m は、要素の断面積 S_c[m^2]、磁路長 l[m]、鉄心の比透磁率 μ_s、真空の透磁率 μ_0[H/m] を用いて次式で与えられる。

$$R_m = \frac{l}{\mu_s \mu_0 S_c} \quad\cdots\cdots\cdots\cdots\cdots\cdots\cdots\cdots\cdots\cdots\cdots\cdots (9\text{-}20)$$

本モータの巻線方式は集中巻であることから、巻線電流による起磁力 NI[A] は各ティースに配置する。また、磁石による起磁力 F_m[A] および磁石の磁気抵抗 R_{mag}[A/Wb] は、磁石の特性からそれぞれ次式で与えられる。

$$F_m = H_c l_m \quad\cdots\cdots\cdots\cdots\cdots\cdots\cdots\cdots\cdots\cdots\cdots\cdots\cdots\cdots (9\text{-}21)$$

$$R_{mag} = \frac{l_m}{\mu_r \mu_0 S_m} \quad\cdots\cdots\cdots\cdots\cdots\cdots\cdots\cdots\cdots\cdots\cdots (9\text{-}22)$$

ここで、l_m[m] と S_m[m^2] は磁石の磁路長と断面積である。なお、磁石起磁力の向きは極数が 10 極であることから、(9-21) 式で表される起磁力を 36 度毎に正負が入れ替わるように配置すればよい。

以上のように導出したティース1本分の磁気回路網モデルを図 9-20 に示す。表面磁石モータは磁石形状が周方向に対して常に同形状であるため、このモデルを周方向に 360 度展開すれば、本表面磁石モータのフルモデルが完成する。なお、本モデルはスロット数と極数の組み合わせ（スロットコンビネーション）から周期的に分割ができないため、フルモデルで解析を行う。なお、本磁気回路網モデルの要素数は 1824 となった。

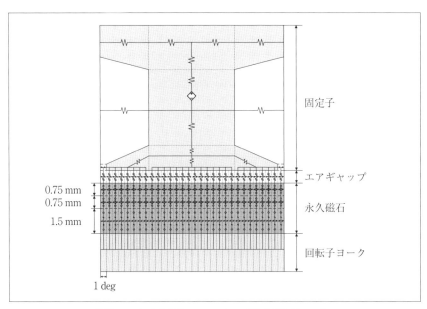

〔図 9-20〕表面磁石モータの磁気回路網モデル

9－4－2　回転子運動の取り扱い

　磁気回路網において回転子の回転運動を考慮するためには、磁気回路における回路パラメータを回転子位置角の関数とするか、あるいは回路の接続を回転運動に伴い変化させる必要がある。以下では、回転子磁石を鎖交する磁束を直接計算可能な、後者のモデリング手法について述べる。なお、本手法は回路網の計算に閉路解析を用いており、閉路解析に基づく回路網の解析方法は付録 A で説明する。

　図 9-21 に固定子─回転子間ギャップ部の磁気回路の拡大図を示す。図中の $G_{st1} \sim G_{st3}$ はステータ側の磁束ループであり、$G_{rt1} \sim G_{rt3}$ は回転子側の磁束ループを示している。この磁束ループを計算するための磁気抵抗行列について考える。図 9-22 は上記 6 つの磁束ループに対応する磁気抵抗行列である。R_g[A/Wb] はギャップ周方向の磁気抵抗、R_{Gstn}[A/Wb] は固定子側の n 番目の磁束ループの総磁気抵抗、R_{Gstnm}[A/Wb] は固定子側の隣接する n 番目のループと m 番目のループで共有する磁気抵抗、

R_{Grtn}[A/Wb] は回転子側の n 番目の磁束ループの総磁気抵抗、R_{Grtnm}[A/Wb] は回転子側の隣接する n 番目のループと m 番目のループで共有する磁気抵抗である。

図中の太線枠で囲まれた領域が固定子側の磁束ループを示し、細線枠

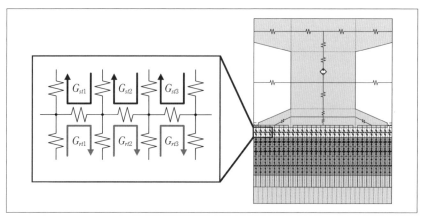

〔図 9-21〕ギャップ部の磁気回路

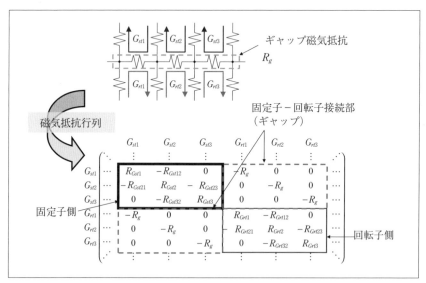

〔図 9-22〕ギャップ部の磁気抵抗行列

で囲まれた領域が回転子側の磁束ループを示し、破線枠で囲まれた領域が固定子―回転子間の接続を示している。

　ここで、回転子が回転して回転子の磁気回路が要素1つ分移動した場合を考える。図9-23に回転子が要素1つ分移動したときの磁気回路行列を示す。この図を見ると、固定子側の磁気抵抗行列および回転子側の磁気抵抗行列は回転による変化はなく、ギャップ部の磁気抵抗 R_g だけが回転子の移動に応じて1列ずつ移動しているのがわかる。したがって、回転子の回転に伴い、ギャップ部の磁気抵抗だけを移動させることで回転運動が表現できることが了解される。

　磁気回路網の計算精度を調べるために、磁気回路網で計算した磁束波形について2次元有限要素法の計算結果と比較を行った。図9-24 (a) に無負荷時、同図 (b) に入力電流が5[A]のときのコイル鎖交磁束の算定結果を示す。回転数は3000[min^{-1}]である。この図を見ると、磁気回路網で算定した各相のコイル鎖交磁束は、有限要素法の計算結果と良好に

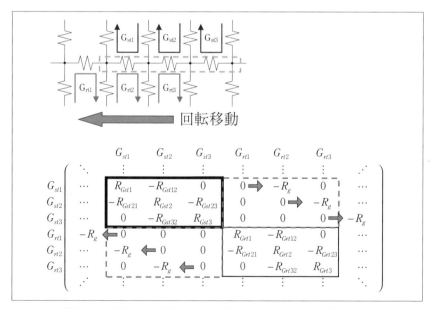

〔図9-23〕回転子が要素1つ分移動したときの磁気抵抗行列

一致していることがわかる。

9-4-3 磁石うず電流損の解析結果

永久磁石に発生するうず電流損を求めるために、まず、9-2節と同じ要領で永久磁石の電気回路網モデルを導出する。図9-25 (a) に磁石1極分の電気回路網のための磁石分割を示す。周方向、径方向の分割は磁気回路網モデルに合わせて、それぞれ36分割と3分割しており、軸

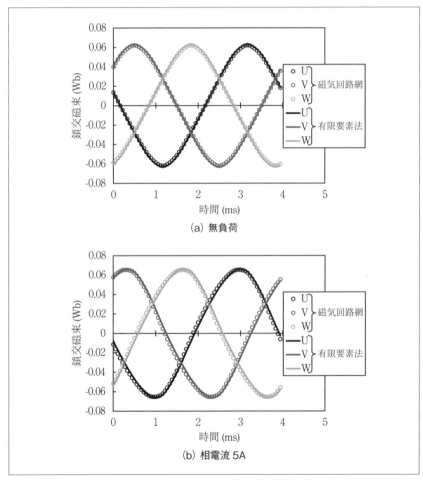

〔図9-24〕コイル鎖交磁束波形の比較

方向には4分割した。同図(b)に導出した磁石径方向1層分の電気回路網モデルを示す。電気回路網の抵抗値はネオジム磁石の抵抗率として 1.16×10^{-6}[Ωm] を用いた。

図9-26に電気－磁気回路網の連成方法を示す。まず、磁気回路網で磁石を鎖交する磁束密度波形を計算し、得られた波形を時間微分することで、誘導起電力を求める。この誘導起電力を電気回路網に与えることで、磁石に流れるうず電流を計算することができる。

図9-27に回転数が3000[min^{-1}]、無負荷の条件で提案手法により計算し

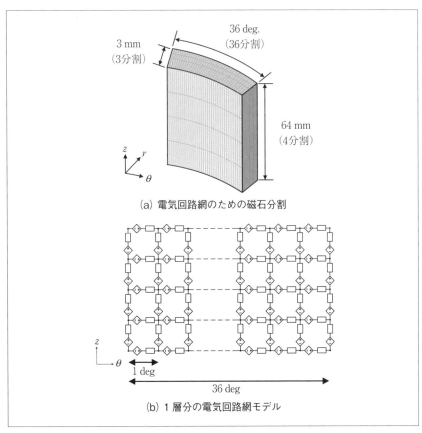

〔図9-25〕磁石分割と電気回路網モデル

た磁石のうず電流損波形を示す。磁石を径方向に3分割したため、各層の波形を示しており、外側から第1層、2層、3層となっている。この図を見ると、磁石表面の第1層目の損失が大きくなっているのがわかる。

提案手法の妥当性を示すために、3次元有限要素法との比較検討を行

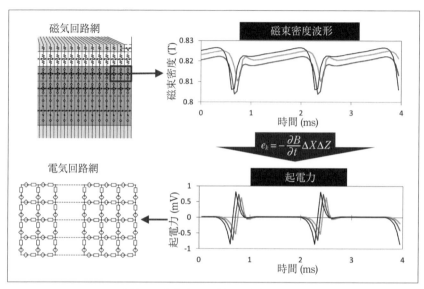

〔図9-26〕電気―磁気回路網の連成

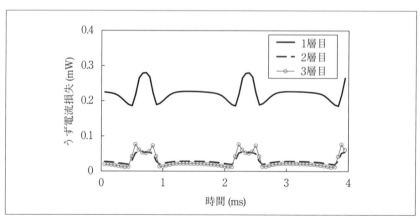

〔図9-27〕磁石のうず電流損波形

った。

　図 9-28 (a) に回転数が 3000[min^{-1}] で非通電、同図 (b) に同じ回転数で振幅が 5[A] の正弦波電流をモータに入力したときの磁石 1 極に発生するうず電流損波形を示す。この図を見ると、提案手法の磁石うず電流損の算定結果は 3 次元有限要素法の計算結果と概ね一致しているのがわかる。

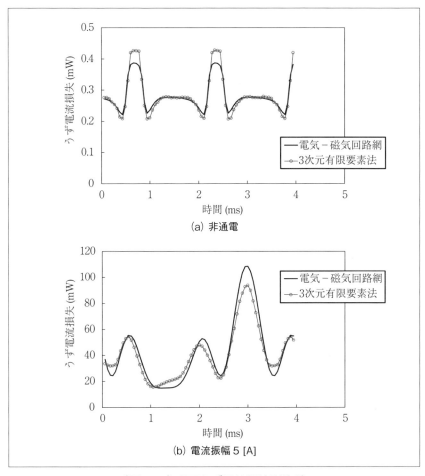

〔図 9-28〕磁石うず電流損波形比較

磁石に発生するうず電流損は、鎖交する磁束の振幅と周波数に依存するため、モータに入力する電流や回転数によって変化する。電流や回転数が変化した場合の磁石うず電流損の変化を調べるために、提案手法並びに、3次元有限要素法を用いて解析を行った。

　図9-29に電流振幅を2.5Aから10Aまで、回転数を3000[min^{-1}]から9000[min^{-1}]まで変化させたときの、うず電流損計算結果を示す。うず電流損の値は、10極すべての磁石に発生するうず電流損の合計値である。この図を見ると、磁石うず電流損は、電流振幅と回転数に大きく依存しているのがわかる。相電流振幅10[A]に注目すると、回転数が3000[min^{-1}]から9000[min^{-1}]になると磁石うず電流損は回転数比の二乗に比例し、約9倍となっている。同様に9000[min^{-1}]の相電流振幅2.5[A]と10[A]のときのうず電流損を比較すると、電流比の二乗の約16倍となった。また、提案手法の算定結果は3次元有限要素法の計算結果とよく一致していることが了解される。

9-5　まとめ

　以上、反作用磁界を考慮した電気－磁気回路網によるうず電流の解析手法、うず電流の分布を考慮するための電気回路網の導出方法を述べる

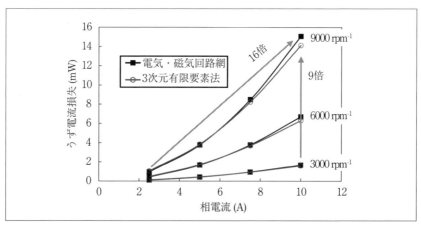

〔図9-29〕磁石うず電流損計算結果

とともに、表面磁石モータを例に磁石うず電流損の算定を行い有限要素法による算定結果と比較を行った。

　反作用磁界の強さを示す素子として磁気インダクタンスを用いることで、うず電流によって発生する反作用磁界を考慮した計算が実現できる。また、うず電流の分布を考慮する場合は、解析対象の導体を複数の要素に分割し、電気回路網として計算すればよい。電気－磁気回路網によるアルミニウム板のうず電流損の算定結果は、実測値および有限要素法による算定結果と概ね良好に一致した。同様に、本手法による表面磁石モータの磁石うず電流損の算定結果も有限要素法の算定結果と一致し、複雑なうず電流の分布を考慮した損失算定が可能であることが確認された。

参考文献

1) Yukihiro Yoshida, Kenji Nakamura, Osamu Ichinokura：A Method for Calculating Eddy Current Loss Distribution Based on Reluctance Network Analysis, IEEE Transactions on Magnetics, **47**, 4155 (2011)
2) 吉田征弘、中村健二、一ノ倉理：RNAのための渦電流計算手法に関する考察、日本磁気学会誌、**35**、399 (2011)
3) Yukihiro Yoshida, Kenji Nakamura, Osamu Ichinokura：Consideration of Eddy Current Loss Estimation in SPM Motor Based on Electric and Magnetic Networks, IEEE Transactions on Magnetics, **48**, 3108 (2012)
4) 吉田征弘、中村健二、一ノ倉理：RNAによる反作用磁界まで考慮した渦電流損分布の算定法、日本磁気学会誌、**36**、127 (2012)
5) Y. Yoshida, K. Nakamura, O. Ichinokura：Eddy Current Loss Calculation in Permanent Magnet of SPM Motor Including Carrier Harmonics Based on Reluctance Network Analysis, Journal of the Magnetics Society of Japan, **37**. 278 (2013)

第10章
鉄損を考慮した磁気回路

変圧器やモータなどの鉄損算定法としては、解析で求めた機器内部の磁束密度波形からスタインメッツの実験式を用いて、鉄損を計算する手法がよく知られており、磁気回路でも同様の計算が可能である。ただし、この手法は鉄損を後計算で求めることになる。

　本章では、磁気回路法独自の鉄損算定法として、磁気回路に損失を表す適切な素子を挿入することで、後計算なしに鉄損を算定する手法について紹介する。まず始めに、インダクタンス素子を用いた鉄損算定について述べる。次いで、直流ヒステリシスや異常うず電流損まで考慮した鉄損算定法について述べる。

10-1　鉄損を考慮した磁気回路モデル
10-1-1　磁気回路モデルの導出

　図10-1に、鉄心を交流で磁化したときの磁束密度 B[T] と磁界 H[A/m] の軌跡を示す。この図に示すように、鉄心を交流で磁化した場合、磁界 H を増加させた場合と減少させた場合で磁束密度 B の変化は異なった経路をたどり、図中の実線で示されるような閉曲線を描く。この閉曲線はヒステリシスループと呼ばれる。ヒステリシスループに沿って磁化を一巡させると、次式で示されるように、ヒステリシスループが囲む面積

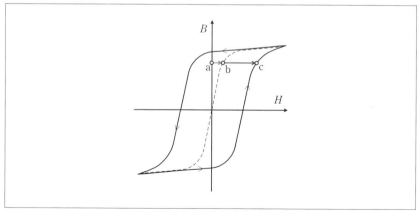

〔図10-1〕鉄心を交流で磁化したときの磁束密度 B と磁界 H の軌跡

と等しいエネルギーが鉄心で消費され、損失になる。

$$W = \oint H \cdot dB \quad [\text{W/m}^3] \quad \cdots\cdots\cdots\cdots\cdots\cdots\cdots\cdots\cdots\cdots (10\text{-}1)$$

このように鉄心を交流で磁化した際に生じる損失は鉄損と呼ばれ、変圧器やモータなどの性能を評価する上で重要な指標の1つになる。

図10-2は、リアクトルに交流電源を接続した回路である。巻線の巻数はNであり、巻線電流はi[A]である。鉄心の断面積と磁路長はそれぞれS[m^2]、l[m]であり、鉄心に流れる磁束はϕ[Wb]である。

いま、図10-1に示したヒステリシスループ上の動作点cにおける磁界Hを、磁気特性の非線形性を表すa-b間の成分と、鉄損を表すb-c間の成分に分けられると仮定し、次式で与える。

$$H = \alpha_1 B + \alpha_n B^n + \beta_1 \frac{dB}{dt} \quad \cdots\cdots\cdots\cdots\cdots\cdots\cdots\cdots (10\text{-}2)$$

上式において、右辺第1項と第2項が磁気特性の非線形性を表すa-b間の成分に相当し、第3項が鉄損を表すb-c間の成分に相当する。

(10-2)式を起磁力Ni[A]と磁束ϕ[Wb]を用いて書き直すと、次式が得られる。

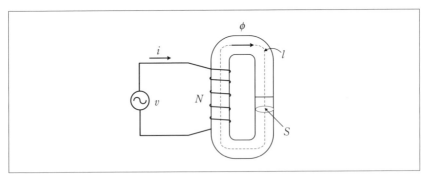

〔図10-2〕リアクトルに交流電源を接続した回路

$$Ni = \left(\frac{\alpha_1 l}{S} + \frac{\alpha_n l}{S^n} \phi^{n-1} \right) \phi + \frac{\beta_1 l}{S} \frac{d\phi}{dt}$$
$$= R_m \phi + L_m \frac{d\phi}{dt} \quad \cdots\cdots\cdots\cdots\cdots\cdots\cdots\cdots\cdots\cdots \text{(10-3)}$$

したがって、起磁力を電圧、磁束を電流とみなせば、図 10-3 に示すように、(10-3) 式は非線形磁気抵抗にインダクタンスを直列に接続した回路で表されることがわかる。すなわち、磁気回路においては磁気抵抗と直列にインダクタンスを接続することで、鉄損を計算することができる。

鉄損は、磁束密度 B が

$$B = B_m \sin 2\pi f t \quad \cdots\cdots\cdots\cdots\cdots\cdots\cdots\cdots\cdots\cdots\cdots\cdots \text{(10-4)}$$

で示されるような、振幅 B_m[T]、周波数 f[Hz] の正弦波であるとすると、(10-2) 式を (10-1) 式に代入することで、次式のように求まる。

$$W_i = \frac{1}{q} \oint H dB$$
$$= \frac{1}{qT} \int_0^T H \frac{dB}{dt} dt \quad \cdots\cdots\cdots\cdots\cdots\cdots\cdots\cdots\cdots\cdots \text{(10-5)}$$
$$= \frac{2\pi^2 \beta_1}{q} f^2 B_m^2 \quad \text{[W/kg]}$$

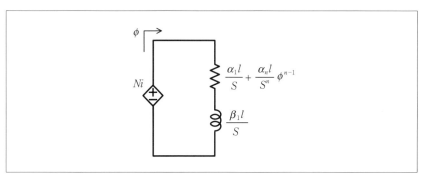

〔図 10-3〕鉄損を考慮した磁気回路モデル

ここで T[s] は周期であり、q[kg/m³] は鉄心の質量密度である。したがって、(10-5) 式を用いて鉄心材料の鉄損曲線を近似すれば、係数 β_1[A・m⁻¹T⁻¹s] を求めることができる。

図 10-4 に、周波数 50[Hz]、200[Hz]、500[Hz] における鉄心材料の鉄損曲線と、これを (10-5) 式で近似した曲線を示す。これらの図を見ると、係数 β_1 は周波数毎に異なり、周波数の増加に伴い減少していることがわかる。この理由について、スタインメッツの実験式を用いて説明する。

鉄損は、先に示した (10-5) 式の他に、次のようなスタインメッツの実験式で表すこともできる。

$$W_i = A_h f B_m^2 + A_e f^2 B_m^2 \quad [\text{W/kg}] \quad \cdots\cdots\cdots (10\text{-}6)$$

ここで右辺第1項はヒステリシス損であり、第2項はうず電流損である。この式から明らかなように、ヒステリシス損は周波数 f に比例し、うず

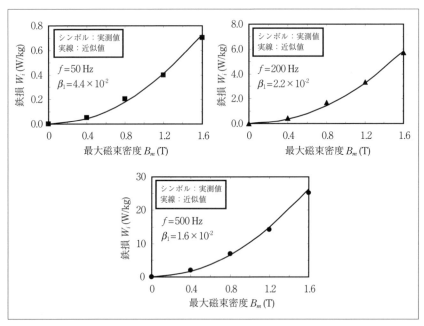

〔図 10-4〕鉄心材料の鉄損曲線とその近似曲線

電流損は周波数 f の2乗に比例する。なお、式中の $A_h[\mathrm{J \cdot kg^{-1} T^{-2}}]$ と $A_e[\mathrm{J \cdot s \cdot kg^{-1} T^{-2}}]$ は、それぞれヒステリシス損係数とうず電流損係数である。

(10-5) 式と (10-6) 式を比較することで、係数 β_1 に関する次の関係式が導かれる。

$$\beta_1 = \frac{q}{2\pi^2}\left(\frac{A_h}{f} + A_e\right) \quad \cdots\cdots\cdots\cdots\cdots\cdots\cdots\cdots\cdots\cdots (10\text{-}7)$$

この式を見ると、図10-3の磁気回路モデルは、本来周波数 f の1乗に比例するヒステリシス損と、2乗に比例するうず電流損を1つのインダクタンス素子で表すため、係数 β_1 は周波数 f に反比例することがわかる。

10－1－2　鉄損の算定結果

図10-2に示した回路について、鉄損の算定を行う。なお、鉄心の断面積は $S=399[\mathrm{mm}^2]$、磁路長は $l=244[\mathrm{mm}]$、質量密度は $q=7.65\times 10^3[\mathrm{kg/m^3}]$ である。

図10-5に、鉄心材料の B-H 曲線の実測値と近似値を示す。ここで、(10-2) 式の係数 α_1 と α_{13} はそれぞれ $\alpha_1=31[\mathrm{A \cdot m^{-1} T^{-1}}]$、$\alpha_{13}=5.7\times 10^{-2}[\mathrm{A \cdot m^{-1} T^{-13}}]$ である。また、各周波数における係数 β_1 は、図10-4に示した値を用いる。

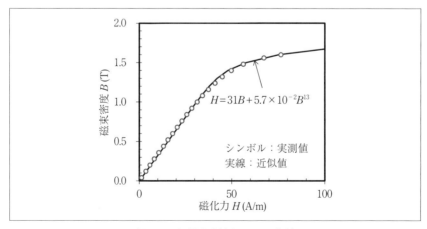

〔図10-5〕鉄心材料の B-H 曲線

◆第10章　鉄損を考慮した磁気回路

　磁気回路による鉄損算定には、図10-3に示した磁気回路モデルと外部の電気回路との連成解析が必要であることから、図10-6に示す電気－磁気連成モデルを用いた。
　図10-7に、周波数50[Hz]、200[Hz]、500[Hz]における鉄損の計算値と

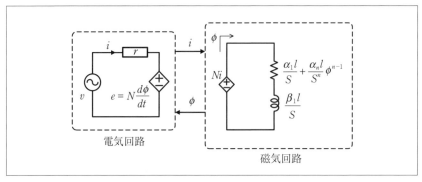

〔図10-6〕電気－磁気連成モデル

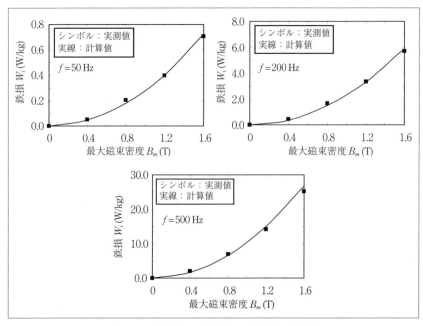

〔図10-7〕鉄損の計算値と実測値の比較

実測値を示す。これらの図を見ると、周波数毎に係数 β_1 を適切に決めることで、鉄損が精度よく算定できることがわかる。

一方、図10-8に周波数200[Hz]、磁束密度0.8[T]と1.6[T]におけるヒステリシスループの計算値と実測値を示す。(10-5) 式で示されるように、磁気回路のインダクタンス素子が表すのは、周波数の2乗に比例するう

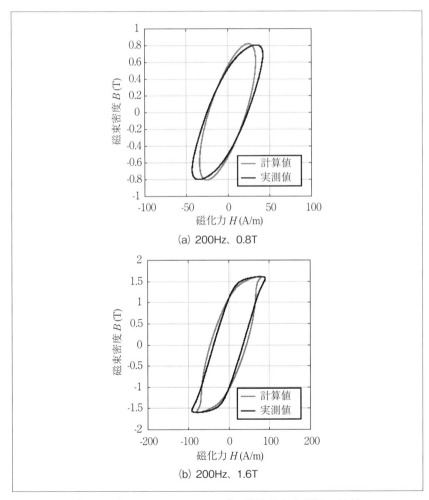

〔図10-8〕ヒステリシスループの計算値と実測値の比較

ず電流損であり、厳密には直流ヒステリシスを考慮していないため、ヒステリシスループの算定精度はあまり高くない。そこで次節では、直流ヒステリシスを考慮した磁気回路モデルについて述べる。

10－2　直流ヒステリシスを考慮した磁気回路モデル
10－2－1　磁気回路モデルの導出

図10-9に、ヒステリシスループと直流ヒステリシスの模式図を示す。前節では、ヒステリシスループ上の動作点cにおける磁界H[A/m]を、磁気特性の非線形性を表す成分と、鉄損を表す成分の和で表したが、本節では同図に示すように、破線で示される直流ヒステリシスに相当するa-b間の成分と、交流励磁によって生じるうず電流損に相当するb-c間の成分の和と考え、次式で与える。

$$H = g(B) + \beta'_1 \frac{dB}{dt} \quad \cdots\cdots\cdots\cdots (10\text{-}8)$$

上式の右辺第1項が直流ヒステリシスを表し、第2項がうず電流損を表す。また、β'_1[A·m^{-1}T^{-1}s]は材料の鉄損曲線から求まる係数である。(10-8)式を、起磁力Ni[A]と磁束ϕ[Wb]を用いて書き直すと、次式が得られる。

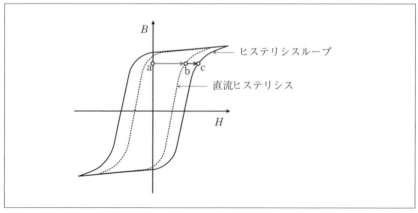

〔図10-9〕ヒステリシスループと直流ヒステリシスの模式図

$$Ni = g'(\phi)l + \frac{\beta'_1 l}{S}\frac{d\phi}{dt} \quad \cdots\cdots\cdots\cdots\cdots\cdots\cdots\cdots\cdots\cdots\cdots\cdots\cdots \quad (10\text{-}9)$$

ここで $S[\text{m}^2]$ と $l[\text{m}]$ はそれぞれ鉄心の断面積と磁路長である。

したがって、起磁力を電圧、磁束を電流とみなせば、図 10-10 に示すように、(10-9) 式は磁束 ϕ で決まる従属電源とインダクタンスを直列に接続した回路で表されることがわかる。以下では、直流ヒステリシスを表す関数 $g(B)$ および係数 β'_1 の導出について述べる。

10−2−2　関数 $g(B)$ および係数 β'_1 の導出

図 10-11 に、鉄心材料の直流ヒステリシスの実測値を示す。関数 $g(B)$ は、同図に示す種々の最大磁束密度 $B_m[\text{T}]$ に対する直流ヒステリシスをルックアップテーブルとして与える。

次いで、係数 β'_1 の導出について述べる。鉄損 $W_i[\text{W/kg}]$ は、前節と同様に (10-8) 式を (10-1) 式に代入することで、次式のように求まる。

$$\begin{aligned}
W_i &= \frac{1}{q}\oint H dB \\
&= \frac{1}{q}\oint g(B)\,dB + \frac{1}{qT}\int_{t=0}^{t=T}\beta'_1\left(\frac{dB}{dt}\right)^2 dt \quad \cdots\cdots\cdots\cdots \quad (10\text{-}10) \\
&= \frac{1}{q}\oint g(B)\,dB + \frac{2\pi^2 \beta'_1}{q} f^2 B_m^2 \quad [\text{W/kg}]
\end{aligned}$$

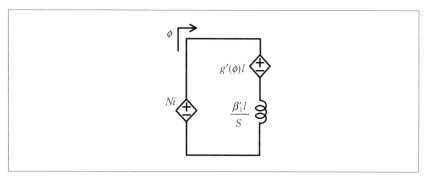

〔図 10-10〕直流ヒステリシスを考慮した磁気回路モデル

◆第10章 鉄損を考慮した磁気回路

上式の右辺第1項がヒステリシス損を表し、第2項がうず電流損を表すことから、(10-6)式で示したスタインメッツの実験式との比較から、次のような関係式が得られる。

$$A_h f B_m^2 = \frac{1}{q} \oint g(B) dB$$

$$A_e f^2 B_m^2 = \frac{2\pi^2 \beta_1'}{q} f^2 B_m^2 \quad \cdots\cdots\cdots\cdots\cdots\cdots\cdots (10\text{-}11)$$

上式より、うず電流損係数 $A_e [\mathrm{J \cdot s \cdot kg^{-1} T^{-2}}]$ が求まれば、係数 β_1' が得られることがわかる。具体的には、まず(10-6)式に示したスタインメッツの実験式の両辺を周波数 f で割って、次式を導く。

$$\frac{W_i}{f} = A_h B_m^2 + A_e f B_m^2 \quad \cdots\cdots\cdots\cdots\cdots\cdots\cdots (10\text{-}12)$$

次いで、図10-12に示すように、種々の最大磁束密度 $B_m [\mathrm{T}]$ に対し、鉄損を周波数で割った値を周波数に対してプロットし、これを(10-12)式を用いて近似することで、近似した直線の切片からヒステリシス損係

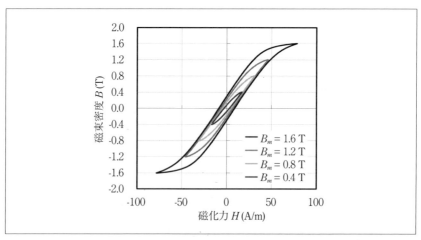

〔図10-11〕鉄心材料の直流ヒステリシスの実測値

数 A_h が求まり、傾きからうず電流損係数 A_e、すなわち係数 β'_1 が求まる。ここで、前節の係数 β_1 はヒステリシス損とうず電流損を 1 つのインダクタンス素子で表したため、周波数 f に反比例したが、本節の係数 β'_1 はうず電流損のみを表すため、周波数に依存せず一定値となる。

10-2-3 鉄損の算定結果

前節と同様に、図 10-2 に示した回路について、鉄損の算定を行う。図 10-13 に周波数 200[Hz]、磁束密度 0.8[T]、1.6[T] におけるヒステリシスループの計算値と実測値を示す。この図を見ると、直流ヒステリシスを考慮したことで、図 10-8 に示した前節の結果と比べて、ヒステリシスループの算定精度が向上していることがわかる。

一方、図 10-14 の周波数 50[Hz]、200[Hz]、500[Hz] における鉄損の計算値と実測値の比較を見ると、鉄損の算定精度については前節の磁気回路モデルよりも悪化していることがわかる。これは、本節の磁気回路モデルにおいては、係数 β'_1 の導出に (10-12) 式を用いたが、この式は鉄損を周波数で割った値が周波数に対して、切片 $A_h B_m^2$ で傾き $A_e B_m^2$ の直線になることを意味している。しかしながら、図 10-12 からも明らかなように、実際は周波数に対する変化は線形比例ではなく、高周波側で鈍

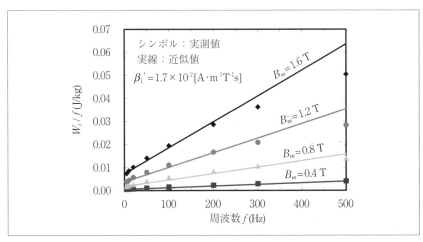

〔図 10-12〕$W_i/f - f$ 曲線とその近似直線

◆第10章 鉄損を考慮した磁気回路

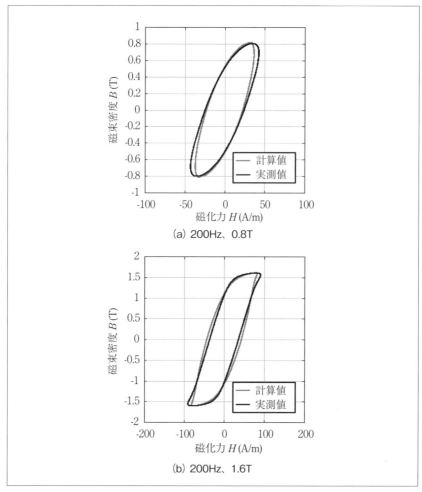

〔図10-13〕ヒステリシスループの計算値と実測値の比較

化するため、(10-12)式による近似では誤差が生じることが原因である。すなわち、鉄心の鉄損はヒステリシス損とうず電流損の他に、別の損失が存在することが推察される。そこで次節では、異常うず電流損を考慮した磁気回路モデルについて述べる。

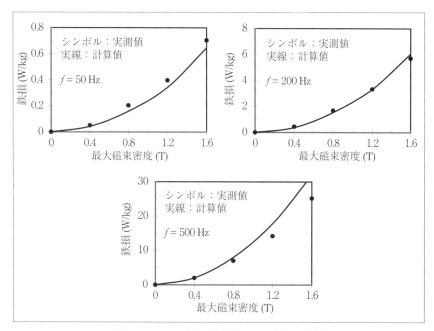

〔図 10-14〕鉄損の計算値と実測値の比較

10−3 異常うず電流損を考慮した磁気回路モデル
10−3−1 磁気回路モデルの導出

鉄損を表す式としては、スタインメッツの実験式が広く一般に知られているが、これに対して、Bertotti はヒステリシス損とうず電流損に異常うず電流損を加えた次のような式を用いることで、種々の磁性材料の鉄損曲線を精度よく近似できることを実験的に明らかにしている。

$$W_i = A_h f B_m^2 + A_e f^2 B_m^2 + A_a f^{1.5} B_m^{1.5} \text{ [W/kg]} \quad \cdots\cdots\cdots\cdots (10\text{-}13)$$

ここで、$A_h[\text{J}\cdot\text{kg}^{-1}\text{T}^{-2}]$、$A_e[\text{J}\cdot\text{s}\cdot\text{kg}^{-1}\text{T}^{-2}]$、$A_a[\text{J}\cdot\text{s}^{0.5}\cdot\text{kg}^{-1}\text{T}^{-1.5}]$ は、それぞれヒステリシス損係数、うず電流損係数、異常うず電流損係数である。

(10-13) 式の両辺を周波数 f で割ると、次式が得られる。

$$\frac{W_i}{f} = A_h B_m^2 + A_e f B_m^2 + A_a f^{0.5} B_m^{1.5} \quad \cdots\cdots\cdots\cdots\cdots\cdots \quad (10\text{-}14)$$

図 10-15 に、(10-14) 式を模式的に表した図を示す。この図を見ると、異常うず電流損を考慮することで、鉄損を周波数で割った値が周波数に対して線形比例するのではなく、高周波側で鈍化する傾向が模擬できることがわかる。

図 10-16 に、ヒステリシス曲線の模式図を示す。前節ではヒステリシ

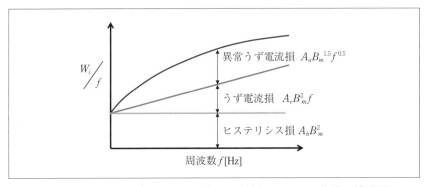

〔図 10-15〕異常うず電流損を考慮した材料の $W_i/f - f$ 曲線の模式図

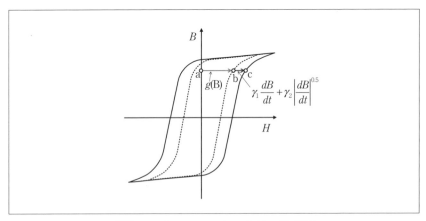

〔図 10-16〕ヒステリシス曲線の模式図

ス曲線上の動作点 c における磁界 H[A/m] は、破線で示される直流ヒステリシスに相当する a-b 間の成分と、交流励磁によって生じるうず電流損に相当する b-c 間の成分の和で表したが、本節では、交流励磁によって生じる損失を、さらにうず電流損と異常うず電流損に分け、次式で表す。

$$H = \begin{cases} g(B) + \gamma_1 \dfrac{dB}{dt} + \gamma_2 \left|\dfrac{dB}{dt}\right|^{0.5} & \left(\dfrac{dB}{dt} > 0\right) \\ g(B) + \gamma_1 \dfrac{dB}{dt} - \gamma_2 \left|\dfrac{dB}{dt}\right|^{0.5} & \left(\dfrac{dB}{dt} < 0\right) \end{cases} \quad \cdots\cdots (10\text{-}15)$$

上式の右辺第 1 項が直流ヒステリシスを表し、第 2 項がうず電流損、第 3 項が異常うず電流損を表す。また、γ_1[A・m^{-1}T^{-1}s] と γ_2[A・m^{-1}T$^{-0.5}$s$^{0.5}$] は、材料の鉄損曲線から求まる係数である。(10-15) 式を、起磁力 Ni[A] と磁束 ϕ[Wb] を用いて書き直すと、次式が得られる。

$$Ni = g'(\phi)l + \frac{\gamma_1 l}{S}\frac{d\phi}{dt} \pm \frac{\gamma_2 l}{S}\left|\frac{d\phi}{dt}\right|^{0.5} \quad \cdots\cdots\cdots\cdots (10\text{-}16)$$

ここで S[m^2] と l[m] はそれぞれ鉄心の断面積と磁路長である。したがって、起磁力を電圧、磁束を電流とみなせば、図 10-17 に示すように、(10-16)

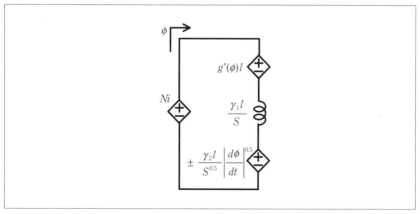

〔図 10-17〕異常うず電流損を考慮した磁気回路モデル

式は磁束 ϕ で決まる 2 つの従属電源とインダクタンスを直列に接続した回路で表されることが了解される。以下では、係数 γ_1、γ_2 の導出について述べる。

10－3－2　係数 γ_1、γ_2 の導出

鉄損 W_i[W/kg] は、前節までと同様に（10-15）式を（10-1）式に代入することで、次式のように求まる。

$$\begin{aligned}
W_i &= \frac{1}{q}\oint H dB \\
&= \frac{1}{q}\oint g(B)dB + \frac{1}{qT}\int_{t=0}^{t=T}\gamma_1\left(\frac{dB}{dt}\right)^2 dt + \frac{1}{qT}\int_{t=0}^{t=T}\gamma_2\left|\frac{dB}{dt}\right|^{1.5} dt \\
&= \frac{1}{q}\oint g(B)dB + \frac{2\pi^2\gamma_1}{q}f^2 B_m^2 + \frac{8.763\gamma_2}{q}f^{0.5}B_m^{1.5} \quad [\text{W/kg}] \\
&\qquad\qquad\qquad\qquad\qquad\qquad\qquad\qquad\qquad\qquad \cdots (10\text{-}17)
\end{aligned}$$

上式の右辺第 1 項がヒステリシス損、第 2 項がうず電流損、そして第 3 項が異常うず電流損である。したがって、(10-17) 式と (10-13) 式との比較から、次のような関係式が得られる。

$$\begin{aligned}
A_h f B_m^2 &= \frac{1}{q}\oint g(B)dB \\
A_e f^2 B_m^2 &= \frac{2\pi^2\gamma_1}{q}f^2 B_m^2 \qquad\qquad\qquad\qquad\qquad (10\text{-}18)\\
A_a f^{1.5} B_m^{1.5} &= \frac{8.763\gamma_2}{q}f^{1.5}B_m^2
\end{aligned}$$

上式より、うず電流損係数 A_e と異常うず電流損係数 A_a が決まれば、係数 γ_1 と γ_2 が求まることがわかる。したがって、前節と同様、図 10-18 に示すように、種々の最大磁束密度 B_m[T] に対し、鉄損を周波数で割った値を周波数に対してプロットし、これを (10-14) 式を用いて近似することでうず電流損係数 A_e と異常うず電流損係数 A_a が決まり、係数 γ_1 と γ_2 が求まる。この図を見ると、異常うず電流損を考慮することで、鉄損を周波数で割った値が高周波側で鈍化する傾向が模擬され、近似の

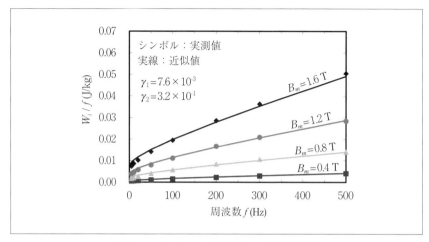

〔図10-18〕$W_i/f - f$ 曲線とその近似曲線

精度が向上していることがわかる。

10－3－3 鉄損の算定結果

前節と同様、図 10-2 に示した回路について、鉄損の算定を行う。図 10-19 に周波数 200[Hz]、磁束密度 0.8[T]、1.6[T]におけるヒステリシスループの計算値と実測値を示す。直流ヒステリシスの表現法は、前節の磁気回路モデルと同じであるため、ヒステリシスループの算定精度も同様に高いことがわかる。

次いで、図 10-20 に周波数 50[Hz]、200[Hz]、500[Hz]における鉄損の計算値と実測値を示す。これらの図を見ると、異常うず電流損まで考慮した磁気回路モデルを用いることで、鉄心の鉄損を高精度に算定できることがわかる。

10－4 まとめ

以上、磁気回路法独自の鉄損算定法として、磁気回路に損失を表す適切な素子を挿入することで、後計算なしに鉄損を算定する手法について紹介した。前半で述べた磁気抵抗と直列に鉄損を表すインダクタンスを挿入したモデルは、係数 β_1 を周波数に応じて変える必要があるが、極

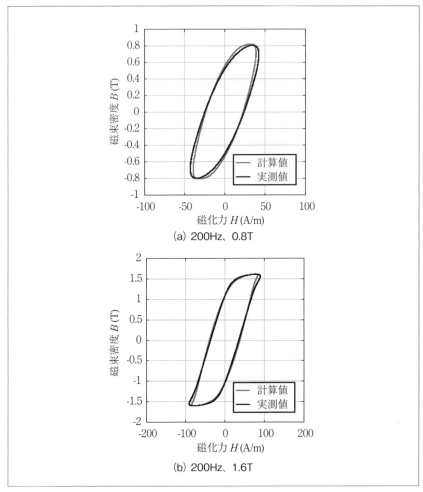

〔図10-19〕ヒステリシスループの計算値と実測値の比較

めて簡便なモデルで鉄損の算定が可能である。

　後半で述べた直流ヒステリシスと異常うず電流損を考慮したモデルは、上述のモデルと比べると若干複雑にはなるが、係数を周波数対して変える必要がなく、また鉄損のみならずヒステリシスループの算定精度も高い。

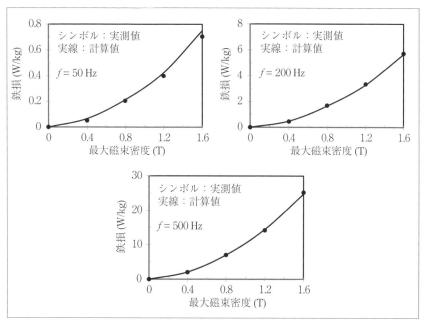

〔図10-20〕鉄損の計算値と実測値の比較

　このような磁気回路モデルを用いることで、トルクや電流などの一般的なモータ特性の算定と同時に、鉄損の算定もできるようになるため、たとえば、駆動回路や制御系まで含めたモータドライブシステムの解析において、制御パターンが鉄損に与える影響を評価することも可能になる。

参考文献

1) G. Bertotti：General Properties of Power Losses in Soft Ferromagnetic Materials, IEEE Transactions on Magnetics, **24**, 621 (1988)
2) 吉田寛和、中村健二、一ノ倉理：鉄損を考慮した三次元非線形磁気回路によるフェライト直交磁心形可変インダクタの特性算定、電気学会論文誌 D、**123**、386 (2003)
3) 木村幸四郎、中村健二、一ノ倉理：SPICE 用非線形磁気抵抗におけ

るヒステリシスの一表現法、日本応用磁気学会誌、**28**、611（2004）
4) K. Nakamura, K. Fujita, O. Ichinokura：Magnetic-Circuit-Based Iron Loss Estimation under Square Wave Excitation with Various Duty Ratios, IEEE Transactions on Magnetics, **49**, 3997（2013）
5) 藤田健太郎、中村健二、一ノ倉理：磁気回路における異常渦電流損の考慮、日本磁気学会誌、**37**、44（2013）
6) 田中秀明、中村健二、一ノ倉理：LLG方程式を取り入れた磁気回路モデルに関する考察、日本磁気学会誌、**37**、39（2013）
7) 田中秀明、中村健二、一ノ倉理：磁気ヒステリシスを考慮可能な磁気回路モデル、電気学会論文誌A、**134**、243（2014）
8) H. Tanaka, K. Nakamura, O. Ichinokura：Magnetic Circuit Model Considering Magnetic Hysteresis, Electrical Engineering in Japan, **192**, 11（2015）
9) H. Tanaka, K. Nakamura, O. Ichinokura：Calculation of Iron Loss in Soft Ferromagnetic Materials using Magnetic Circuit Model Taking Magnetic Hysteresis into Consideration, Journal of the Magnetics Society of Japan, **39**, 65（2015）

付録

付録A　Excel を利用した計算

本書で扱った Excel の計算に必要な設定方法や Excel を活用した磁気回路の計算方法を述べる。なお、本書では Microsoft Office Excel 2010 (Windows 版) を用いた計算例を紹介している。画面、操作などは一部異なるが Excel 2007 (Windows 版) 以降のバージョンであれば、同様の機能を使うことができる。

A－1　初めてソルバーを使うときの設定方法

2-2 節でソルバーを利用した計算を取り扱ったが、ソルバーは Excel のアドインプログラムであるため、初めてソルバーを使用する場合は最初にソルバーアドインを読み込む必要がある。以下に設定方法を述べる。

メニューバーの「ファイル」→「オプション」を選択し、Excel のオプションウィンドウの「アドイン」を選択すると図 A-1 のような画面が現

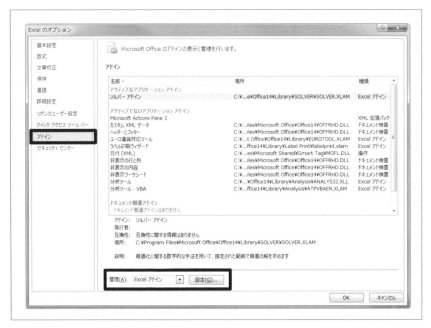

〔図 A-1〕Excel のオプションウィンドウ

◆付録A　Excelを利用した計算

れる。この画面下部にある管理の項目の設定ボタンをクリックすると、
図 A-2 のような画面が現れるので、「ソルバーアドイン」にチェックを入れて「OK」をクリックしてインストールする。ソルバーアドインが完了すると、図 A-3 に示すように「データ」タブの右側に「分析」という項目が現れ、ソルバーの使用が可能になる。

〔図 A-2〕ソルバーアドインの追加

〔図 A-3〕ソルバーアドイン追加後の Excel 画面

A−2　マクロを利用した計算

マクロは作業や操作を自動化するために使用する機能であり、反復して行う操作などはマクロを利用することで作業効率を向上させることができる。マクロは Visual Basic for Applications (VBA) プログラミング言語で記録され、コードの記述・編集を行うには Visual Basic Editor (VBE) というエディタを起動する必要がある。まず、Excel を起動した状態で Alt キーを押しながら F11 キーを押すと、図 A-4 に示すような VBE が表示される。次いで、図 A-5 に示すように「挿入」タブ→「標準モジュール」をクリックすると、図 A-6 に示すように標準モジュール (Module1) が挿入され、コードウィンドウが表示される。このコードウィンドウにマクロのコードを記述することになる。以下では、1-7 節で計算した巻線電流が交流の場合の三脚鉄心の磁気回路を例にマクロの記述方法を説明する。

1-7 節では、図 A-7 (a) に示す三脚鉄心の電気的等価回路を Excel で計

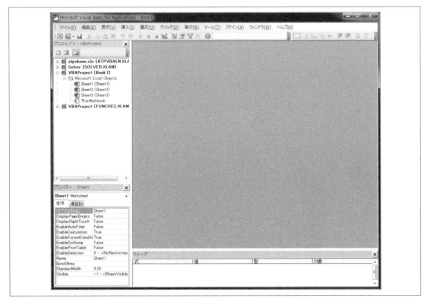

〔図 A-4〕Visual Basic Editor (VBE) の起動

◆付録A　Excelを利用した計算

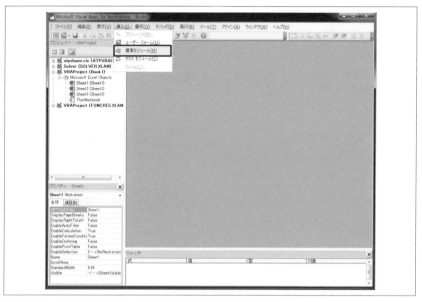

〔図A-5〕標準モジュールの挿入

〔図A-6〕標準モジュール（モジュール1）のコードウィンドウ

算すると同図 (b) に示す結果となった。図 A-7 (b) 中のセル F2 には、巻線電流による起磁力 N_1i_1=100[A] が入力されており、起磁力が変化する場合、このセルの値を変化させれば磁束 ϕ_1、ϕ_2、ϕ_3 はセル F7 から F9 に自動的に計算される。ただし、起磁力を変化させるごとに磁束も変化してしまうため、一度計算した磁束は別のセルに記録しておく必要がある。

　1-7 節と同様に、巻数 N_1=100、巻線電流が正弦波 $i_1=I_1\sin(2\pi ft+\theta)$ で、その振幅を I_1=1[A]、周波数を f=50[Hz]、位相を θ=0[rad] としたときの三脚鉄心を流れる磁束 ϕ_1、ϕ_2、ϕ_3 を計算する。上記条件より起磁力は N_1i_1=100sin($2\pi50t$) となり、1 周期を 20 分割してセル F2 に入力することとする。マクロによる計算内容は図 A-8 に示すように、時間変化する起

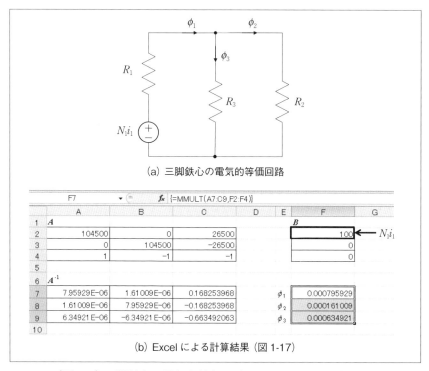

〔図 A-7〕三脚鉄心の電気的等価回路と Excel による計算結果

磁力をセル F2 に入力し（①）、セル F7 から F9 に計算された磁束を別のセルに記録する（②）。①、②の操作を 20 回繰り返せば、1 周期分の磁束波形を得ることができる。

　図 A-9 に、マクロのコードの記述例を示す。1 行目の「Sub 交流電流()」と最後の「End Sub」で囲まれた領域に実行文が書かれており、「交流電流」がマクロの名称となる。「' π」のように、文頭に「'」（シングルコーテーション）を付けると、コメントとして実行されない文を書くことができる。

　繰り返し処理を行うときに利用する方法として「For Next 文」がある。「For Next 文」は「For 変数 = 初期値 to 最終値 Step 刻み幅」と「Next 変数」で囲まれた処理を繰り返す、ループと呼ばれる制御文である。「変数」は「初期値」から始まり、1 回のループが終わると「刻み幅」だけ「変数」が増え、「変数」が「最終値」以上となるまで繰り返す。なお、「刻み幅」が 1 のときは「Step 刻み幅」は省略可能である。本マクロでは、図 A-8 の①、②の操作を 20 回繰り返すためにこの「For Next 文」を用いており、図 A-9 の①、②に示す部分が図 A-8 の①、②の操作に対応している。

　Excel のセルの値を取得するときや、マクロで計算した値をセルに代入するときには、「Range（"セルの番地"）」または「Cells（行番号、列番号）」を用いる。Range("A1") と Cells(1,1) は Excel 上の同じセルを指定することになるが、値を取得するもしくは代入するセルの番地が変化する場合は、図 A-9 の②の下部に示すように「Cells（行番号、列番号）」を用

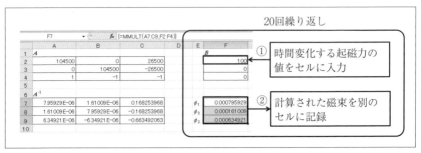

〔図 A-8〕マクロによる計算内容

いるほうが便利である。

マクロの実行は、図 A-10 に示す VBE ツールバーの「Sub/ユーザーフォームの実行」をクリックする。マクロを実行すると、計算した時刻 t と磁束 ϕ_1、ϕ_2、ϕ_3 は、図 A-11 中のセル H2 から K21 に書き出されており、得られた磁束波形をグラフで示すと 1-7 節で計算したものと同じ値であるのがわかる。

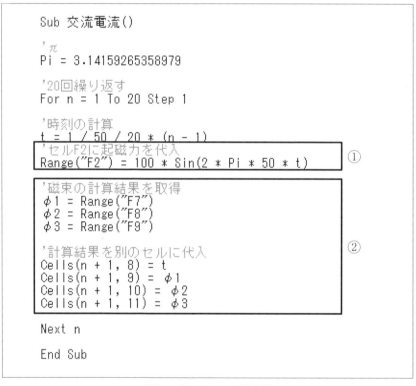

〔図 A-9〕マクロの記述例

◆付録A　Excelを利用した計算

〔図A-10〕マクロの実行ボタン

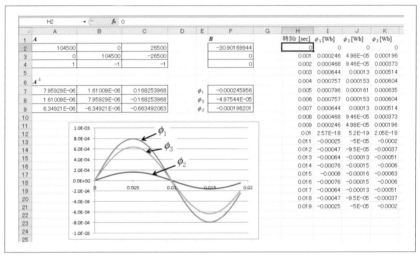

〔図A-11〕計算結果

A-3　Excelによる回路網の解析

　1章の連立一次方程式の解法を応用すれば、Excelを使った回路網の計算も可能である。ただし、回路網の計算は回路方程式を立てる過程がやや複雑であるため、まず、回路網を扱う一般的な手法の1つである閉路解析を用いた回路方程式の立て方について説明する。次いで、閉路解析を使った計算例を紹介する。

A-3-1　閉路解析による回路方程式の立て方

　図1-8に示した三脚鉄心の電気的等価回路において、閉路を流れる磁束を図A-12に示すように Ψ_1、Ψ_2とし、この Ψ_1 と Ψ_2 を独立変数に取る。

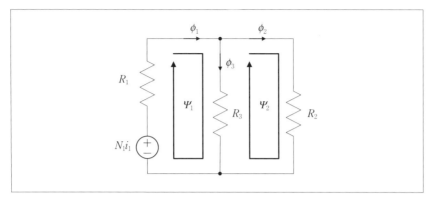

〔図A-12〕三脚鉄心の電気的等価回路（閉路解析）

回路内部の枝を流れる磁束 ϕ_1、ϕ_2、ϕ_3 は Ψ_1 と Ψ_2 を用いて

$$
\begin{aligned}
\phi_1 &= \Psi_1 \\
\phi_2 &= \Psi_2 \\
\phi_3 &= \Psi_1 - \Psi_2
\end{aligned}
\quad \cdots\cdots\cdots\cdots (\text{A-1})
$$

と求められる。(A-1)式を(1-23)式に代入すると

$$
\begin{aligned}
R_1 \Psi_1 + R_3 (\Psi_1 - \Psi_2) &= N_1 i_1 \\
R_2 \Psi_2 - R_3 (\Psi_1 - \Psi_2) &= 0 \\
\Psi_1 - \Psi_2 - (\Psi_1 - \Psi_2) &= 0
\end{aligned}
\quad \cdots\cdots\cdots\cdots (\text{A-2})
$$

三番目の等式は両辺ともに0であるため、残りの2つが独立な方程式となる。よって(A-2)式を整理すると

$$
\begin{aligned}
(R_1 + R_3)\Psi_1 - R_3 \Psi_2 &= N_1 i_1 \\
-R_3 \Psi_1 + (R_2 + R_3)\Psi_2 &= 0
\end{aligned}
\quad \cdots\cdots\cdots\cdots (\text{A-3})
$$

となり、行列を用いて表すと(A-3)式は次式のように変形できる。

$$
\begin{pmatrix} R_1 + R_3 & -R_3 \\ -R_3 & R_2 + R_3 \end{pmatrix}
\begin{pmatrix} \Psi_1 \\ \Psi_2 \end{pmatrix}
= \begin{pmatrix} N_1 i_1 \\ 0 \end{pmatrix}
\quad \cdots\cdots\cdots\cdots (\text{A-4})
$$

◆付録A　Excelを利用した計算

ここで、図A-13に示すように、(A-4) 式における磁気抵抗行列の対角項は、各閉路に属する枝の磁気抵抗の総和、非対角項は2つの閉路の境界となる枝の磁気抵抗の総和に負符号を付けたものになる。閉路を流れる磁束の向きを時計回りに統一しておけば、この関係は常に成立し回路網における回路方程式を簡単に立てることができる。また、(A-4) 式の右辺は起磁力ベクトルであり、各閉路に属する起磁力の総和となる。(A-1) 式と (A-4) 式を比較するとわかるように、独立変数を減らすことができるのも閉路解析を用いることの利点である。

前節の方法で (A-4) 式を計算すると Ψ_1、Ψ_2 はそれぞれ

$$\Psi_1 = 0.000795929 = 7.96 \times 10^{-4} \,[\text{Wb}]$$
$$\Psi_2 = 0.000161009 = 1.61 \times 10^{-4} \,[\text{Wb}]$$

となり、(A-1) 式より ϕ_1、ϕ_2、ϕ_3 は

$$\phi_1 = \Psi_1 = 7.96 \times 10^{-4} \,[\text{Wb}]$$
$$\phi_2 = \Psi_2 = 1.61 \times 10^{-4} \,[\text{Wb}]$$
$$\phi_3 = (\Psi_1 - \Psi_2) = (7.96 \times 10^{-4} - 1.61 \times 10^{-4}) = 6.35 \times 10^{-4} \,[\text{Wb}]$$

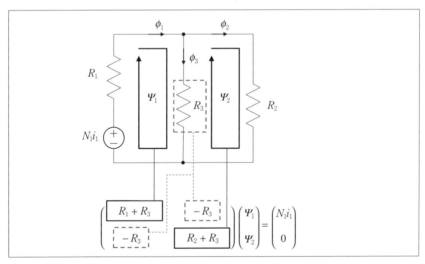

〔図A-13〕閉路と磁気抵抗行列の関係

と求められ、計算例 1-2 と同じ結果になる。

A－3－2　磁気回路網解析

磁気回路網解析の例として、図 3-19 に示した三脚鉄心の RNA モデルを用いた計算を行う。図 A-14 に三脚鉄心の RNA モデルを示す。この図に示すように、A～J までの 10 種類の要素が存在し、各要素の磁気抵抗を表 A-1 に示す。

前節で説明した閉路解析で回路網の計算を行うために、まず、図 A-15 に示すように、RNA モデルにおける閉路すべてに閉路番号を割り当て、

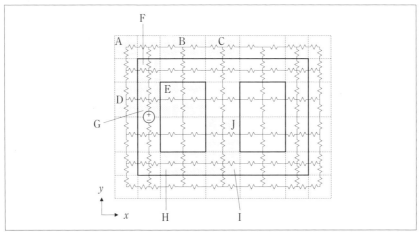

〔図 A-14〕三脚鉄心の RNA モデル

〔表 A-1〕各要素の磁気抵抗

材料	要素	方向	記号	値 [A/Wb]	材料	要素	方向	記号	値 [A/Wb]
空気	A	x 軸方向	R_{Ax}	1.99×10^7	鉄心	E	x 軸方向	R_{Ex}	4.97×10^3
		y 軸方向	R_{Ay}	1.99×10^7			y 軸方向	R_{Ey}	4.97×10^3
	B	x 軸方向	R_{Bx}	3.98×10^7		F	x 軸方向	R_{Fx}	3.32×10^3
		y 軸方向	R_{By}	9.95×10^6			y 軸方向	R_{Fy}	7.46×10^3
	C	x 軸方向	R_{Cx}	2.98×10^7		G	x 軸方向	R_{Gx}	9.95×10^3
		y 軸方向	R_{Cy}	1.33×10^7			y 軸方向	R_{Gy}	2.49×10^3
	D	x 軸方向	R_{Dx}	1.33×10^7		H	x 軸方向	R_{Hx}	7.46×10^3
		y 軸方向	R_{Dy}	2.98×10^7			y 軸方向	R_{Hy}	3.32×10^3
	E	x 軸方向	R_{Ex}	2.65×10^7		I	x 軸方向	R_{Ix}	4.97×10^3
		y 軸方向	R_{Ey}	1.49×10^7			y 軸方向	R_{Iy}	4.97×10^3

磁気抵抗行列を導出する。閉路は 1 〜 30 まであり、閉路解析に基づく磁気抵抗行列 $\boldsymbol{R}_{RNA}$ は 30×30 の正方行列で、次式のように表される。

$$\boldsymbol{R}_{\mathrm{RNA}} = \begin{pmatrix} R_{11} & R_{12} & \cdots & R_{1n} & \cdots & R_{130} \\ R_{21} & R_{22} & \cdots & R_{2n} & \cdots & R_{230} \\ \vdots & \vdots & \ddots & \vdots & \ddots & \vdots \\ R_{n1} & R_{n2} & \cdots & R_{nn} & \cdots & R_{n30} \\ \vdots & \vdots & \ddots & \vdots & \ddots & \vdots \\ R_{301} & R_{302} & \cdots & R_{30n} & \cdots & R_{3030} \end{pmatrix} \quad \cdots\cdots\cdots\cdots (\text{A-5})$$

ここで、n は 1 〜 30 の整数である。以下に、それぞれの磁気抵抗の求め方を対角項と非対角項に分けて説明する。

対角項 (R_{11}、R_{22}、…、R_{nn}、…、R_{3030}) は、各閉路に属する枝の磁気抵抗の総和である。たとえば、図 A-16 に示す閉路 1 では、R_{Ax} が 3 つ、R_{Ay} が 3 つ、R_{Fx} が 1 つ、R_{Fy} が 1 つの磁気抵抗からなるため、R_{11} は

$$R_{11} = 3R_{Ax} + 3R_{Ay} + R_{Fx} + R_{Fy} \quad \cdots\cdots\cdots\cdots\cdots\cdots\cdots\cdots (\text{A-6})$$

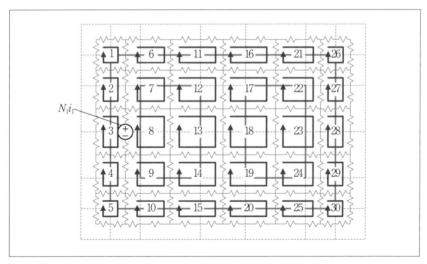

〔図 A-15〕閉路番号

となる。

　非対角項は2つの閉路の境界となる枝の磁気抵抗の総和に負符号を付けたものである。たとえば、同図に示す閉路1と閉路2の境界には、R_{Ax} と R_{Fx} が存在するため、R_{12} は

$$R_{12} = -(R_{Ax} + R_{Fx}) \quad \cdots\cdots\cdots\cdots\cdots\cdots\cdots\cdots \quad (\text{A-7})$$

となる。ここで、磁気抵抗行列 R_{RNA} は対称行列であり、非対角項の行と列を入れ替えても同じ値になるため、$R_{21}=R_{12}$ となる。同様に、閉路1と閉路6の境界には、R_{Ay} と R_{Fy} が存在するため、R_{16} と R_{61} は

$$R_{16} = R_{61} = -(R_{Ay} + R_{Fy}) \quad \cdots\cdots\cdots\cdots\cdots\cdots\cdots \quad (\text{A-8})$$

となる。これらの計算をすべての閉路で行えば、磁気抵抗行列 $\boldsymbol{R}_{RNA}$ が求まる。

　次いで、RNAモデルにおける起磁力ベクトルを求める。起磁力ベクトルを $\boldsymbol{F}_{RNA}$ として次式で表すとする。

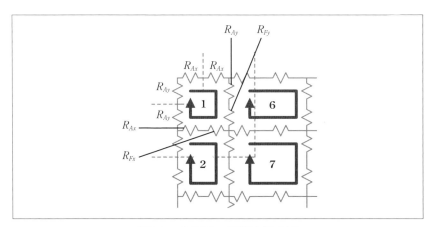

〔図 A-16〕閉路1周辺の拡大図

$$\boldsymbol{F}_{\mathrm{RNA}} = \begin{pmatrix} F_1 \\ F_2 \\ \vdots \\ F_n \\ \vdots \\ F_{30} \end{pmatrix} \quad\cdots\cdots\cdots\cdots\cdots\cdots\cdots\cdots\cdots\cdots\cdots\cdots\cdots\cdots\cdots \text{(A-9)}$$

図 A-15 を見るとわかるように、各閉路の起磁力は閉路 3 と閉路 8 のみに存在するため、F_3 と F_8 以外は 0 となる。起磁力の正負は、閉路を流れる磁束の向きと起磁力源の正負が同じであれば正、逆向きであれば負になるので、F_3 と F_8 はそれぞれ、$F_3 = -N_1 i_1$、$F_8 = N_1 i_1$ となる。

最終的に、本三脚鉄心の RNA モデルにおける閉路解析に基づく回路方程式は次式で表される。

$$\begin{pmatrix} R_{11} & R_{12} & \cdots & R_{1n} & \cdots & R_{130} \\ R_{21} & R_{22} & \cdots & R_{2n} & \cdots & R_{230} \\ \vdots & \vdots & \ddots & & \ddots & \vdots \\ R_{n1} & R_{n2} & \cdots & R_{nn} & \cdots & R_{n30} \\ \vdots & \vdots & \ddots & & \ddots & \vdots \\ R_{301} & R_{302} & \cdots & R_{30n} & \cdots & R_{3030} \end{pmatrix} \begin{pmatrix} \Psi_1 \\ \Psi_2 \\ \vdots \\ \Psi_n \\ \vdots \\ \Psi_{30} \end{pmatrix} = \begin{pmatrix} F_1 \\ F_2 \\ \vdots \\ F_n \\ \vdots \\ F_{30} \end{pmatrix} \quad\cdots\cdots \text{(A-10)}$$

閉路磁束ベクトル(Ψ_1、Ψ_2、$\cdots$、Ψ_{30})を Ψ_{RNA} とすると、方程式の解、すなわち閉路磁束は、$\boldsymbol{R}_{RNA}$ の逆行列 $\boldsymbol{R}_{RNA}^{-1}$ を用いて

$$\boldsymbol{\Psi}_{RNA} = \boldsymbol{R}_{RNA}^{-1} \boldsymbol{F}_{RNA} \quad\cdots\cdots\cdots\cdots\cdots\cdots\cdots\cdots\cdots\cdots\cdots \text{(A-11)}$$

と求まる。

　前節と同様に、Excel で逆行列 $\boldsymbol{R}_{RNA}^{-1}$ を求め、閉路磁束を計算する方法を以下に説明する。図 A-17 は、前述の要領で計算した磁気抵抗行列 $\boldsymbol{R}_{RNA}$ と起磁力ベクトル $\boldsymbol{F}_{RNA}$ の入力画面である。同図に示すように、磁気抵抗行列はセル B3～AE32 に、起磁力ベクトルはセル AH3 から AH32 に入力した。次いで、図 A-18 に示すように、セル B36 から AE65

を選択して「=MINVERSE(B3:AE32)」と入力し、Ctrl キーと Shift キーを押したまま Enter キーを押すと逆行列 $\boldsymbol{R}_{RNA}^{-1}$ が計算される。最後に閉路磁束を求めるために、図 A-19 に示すようにセル AH36 から AH65 まで

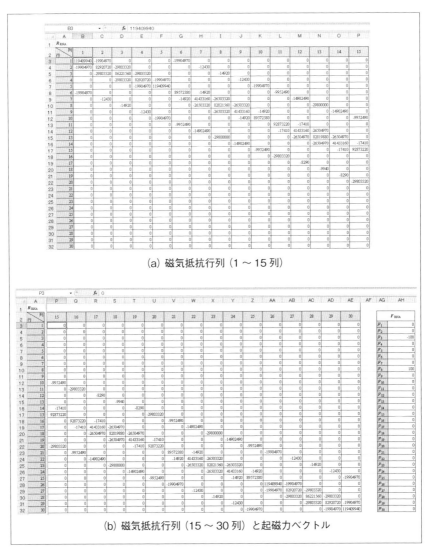

(a) 磁気抵抗行列（1 ～ 15 列）

(b) 磁気抵抗行列（15 ～ 30 列）と起磁力ベクトル

〔図 A-17〕RNA モデルの磁気抵抗行列と起磁力ベクトル

を選択し、「=MMULT(B36:AE65,AH3:AH32)」と入力する。Ctrl キーと Shift キーを押したまま Enter キーを押すと閉路磁束ベクトル $\boldsymbol{\Psi}_{RNA}$ が求まる。

以上の計算で求めた閉路磁束を表 A-2 に示す。このように閉路磁束が求まれば、各枝を流れる磁束も求めることができる。図 A-20 に示す ϕ_1、ϕ_2、ϕ_3 は前節でも求めた、三脚鉄心を流れる磁束である。閉路磁束と枝を流れる磁束の関係から、ϕ_1、ϕ_2、ϕ_3 はそれぞれ

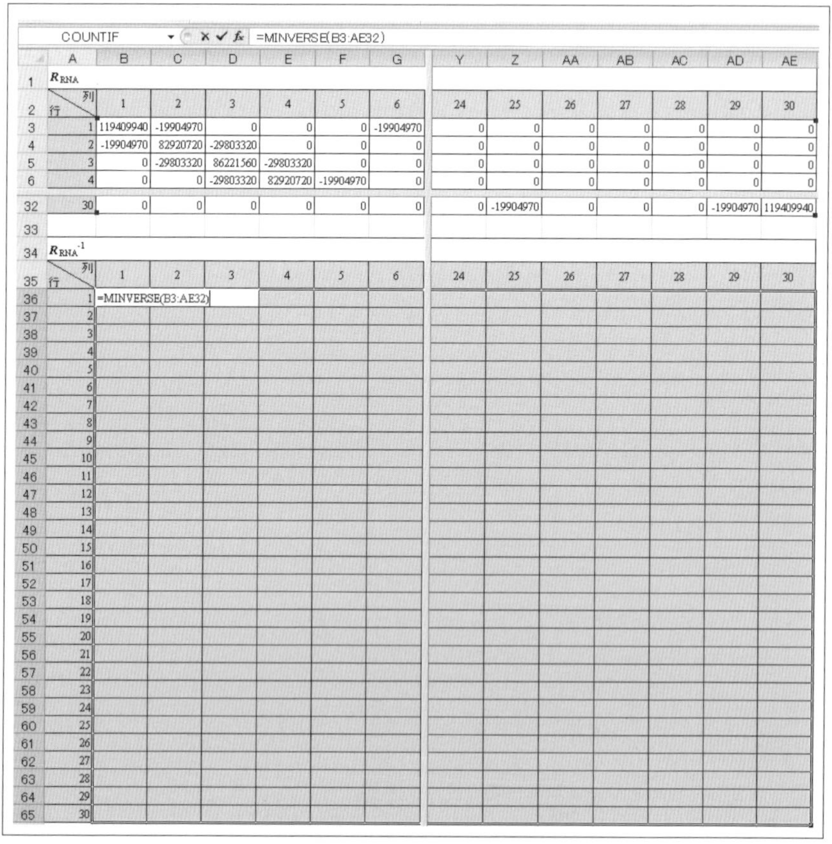
COUNTIF　=MINVERSE(B3:AE32)

	A	B	C	D	E	F	G	Y	Z	AA	AB	AC	AD	AE
1	R_{RNA}													
2	行＼列	1	2	3	4	5	6	24	25	26	27	28	29	30
3	1	119409940	-19904970	0	0	0	-19904970	0	0	0	0	0	0	0
4	2	-19904970	82920720	-29803320	0	0	0	0	0	0	0	0	0	0
5	3	0	-29803320	86221560	-29803320	0	0	0	0	0	0	0	0	0
6	4	0	0	-29803320	82920720	-19904970	0	0	0	0	0	0	0	0
32	30	0	0	0	0	0	0	0	-19904970	0	0	0	-19904970	119409940
33														
34	R_{RNA}^{-1}													
35	行＼列	1	2	3	4	5	6	24	25	26	27	28	29	30
36	1	=MINVERSE(B3:AE32)												
37	2													
38	3													
39	4													
40	5													
41	6													
42	7													
43	8													
44	9													
45	10													
46	11													
47	12													
48	13													
49	14													
50	15													
51	16													
52	17													
53	18													
54	19													
55	20													
56	21													
57	22													
58	23													
59	24													
60	25													
61	26													
62	27													
63	28													
64	29													
65	30													

〔図 A-18〕逆行列 $\boldsymbol{R}_{RNA}^{-1}$ の計算

$$\phi_1 = \Psi_{12} - \Psi_{11} = 7.96 \times 10^{-4} - 1.96 \times 10^{-8} = 7.96 \times 10^{-4} \,[\text{Wb}]$$
$$\phi_2 = \Psi_{22} - \Psi_{21} = 1.61 \times 10^{-4} - 4.10 \times 10^{-8} = 1.61 \times 10^{-4} \,[\text{Wb}]$$
$$\phi_3 = \Psi_{13} - \Psi_{18} = 7.96 \times 10^{-4} - 1.61 \times 10^{-4} = 6.35 \times 10^{-4} \,[\text{Wb}]$$

となり、3-2節の計算結果と一致するのが確認できる。

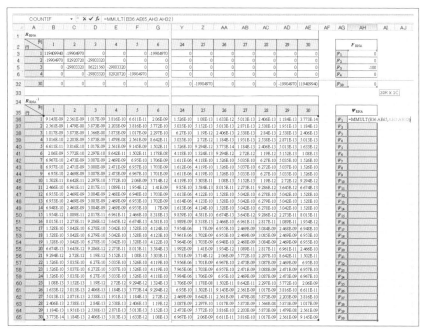

〔図 A-19〕閉路磁束ベクトル Ψ_{RNA} の計算

◆付録A　Excelを利用した計算

〔表 A-2〕閉路磁束 [Wb]

			Ψ_{RNA} [Wb]		
Ψ_1	-3.22×10^{-8}	Ψ_{11}	1.96×10^{-7}	Ψ_{21}	4.11×10^{-8}
Ψ_2	-3.40×10^{-7}	Ψ_{12}	7.96×10^{-4}	Ψ_{22}	1.61×10^{-4}
Ψ_3	-1.26×10^{-6}	Ψ_{13}	7.96×10^{-4}	Ψ_{23}	1.61×10^{-4}
Ψ_4	-3.40×10^{-7}	Ψ_{14}	7.96×10^{-4}	Ψ_{24}	1.61×10^{-4}
Ψ_5	-3.22×10^{-8}	Ψ_{15}	1.96×10^{-7}	Ψ_{25}	4.11×10^{-8}
Ψ_6	1.47×10^{-7}	Ψ_{16}	9.76×10^{-8}	Ψ_{26}	1.52×10^{-8}
Ψ_7	7.96×10^{-4}	Ψ_{17}	1.61×10^{-4}	Ψ_{27}	5.03×10^{-8}
Ψ_8	7.96×10^{-4}	Ψ_{18}	1.61×10^{-4}	Ψ_{28}	6.27×10^{-8}
Ψ_9	7.96×10^{-4}	Ψ_{19}	1.61×10^{-4}	Ψ_{29}	5.03×10^{-8}
Ψ_{10}	1.47×10^{-7}	Ψ_{20}	9.76×10^{-8}	Ψ_{30}	1.52×10^{-8}

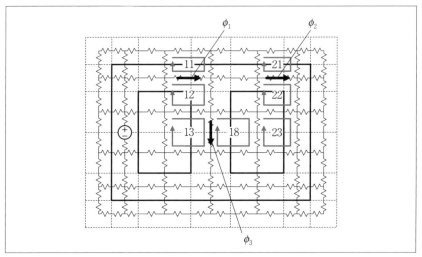

〔図 A-20〕鉄心を流れる磁束の計算

参考文献

1) 平山博、大附辰夫：電気学会大学講座　電気回路論（3 版改訂）、電気学会（2008）

付録 B　Excel による磁化係数の求め方

2 章において、非線形磁化曲線の近似式として次のような多項式を使用した。

$$H = \alpha_1 B + \alpha_n B^n \quad \cdots\cdots\cdots\cdots\cdots\cdots\cdots\cdots\cdots\cdots\cdots\cdots \quad (\text{B-1})$$

指数 n および磁化係数 α_1、α_n は使用する磁性材料によって変わる。これまでは最小二乗法などを利用して経験的に決めていたが、ここでは Excel を利用して指数ならびに磁化係数を決定する方法を紹介する。

図 B-1 にケイ素鋼板のカタログから引用した無方向性ケイ素鋼板（35H210）の磁化曲線を示す。表 B-1 は同図から読み取った磁束密度と

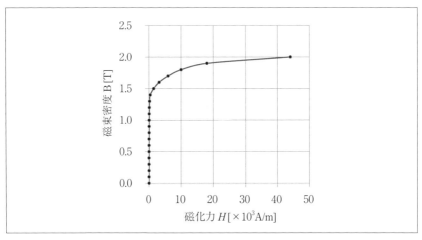

〔図 B-1〕市販の無方向性ケイ素鋼板の B-H 曲線

〔表 B-1〕B-H 曲線からの読み取り値

B[T]	H[A/m]	B[T]	H[A/m]	B[T]	H[A/m]
0.0	0	0.7	44	1.4	400
0.1	12	0.8	51	1.5	1500
0.2	17	0.9	60	1.6	3200
0.3	22	1.0	72	1.7	6000
0.4	27	1.1	90	1.8	10000
0.5	32	1.2	125	1.9	18000
0.6	37	1.3	195	2.0	44000

◆付録B　Excelによる磁化係数の求め方

磁化力の値である。

(B-1) 式の右辺第一項は磁束密度に比例する項なので、磁化曲線の立ち上がりの傾斜から α_1 を決めればよい。図 B-2 (a) は、図 B-1 の磁束密度 $B=0[T]$ から $B=0.9[T]$ の範囲を拡大したものである。ここで Excel の操作の便宜上、磁束密度を横軸、磁化力を垂直軸に取っている。Excel のグラフにカーソルをあてて右クリックすれば同図 (b) のような画面が現れる。「近似曲線の追加」を選択すれば、同図 (c) のメニュー画面が現れるので、「線形近似」を選択し、「切片」を 0、「グラフに数式を表示」、「グラフに R-2 乗値を表示する」をチェックすれば、図 B-3 のような近似直線が得られる。図の y=65.193 がこのときの直線の傾きで α_1 に相当する。R^2 は決定係数と呼ばれ、近似度の目安になる。図 B-3 に示した最大磁束密度 B_p（この例の場合 B_p=0.9[T]）を種々換えて近似直線と R^2 値を求め、R^2 が最も高い場合の直線の傾きを採用すればよい。

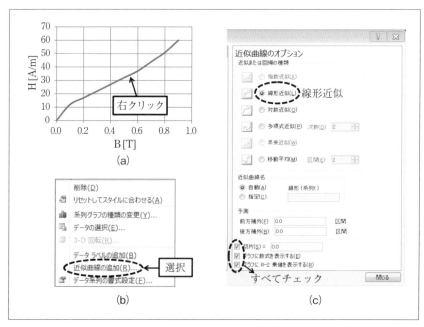

〔図 B-2〕Excel で係数を求める方法

ここでは B_p=0.9[T] における傾きから α_1=65 とした。

次に α_n の決定方法を説明する。無方向性ケイ素鋼板の場合、n は 11 次から 15 次程度になるので、この範囲で指数 n を選び最小二乗法によって α_n を決定すればよい。図 B-4 に、Excel のソルバー機能を利用して α_n を計算する方法を示す。ここで n は 13 次とした。同図の列 A と列 B は、表 B-1 の磁束密度と磁化力である。列 C は $H=\alpha_1 B+\alpha_n B^n$ で計算する磁化力、列 D は計算した磁化力と列 B の磁化力との二乗誤差を示す。セル C3 と D3 に①と②のように入力する。ここで①式の 65 は上記で求めた α_1、\$D\$25 はソルバーによる計算結果の出力セルを D25 と指定するものである。

C4、D4 以下も同様にして B=0.1[T] から 2[T] に対する磁化力と二乗誤差を計算し、③に示したようにセル D24 で D3 から D23 までの二乗誤差の和を計算する。ここで Excel のツールバーから「データ」→「ソルバー」を選択すると図 B-5 のような画面が現れる。①にセル D24、②にセル D25 を入力して③の解決ボタンを押すと、図 B-4 のセル D25 に二乗誤差を最小にするような係数 α_n が出力される。n=13 次の場合は図 B-6 に示すように 5.1 が α_n となる。

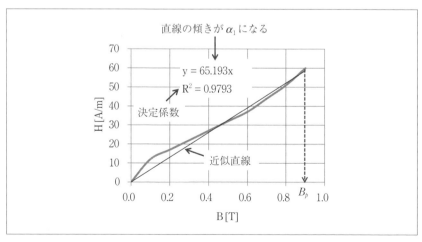

〔図 B-3〕直線近似結果

◆付録B　Excelによる磁化係数の求め方

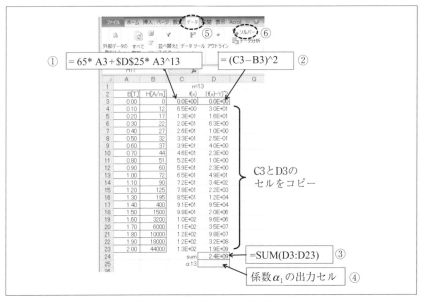

〔図 B-4〕係数 a_n の算出方法

〔図 B-5〕ソルバーの指定画面

	A	B	E	F
1			n=13	
2	B[T]	H[A/m]	f(x)	(f(x)-Y)^2
3	0.00	0	0.0E+00	0.0E+00
4	0.10	12	6.5E+00	3.0E+01
5	0.20	17	1.3E+01	1.6E+01
6	0.30	22	2.0E+01	6.2E+00
7	0.40	27	2.6E+01	1.0E+00
8	0.50	32	3.3E+01	2.5E-01
9	0.60	37	3.9E+01	4.0E+00
10	0.70	44	4.6E+01	2.4E+00
11	0.80	51	5.2E+01	1.6E+00
12	0.90	60	6.0E+01	3.9E-02
13	1.00	72	7.0E+01	3.5E+00
14	1.10	90	8.9E+01	6.8E-01
15	1.20	125	1.3E+02	6.1E+01
16	1.30	195	2.4E+02	2.0E+03
17	1.40	400	5.0E+02	9.5E+03
18	1.50	1500	1.1E+03	1.6E+05
19	1.60	3200	2.4E+03	6.2E+05
20	1.70	6000	5.2E+03	6.7E+05
21	1.80	10000	1.1E+04	6.1E+05
22	1.90	18000	2.2E+04	1.3E+07
23	2.00	44000	4.2E+04	3.7E+06
24			sum	1.9E+07
25			α13	5.1E+00

n=13 次の場合の係数(α_{13})

〔図 B-6〕n=13 次の場合の計算結果

　n=11 次および 15 次の場合についても同様の方法で α_n を計算し、カタログデータと比較したものが図 B-7 である。図中のシンボルがカタログデータであり、実線で示した n=13 次の場合が最も近似が良好であることが了解される。以上より近似式は $H=65B+5.1B^{13}$ と決定される。

◆付録B　Excelによる磁化係数の求め方

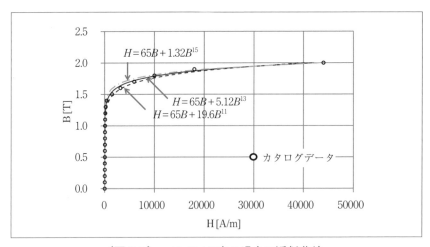

〔図 B-7〕n=11,13,15 次の場合の近似曲線

◆ 著者紹介

■ 著者紹介 ■

一ノ倉 理（いちのくら おさむ）
　所属：東北大学 大学院工学研究科 電気エネルギーシステム専攻
　経歴：昭和55年3月　東北大学大学院工学研究科電気及通信工学専攻博士後期課程修了
　　　　昭和55年4月　東北大学工学部助手、
　　　　　　　　　　　助教授を経て平成7年10月より教授，工学博士
　専門：主として電気機器工学、電力磁気応用工学に関する研究に従事。
　所属学会：電気学会、日本磁気学会、電気設備学会、米国電気電子学会（IEEE）

田島 克文（たじま かつぶみ）
　所属：秋田大学 大学院理工学研究科 共同ライフサイクルデザイン工学専攻
　経歴：平成元年3月　東北大学大学院工学研究科電気及通信工学専攻博士前期課程修了
　　　　平成元年4月　秋田大学鉱山学部 助手
　　　　　　　　　　　講師、准教授を経て平成22年5月より教授、工学博士
　専門：主としてモータ等の電気機器の高効率化に関する研究に従事。
　所属学会：電気学会、日本磁気学会、米国電気電子学会（IEEE）

中村 健二（なかむら けんじ）
　所属：東北大学 大学院工学研究科 技術社会システム専攻
　経歴：平成12年3月　東北大学大学院工学研究科電気・通信工学専攻博士前期課程修了
　　　　平成12年4月　東北大学大学院工学研究科 助手，
　　　　　　　　　　　准教授を経て平成28年4月より教授，博士（工学）
　専門：主として電気機器の解析・設計に関する研究に従事。
　所属学会：電気学会、日本磁気学会、自動車技術会、米国電気電子学会（IEEE）

吉田 征弘（よしだ ゆきひろ）
　所属：秋田大学 大学院理工学研究科 数理・電気電子情報学専攻
　経歴：平成25年9月　東北大学大学院工学研究科電気・通信工学専攻博士後期課程修了
　　　　平成25年10月 秋田大学大学院工学資源学研究科助教、博士（工学）
　専門：主として永久磁石モータの設計と解析に関する研究に従事。
　所属学会：電気学会、日本磁気学会、米国電気電子学会（IEEE）

●ISBN 978-4-904774-17-5　　　　　　　　　　　　　　㈱東芝　野田　伸一　著

設計技術シリーズ

モータの騒音・振動と対策設計法

本体 3,600 円＋税

第1章　モータの基礎
  1. モータの構造
  2. モータはなぜ回るのか
  3. 実際のモータの回転構成と特性
    3.1 三相誘導モータ
    3.2 ブラシレスDCモータ
第2章　騒音・振動の基礎
  1. 騒音・振動の基礎
    1.1 自由度モデル
    1.2 1自由度モデルの強制振動
    1.3 設置ベースに伝わる力
    1.4 多自由度モデル
    1.5 振動モード解析の基礎
  2. 振動測定の基礎、周波数分析
    2.1 振動測定
    2.2 振動測定の原理
    2.3 各種の振動ピックアップ
    2.4 振動測定の方法と注意点
    2.5 周波数分析
    2.6 振動データの表示
  3. 有限要素法による振動解析
    3.1 CAEとは
    3.2 有限要素法による解析
    3.3 振動問題への取り組み
    3.4 固有値解析
    3.5 周波数応答解析
第3章　モータ構成部品の機械特性
  1. 円環モデルの固有振動数と振動モード
    1.1 円環モデルの固有振動数
    1.2 実験方法
    1.3 三次元円環モデルの有限要素法による振動解析
    1.4 結果および考察
    1.5 まとめ
  2. 実際の固定子鉄心の固有振動数
    2.1 簡易式による固定子鉄心の固有振動数の計算

    2.2 実験
    2.3 実験結果
  3. 有限要素法による固有振動数解析
    3.1 解析方法
    3.2 スロット底の要素分割法による影響
    3.3 解析結果
    3.4 スロット内の巻線の影響
    3.5 まとめ
第4章　モータの電磁力
  1. モータ電磁振動・騒音の発生要因
    1.1 電磁力の発生周波数と電磁力モード
    1.2 電磁力の計算
  2. モータの機械系の振動特性
    2.1 電磁力による振動応答解析
    2.2 測定結果
  3. 騒音シミュレーション
  4. まとめ
第5章　モータのファン騒音
  1. モータのファン騒音
    1.1 ファン騒音の大きさと発生周波数
    1.2 冷却に必要な通風量
    1.3 ファンによる送風量
  2. モータの騒音実験
    2.1 実験対象のモータの構造
    2.2 ファン騒音の実測による検証
    2.3 実験による空間共鳴周波数と騒音分布の検証
    2.4 共鳴周波数解析
  3. モータファンの低騒音化
    3.1 回転風切り音の発生メカニズム
    3.2 等配ピッチ羽根による回転風切り音
    3.3 不等配ピッチ羽根による回転風切り音
  4. まとめ
第6章　モータ軸受の騒音と振動
  1. モータの軸受の種類と特徴
  2. 軸受音の経過年数の傾向管理
  3. 軸受音の調査方法
    3.1 振動法とは
    3.2 軸受の傷の有無の解析方法
    3.3 軸受の音の周波数
  4. モータ軸受振動と騒音の事例
  5. まとめ
第7章　モータの騒音・振動の事例と対策
  1. モータの騒音・振動の要因
    1.1 電磁気的な要因
    1.2 機械的振動の要因
    1.3 軸受音の要因
    1.4 通風音の要因
    1.5 モータ据付け架台の要因
    1.6 モータの基礎要因
  事例1　モータ磁気騒音　音源
  事例2　ファン用モータのうなり音　音源
  事例3　リニアモータの不等配羽ピッチ　通風の音源
  事例4　インバータ駆動によるモータ　インバータ音源音
  事例5　モータ固定子鉄心の固有振動数　共振伝達
  事例6　モータ運転時間経過による騒音変化　伝達特性
  事例7　モータのスロットコンビ　音源と伝達
  事例8　ボール盤用モータの異常騒音　音源
  事例9　モータ据付け系の振動　伝達系
  事例10　隣のモータからもらい振動　伝達
  事例11　モータの架台と振動　据付け振動
  事例12　工作機械とモータの振動　相性の振動

発行／科学情報出版（株）

●ISBN 978-4-904774-42-7

東京都市大学　西山 敏樹
㈱イクス　遠藤 研二　著
㈲エーエムクリエーション　松田 篤志

設計技術シリーズ
インホイールモータ原理と設計法

本体 4,600 円 + 税

- 3.6.1 交流モータの胎動
- 3.6.2 単相
- 3.6.3 2相
- 3.6.4 コンデンサ
- 3.6.5 インダクタンス
- 3.6.6 抵抗
- 3.6.7 虚数
- 3.6.8 虚時間
- 3.6.9 n相
- 3.6.10 3相
- 3.6.11 5相、7相、多相
- 3.7 極数の選択
- 3.8 コイルと溝数および設計試算
  - 3.8.1 コイル構成と溝数
  - 3.8.2 磁気装荷
  - 3.8.3 直列導体数
  - 3.8.4 直並列回路
  - 3.8.5 隣極接続と隔極接続
  - 3.8.6 スター結線とデルタ結線
  - 3.8.7 溝断面の設定と導体収納
  - 3.8.8 温度推定
  - 3.8.9 ロータコアの構造
  - 3.8.10 内外逆転したアウターロータ構造
- 3.9 素材
  - 3.9.1 コア材
  - 3.9.2 技術資料に見る特性の留意点
  - 3.9.3 高珪素鋼板
  - 3.9.4 ヒステリシス損と渦電流損
  - 3.9.5 付加鉄損
  - 3.9.6 圧粉磁心
  - 3.9.7 芯線の素材
  - 3.9.8 マグネットワイヤ
  - 3.9.9 被覆材の厚み
  - 3.9.10 高温下での寿命の算出
  - 3.9.11 丸断面からの逸脱
  - 3.9.12 磁石素材
  - 3.9.13 希土類元素
  - 3.9.14 磁石性能の向上
  - 3.9.15 モータの中で磁石が果たす役割
  - 3.9.16 磁石利用の実務
  - 3.9.17 効率最大化への試み
  - 3.9.18 鉄機械と銅機械
  - 3.9.19 効率最大原理
- 3.10 制御
  - 3.10.1 2軸理論
  - 3.10.2 トルク式
  - 3.10.3 3相PWMインバータの構成
- 3.11 誘導モータ
  - 3.11.1 構造
  - 3.11.2 原理
  - 3.11.3 磁石モータとの比較
- 3.12 小括
- 3章の参考図書と印象

4. インホイールモータ設計の実際
- 4.1 要求性能の定量化
  - 4.1.1 インホイールモータについての予備知識
  - 4.1.2 インホイールモータの役割
  - 4.1.3 走行抵抗の計算
    - 4.1.3.1 平坦路走行負荷の計算・・・転がり抵抗 (F_{r0})
    - 4.1.3.2 平坦路走行負荷の計算・・・空気抵抗 (F_l)
    - 4.1.3.3 登坂負荷の計算 (F_s)
    - 4.1.3.4 加速負荷の計算 (F_a)
    - 4.1.3.5 負荷計算のまとめと走行に必要な出力
  - 4.1.4 電費の計算
    - 4.1.4.1 電費評価の方法（規格・基準）
    - 4.1.4.2 電費計算の実際
- 4.2 設計の実際
  - 4.2.1 基本構成（レイアウト）
  - 4.2.2 強度・剛性について
  - 4.2.3 バネ下重量について

5. 商品化、量産化に向けての仕事
- 5.1 評価の概要
  - 5.1.1 構想～計画
  - 5.1.2 単品設計～試作手配
  - 5.1.3 組立～試運転
- 5.2 評価の詳細
  - 5.2.1 性能評価
  - 5.2.2 耐久性の評価
- 5.3 評価のまとめ
- 4章から5章の参考文献

1. インホイールモータの概要とその導入意義
2. インホイールモータを導入した実例
  - 2.1 パーソナルモビリティの実例
  - 2.2 乗用車の実例
  - 2.3 バスの実例
  - 2.4 将来に向けた応用可能性
3. 回転電機の基礎とインホイールモータの概論
  - 3.1 本章の主な内容と流れ
    - 3.1.1 本書で取り扱うモータの種類
    - 3.1.2 磁石モータ設計の流れ
  - 3.2 モータの仕様決定
    - 3.2.1 負荷パターンの算出
    - 3.2.2 定格の決定
    - 3.2.3 モータ特性への称賛
    - 3.2.4 温度の遅れ要素
    - 3.2.5 1次遅れの話
  - 3.3 電磁気学
    - 3.3.1 帰納と演繹
    - 3.3.2 マクスウェルに至るまでの歴史
    - 3.3.3 マクスウェルの電磁方程式
    - 3.3.4 磁気ベクトルポテンシャルの導入
    - 3.3.5 マクスウェルの方程式に残る不可解さ
    - 3.3.6 マクスウェルの式が扱えない理解不能な事象
    - 3.3.7 マクスウェルの式が扱えない事象
  - 3.4 電磁気の簡易公式
    - 3.4.1 ローレンツ力
    - 3.4.2 フレミングの法則
    - 3.4.3 簡易則の留意点
    - 3.4.4 その他の簡易法則
  - 3.5 モータの体格
    - 3.5.1 機械定数
    - 3.5.2 電気装荷
    - 3.5.3 磁気装荷
    - 3.5.4 機械定数と電気装荷、磁気装荷
  - 3.6 モータと相数

発行／科学情報出版（株）

●ISBN 978-4-904774-16-8

㈱東芝　前川　佐理　著
㈱東芝　長谷川幸久　監修

設計技術シリーズ

家電用モータの
ベクトル制御と高効率運転法

本体 3,400 円＋税

第1章　家電機器とモータ
第2章　モータとインバータ
1. 永久磁石同期モータの特徴
   1-1　埋込磁石型と表面磁石型
   1-2　分布巻方式と集中巻方式
   1-3　極数による違い
2. 永久磁石同期モータのトルク発生メカニズム
   2-1　マグネットトルクの発生原理
   2-2　リラクタンストルクの発生原理
3. 家電用インバータの構成
   3-1　整流回路
   3-2　スイッチング回路
   3-3　ゲートドライブ回路
      3-3-1　ドライブ回路の構成
      3-3-2　ハイサイドスイッチ駆動電源
      3-3-3　スイッチング時間
      3-3-4　スイッチング素子の損失
      3-3-5　スイッチング素子のミラー容量による誤オン（誤点弧）
      3-3-6　ミラー容量による誤オン対策
   3-4　電流検出回路
   3-5　位置センサ
   3-6　MCU（演算器）
4. モータ制御用MCU
第3章　高効率運転のための電流ベクトル制御
1. ベクトル制御の概要
   1-1　3相座標→$\alpha\beta$軸変換（clark変換）
   1-2　絶対変換時の3相→2相変換のエネルギーの等価性について
   1-3　$\alpha\beta$軸→dq軸変換（park変換）
   1-4　3相座標系と$\alpha\beta$軸、dq軸の電気・磁気的関係
   1-5　3相→dq軸の変換例
   1-6　dq軸座標系のトルク・電力式
2. 最大トルク／電流制御
   2-1　同一トルクを出力する電流パターン
3. 弱め界磁制御・最大トルク／電圧制御
   3-1　モータ回転数と直流リンク電圧による電流通電範囲の制限
   3-2　最大トルク／電圧制御
      3-2-1　最大出力型弱め界磁制御（電流リミット有り）
      3-2-2　トルク指令型弱め界磁制御（電流リミット有り）
      3-2-3　速度制御型弱め界磁制御（電流リミット有り）
   3-3　弱め界磁制御の構成
4. 電流制御の構成
   4-1　dq軸の非干渉制御
   4-2　電流制御PIゲインの設計方法
   4-3　離散時間系の制御構成
5. 速度制御

第4章　PWMインバータによる電力変換法
1. PWMによる電圧の形成方法
2. 相電圧・線間電圧とdq軸電圧の関係
3. 電圧利用率向上法
   3-1　方式1．3次高調波電圧法
   3-2　方式2．空間ベクトル法
4. 2相変調
   4-1　3次高調波電圧法による2相変調
   4-2　空間ベクトル法による2相変調
5. 過変調制御
   5-1　過変調制御による可変速運転範囲の拡大
   5-2　過変調率と線間電圧の高調波成分
   5-3　過変調制御の構成
6. デッドタイム補償
   6-1　デッドタイムによる電圧指令値と実電圧値の差異
   6-2　デッドタイムの補償方法
第5章　センサレス駆動技術
1. 位置センサレスの要望
2. 誘起電圧を利用するセンサレス駆動法
   2-1　位置推定原理
   2-2　dq軸（磁極位置）と推定d_cq_c軸（コントローラの認識軸）
   2-3　突極性の推定性能への影響
   2-4　位置誤差推定値$\Delta\theta_e$を用いた位置推定法
   2-5　推定に用いるモータパラメータの誤差影響
   2-6　ΔL_sと推定誤差による脱調現象
   2-7　モータパラメータの誤差要因
   2-8　巻線抵抗Rの変動要因
   2-9　q軸インダクタンスL_qの変動要因
3. 突極性を利用するセンサレス駆動法
   3-1　高周波電圧印加法
   3-2　突極性を利用する位置センサレス駆動の構成
   3-3　極性判別
   3-4　主磁束インダクタンスと局所インダクタンス
   3-5　dq軸間干渉のセンサレス特性への影響
   3-6　磁気飽和、軸間干渉を考慮したインダクタンスの測定方法
4. 位置決めと強制同期駆動法
   4-1　位置推定方式の長所と短所
   4-2　駆動原理と制御方法
   4-3　強制同期駆動によるモータ回転動作
   4-4　強制同期駆動の運転限界
第6章　モータ電流検出技術
1. 電流センサとシャント抵抗
2. 3シャント電流検出技術
   2-1　3シャント電流検出回路の構成
   2-2　スイッチングと検出値の変化
3. 1シャント電流検出技術
   3-1　電流の検出方法
   3-2　電流の検出タイミング
   3-3　電流検出率の変化
第7章　家電機器への応用事例
1. 洗濯機への適用
   1-1　洗い運転
   1-2　脱水・ブレーキ運転
      1-2-1　短絡ブレーキ
      1-2-2　回生ブレーキ
2. ヒートポンプ用コンプレッサへの適用
   2-1　最大トルク／電流特性
   2-2　過変調制御時の特性
第8章　可変磁力モータ
1. 永久磁石同期モータの利点と問題点
2. 可変磁力モータとは
   2-1　磁力の可変方法
   2-2　磁力の可変原理
      2-2-1　減磁作用
      2-2-2　増磁作用
   2-3　可変磁力モータの構成
   2-4　磁化特性
3. 可変磁力モータの制御
付録　デジタルフィルタの設計法

発行／科学情報出版（株）

●ISBN 978-4-904774-14-4

島根大学　山本　真義
島根県産業技術センター　川島　崇宏　著

設計技術シリーズ

パワーエレクトロニクス回路における小型・高効率設計法

本体 3,200 円＋税

第1章　パワーエレクトロニクス回路技術
1. はじめに
2. パワーエレクトロニクス技術の要素
   - 2－1　昇圧チョッパの基本動作
   - 2－2　PWM信号の発生方法
   - 2－3　三角波発生回路
   - 2－4　昇圧チョッパの要素技術
3. 本書の基本構成
4. おわりに

第2章　磁気回路と磁気回路モデルを用いたインダクタ設計法
1. はじめに
2. 磁気回路
3. 昇圧チョッパにおける磁気回路を用いたインダクタ設計法
4. おわりに

第3章　昇圧チョッパにおけるインダクタ小型化手法
1. はじめに
2. チョッパと多相化技術
3. インダクタサイズの決定因子
4. 特性解析と相対比較（マルチフェーズ v.s. トランスリンク）
   - 4－1　直流成分磁束解析
   - 4－2　交流成分磁束解析
   - 4－3　電流リプル解析
   - 4－4　磁束最大値比較
5. 設計と実機動作確認
   - 5－1　結合インダクタ設計
   - 5－2　動作確認
6. まとめ

第4章　トランスリンク方式の高性能化に向けた磁気構造設計法
1. はじめに
2. 従来の結合インダクタ構造の問題点
3. 結合度が上昇しない原因調査
   - 3－1　電磁界シミュレータによる調査
   - 3－2　フリンジング磁束と結合度飽和の理論的解析
   - 3－3　高い結合度を実現可能な磁気構造（提案方式）
4. 電磁気における特性解析

- 4－1　提案磁気構造の磁気回路モデル
- 4－2　直流磁束解析
- 4－3　交流磁束解析
- 4－4　インダクタリプル電流の解析
5. E-I-E コア構造における各脚部断面積と磁束の関係
6. 提案コア構造における設計法
7. 実機動作確認
8. まとめ

第5章　小型化を実現可能な多相化コンバータの制御系設計法
1. はじめに
2. 制御系設計の必要性
3. マルチフェーズ方式トランスリンク昇圧チョッパの制御系設計
4. トランスリンク昇圧チョッパにおけるパワー回路部のモデリング
   - 4－1　Mode の定義
   - 4－2　Mode 1 の状態方程式
   - 4－3　Mode 2 の状態方程式
   - 4－4　Mode 3 の状態方程式
   - 4－5　状態平均化法の適用
   - 4－6　周波数特性の整合性の確認
5. 制御対象の周波数特性導出と設計
6. 実機動作確認
   - 6－1　定常動作確認
   - 6－2　負荷変動応答確認
7. まとめ

第6章　多相化コンバータに対するディジタル設計手法
1. はじめに
2. トランスリンク方式におけるディジタル制御系設計
3. 双一次変換法によるディジタル再設計法
4. 実機動作確認
5. まとめ

第7章　パワーエレクトロニクス回路におけるダイオードのリカバリ現象に対する対策
1. はじめに
2. P-N 接合ダイオードのリカバリ現象
   - 2－1　P-N 接合ダイオードの動作原理とリカバリ現象
   - 2－2　リカバリ現象によって生じる逆方向電流の抑制手法
3. リカバリレス昇圧チョッパ
   - 3－1　回路構成と動作原理
   - 3－2　設計手法
   - 3－3　動作原理

第8章　リカバリレス方式におけるサージ電圧とその対策
1. はじめに
2. サージ電圧の発生原理と対策技術
3. 放電型 RCD スナバ回路
4. クランプ型スナバ

第9章　昇圧チョッパにおけるソフトスイッチング技術の導入
1. はじめに
2. 部分共振形ソフトスイッチング方式
   - 2－1　パッシブ補助共振ロスレススナバアシスト方式
   - 2－2　アクティブ放電ロスレススナバアシスト方式
3. 共振形ソフトスイッチング方式
   - 3－1　共振スイッチ方式
   - 3－2　ソフトスイッチング方式の比較
4. ハイブリッドソフトスイッチング方式
   - 4－1　回路構成と動作
   - 4－2　実験評価
5. まとめ

発行／科学情報出版（株）

●ISBN 978-4-904774-49-6　　宇部工業高等専門学校　西田 克美　著

設計技術シリーズ
インバータ制御技術と実践

本体 3,700 円＋税

序章　電気回路の基本定理
- A.1　オームの法則
- A.2　ファラデーの法則
- A.3　フレミングの右手の法則と左手の法則－直線運動の場合
- A.4　相互インダクタンス

第1章　インバータの基本と半導体スイッチングデバイス
- 1.1　単相インバータの基本原理
- 1.2　半導体スイッチングデバイスの分類
- 1.3　ダイオード
- 1.4　半導体スイッチングデバイス　IGBT
- 1.5　半導体スイッチングデバイス　MOS-FET

第2章　単相インバータ
- 2.1　ユニポーラ式PWM
- 2.2　三角波比較法によるユニポーラ方式PWM
- 2.3　三角波比較法によるバイポーラ方式PWM
- 2.4　直流入力電圧の作り方
- [コラム2.1] 三相電源の接地方式

第3章　三相インバータ
- 3.1　初歩的な三相インバータ（＝6ステップインバータ）
- 3.2　三相PWMの手法
- 3.3　瞬時空間ベクトルとは
- 3.4　2レベルインバータの基本電圧ベクトル
- 3.5　空間ベクトル変調方式
- 3.6　瞬時空間ベクトルから三相量への変換
- 3.7　空間ベクトル変調方式PWMで出力できる電圧の大きさ

第4章　3レベル三相インバータ
- 4.1　3レベル三相インバータ
- 4.2　3レベル三相インバータのゲート信号作成原理
- 4.3　デッドタイムの必要性
- 4.4　デッドタイムの補償
- 4.5　3レベル三相インバータ制御の留意点
- 4.6　T形3レベル三相インバータ

第5章　誘導電動機の三相インバータを用いた駆動
- 5.1　三相インバータ導入のメリット
- 5.2　三相かご形誘導電動機のトルク発生原理
- 5.3　V/f一定制御方式
- 5.4　すべり周波数制御方式
- 5.5　ベクトル制御方式
- 5.6　インバータ導入の反作用
- [コラム5.1] ゼロ相分について
- [コラム5.2] インバータのサージ電圧

第6章　永久磁石電動機の三相インバータを用いた駆動
- 6.1　永久磁石同期電動機のトルク発生原理
- 6.2　永久磁石同期電動機の基本式
- 6.3　永久磁石同期電動機の運転方法
- 6.4　永久磁石同期電動機の定数測定法

第7章　系統連系用のインバータ
- 7.1　主回路の概要
- 7.2　オープンループによる電流制御法
- 7.3　フィードバック電流制御法
- 7.4　電流制御のプログラム
- 7.5　LCLフィルタ
- 7.6　系統連系用三相電流形PWMインバータの概略
- 7.7　系統連系用三相電流形PWMインバータの制御法
- 7.8　系統連系用三相電流形PWMインバータの制御法の改善
- 7.9　電流のPWM変調

第8章　インバータのハードウェア
- 8.1　パワーデバイスのゲート駆動用電源
- 8.2　ゲート駆動回路
- 8.3　2レベルインバータのデッドタイム補償
- 8.4　半導体スイッチングデバイスでの損失
- 8.5　PLLとPWM発生回路
- 8.6　インバータ制御回路に使用されるマイコン
- 8.7　誘導システムで使用される測定器
- [コラム8.1] DSPプログラム

第9章　汎用インバータの操作方法
- 9.1　インバータの選定
- 9.2　インバータのセットアップ
- 9.3　トルク制御の方法
- 9.4　多段則運転

発行／科学情報出版（株）

●ISBN 978-4-904774-12-0　　　　　湘南工科大学　伊藤　康之　著

設計技術シリーズ

PCBを用いた
RFマイクロ波回路の基礎

本体 3,100 円+税

Ⅰ．PCBを用いたRFマイクロ波回路
　Ⅰ-1. PCB
　　1. 構造／2. 基板／3. 配線／4. 実装
　Ⅰ-2. 受動素子
　　1. 分布定数素子および集中定数素子の種類／2. 分布定数素子の取り扱い／3. 集中定数素子の取り扱い
　Ⅰ-3. 能動素子
　　1. トランジスタ／2. バラクタダイオード
　Ⅰ-4. RFコネクタ
　　1. RFコネクタの種類／2. 基板用RFコネクタ

Ⅱ．集中定数素子を用いた回路設計
　Ⅱ-1. スミスチャート
　　1. 反射係数、インピーダンス、リターンロス、VSWR／2. インピーダンスチャートとアドミタンスチャート／3. インピーダンス、アドミタンスの読み方
　Ⅱ-2. インピーダンス変換および整合
　　1. スミスチャートから回路素子値を読み取る方法（1素子の場合）／2. スミスチャートから回路素子値を読み取る方法（2素子の場合）／3. 回路素子値を計算で求める方法（2素子の場合）
　Ⅱ-3. 共役整合
　　1. 共役整合条件／2. 整合を確かめる方法／3. ミスマッチロス
　Ⅱ-4. 回路損失と選択度 Q
　　1. 直列 RLC 共振回路／2. 並列 RLC 共振回路

Ⅲ．4端子回路パラメータおよびフィルタ回路への応用
　Ⅲ-1. 4端子回路パラメータ
　　1. 4端子回路パラメータの定義と接続／2. 影像パラメータ／3. T形、π形、L形、逆L形回路／4. 相互変換
　Ⅲ-2. フィルタ回路の影像インピーダンスおよびカットオフ周波数
　　1. 低域通過形フィルタ（LPF）／2. 高域通過形フィルタ（HPF）

Ⅳ．集中定数素子を用いた回路解析
　Ⅳ-1. 線形回路解析

　　1. 線形回路解析の種類／2. Nodal解析とMesh解析／3. シグナルフローグラフ解析／4. 雑音解析
　Ⅳ-2. 非線形回路解析
　　1. 時間軸解析／2. 周波数軸解析／3. ハーモニックバランス法／4. AM-AMおよびAM-PM特性を用いた非線形回路解析

Ⅴ．トランジスタの評価パラメータおよび測定法
　Ⅴ-1. 直流パラメータ
　　1. バイポーラトランジスタの構造／2. ガンメルプロット／3. 半導体パラメータアナライザおよびデバイスモデリングソフト
　Ⅴ-2. Sパラメータ
　　1. 面実装品のSパラメータの測定法／2. ディエンベディング／3. SOLT法／4. TRL法
　Ⅴ-3. 非線形パラメータ
　　1. 大信号Sパラメータ／2. 非線形Gummel Poon Model／3. ロードプル測定／4. Xパラメータ／5. Behavioral Modelingを用いた非線形回路解析
　Ⅴ-4. 雑音パラメータ
　　1. 雑音パラメータ／2. 雑音測定

Ⅵ．CADを用いたレイアウト図面の作成
　Ⅵ-1. 基板の構成、使用する電子部品、配線レイアウトの注意点
　　1. 基板の構成／2. 使用する電子部品／3. 配線レイアウトの注意点
　Ⅵ-2. 多層レイアウト図面の作成
　　1. 多層レイアウトへの展開／2. レイアウト作成用CAD／3. 各層のレイアウト図面／4. レイアウト図面のファイル出力形式

Ⅶ．PCBを用いたRFマイクロ波回路の実装方法
　Ⅶ-1. 組み立てに必要な道具や部品
　　1. 顕微鏡、拡大鏡／2. 半田ゴテ、コテ先、ハンダ、半田吸い取り線／3. ピンセット、カッターナイフ／4. ワイヤストリッパ、ラジペン、ニッパ
　Ⅶ-2. 実装方法
　　1. 実装図面の作成／2. 基板上で部品を配置／3. コネクタの取っ手、中心導体の切断／4. 配線パターンに半田を塗布／5. 部品・バイアス線の半田付け／6. コネクタの半田付け／7. 目視検査

Ⅷ．集中定数素子を用いた受動回路
　Ⅷ-1. 電力分配・合成回路
　　1. 集中定数化ウィルキンソン電力分配・合成回路／2. 回路設計／3. 回路シミュレーション／4. レイアウト図および実装図／5. 外観写真／6. 測定結果
　Ⅷ-2. 90度ハイブリッド
　　1. 集中定数化90度ハイブリッド／2. 回路設計／3. 回路シミュレーション／4. レイアウト図および実装図／5. 外観写真／6. 測定結果
　Ⅷ-3. 180度ハイブリッド
　　1. 集中定数化180度ハイブリッド／2. 回路設計／3. 回路シミュレーション／4. レイアウト図および実装図／5. 外観写真／6. 測定結果

Ⅸ．集中定数素子を用いた能動回路
　Ⅸ-1. 増幅回路
　　1. エミッタ接地トランジスタを用いたシングルエンド低雑音増幅回路／2. 雑音整合用回路素子の求め方／3. 回路シミュレーション／4. レイアウト図から測定結果まで
　Ⅸ-2. 発振回路
　　1. コルピッツ発振回路／2. 回路設計／3. 回路シミュレーション／4. レイアウト図から測定結果まで
　Ⅸ-3. 制御回路
　　1. 反射型移相器／2. 回路設計／3. 回路シミュレーション／4. レイアウト図から測定結果まで

発行／科学情報出版（株）

●ISBN 978-4-904774-15-1　　　　　山形大学　横山　道央　著

設計技術シリーズ

詳説 電気回路演習
初めて学ぶ問と解

本体 2,800 円＋税

第1章　直流回路の基礎
1.1　はじめに
1.2　直流
演習問題
演習問題解答例

第2章　電流の計算法
2.1　〔Ⅰ〕枝電流法
2.2　〔Ⅱ〕ループ電流法
2.3　〔Ⅲ〕帆足・ミルマンの定理を用いる方法
2.4　〔Ⅳ〕重ね合わせの理を用いる方法
2.5　〔Ⅴ〕鳳・テブナンの定理を用いる方法
演習問題
演習問題解答例

第3章　交流回路
3.1　交流
3.2　交流における素子
演習問題
演習問題解答例

第4章　複素交流
4.1　複素数
4.2　正弦波交流の複素数表示
4.3　フェーザ表示
演習問題
演習問題解答例

第5章　共振と交流電力
5.1　共振回路
5.2　交流電力
5.3　最大電力供給の理（供給電力最大条件）
演習問題
演習問題解答例

第6章　四端子回路
6.1　四端子定数
6.2　変成器（変圧器）の四端子定数
演習問題
演習問題解答例

第7章　過渡現象
7.1　過渡現象
7.2　ラプラス変換の応用
7.3　s領域等価回路
演習問題
演習問題解答例
参考文献

さくいん
◎本書で扱うおもな物理量と単位
◎10のべき乗に関する接頭記号

発行／科学情報出版（株）

― 日本AEM学会／平成28年度 著作賞 ―

●ISBN 978-4-904774-43-4

信州大学 田代 晋久 監修

設計技術シリーズ
環境磁界発電原理と設計法

本体 4,400 円 + 税

第1章 環境磁界発電とは
第2章 環境磁界の模擬
2.1 空間を対象
　2.1.1 Category A
　2.1.2 Category B
　2.1.3 コイルシステムの設計
　2.1.4 環境磁界発電への応用
2.2 平面を対象
　2.2.1 はじめに
　2.2.2 送信側コイルユニットのモデル検討
　2.2.3 送信側直列共振回路
　2.2.4 まとめ
2.3 点を対象
　2.3.1 体内ロボットのワイヤレス給電
　2.3.2 磁界発生装置の構成
　2.3.3 磁界回収コイルの構成と伝送電力特性
　2.3.4 おわり

第3章 環境磁界の回収
3.1 磁束収束技術
　3.1.1 磁束収束コイル
　3.1.2 磁束収束コア
3.2 交流抵抗増加の抑制技術
　3.2.1 漏れ磁束回収コイルの構造と動作原理
　3.2.2 漏れ磁束回収コイルのインピーダンス特性
　3.2.3 電磁エネルギー回収回路の出力特性
3.3 複合材料技術
　3.3.1 はじめに
　3.3.2 Fe系アモルファス微粒子分散複合媒質
　　3.3.2.1 Fe系アモルファス微粒子
　　3.3.2.2 Fe系アモルファス微粒子分散複合媒質の作製方法
　　3.3.2.3 Fe系アモルファス微粒子分散複合媒質の複素比透磁率の周波数特性
　　3.3.2.4 Fe系アモルファス微粒子分散複合媒質の複素比誘電率の周波数特性
　　3.3.2.5 215 MHzにおけるFe系アモルファ微粒子分散複合媒質の諸特性
　3.3.3 Fe系アモルファス微粒子分散複合媒質装荷VHF帯ヘリカルアンテナの作製と特性評価
　　3.3.3.1 複合媒質装荷ヘリカルアンテナの構造
　　3.3.3.2 複合媒質装荷ヘリカルアンテナの反射係数特性
　　3.3.3.3 複合媒質装荷ヘリカルアンテナの絶対利得評価
　3.3.4 まとめ

第4章 環境磁界の変換
4.1 CW回路
　4.1.1 CW回路の構成
　4.1.2 最適負荷条件
　4.1.3 インダクタンスを含む電源に対する設計
　4.1.4 蓄電回路を含む電力管理モジュールの設計
4.2 CMOS整流昇圧回路
　4.2.1 CMOS集積回路の紹介
　4.2.2 CMOS整流昇圧回路の基本構成
　4.2.3 チャージポンプ型整流回路
　4.2.4 昇圧DC-DCコンバータ（ブーストコンバータ）の基礎

第5章 環境磁界の利用
5.1 環境磁界のソニフィケーション
　5.1.1 ソニフィケーションとは
　5.1.2 環境磁界エネルギーのソニフィケーション
　5.1.3 環境磁界のソニフィケーション
5.2 環境発電用エネルギー変換装置
　5.2.1 環境発電用エネルギー変換装置のコンセプト
　5.2.2 回転モジュールの設計
　5.2.3 環境発電装置エネルギー変換装置の設計
5.3 磁歪発電
5.4 振動発電スイッチ
　5.4.1 発電機の基本構造と動作原理
　5.4.2 静特性解析
　5.4.3 動特性解析
　5.4.4 おわり
5.5 応用開発研究
　5.5.1 環境磁界発電の特徴と応用開発研究
　5.5.2 環境磁界発電の応用分野
　5.5.3 応用開発研究の取り組み方
5.6 中小企業の産学官連携事業事例紹介（ワイヤレス電流センサによる電力モニーシステムの開発）

発行／科学情報出版（株）

●ISBN 978-4-904774-47-2

福岡大学　太郎丸　眞　編著
東京工業大学　阪口　啓

設計技術シリーズ
ソフトウェアで作る無線機の設計法

本体 4,300 円＋税

I 序論
　1．ソフトウェア無線の歴史と現状
　2．周波数有効利用・スペクトル管理とソフトウェア無線技術

II 無線通信システム設計の基礎理論
　1．基礎数学
　　1－1　複素数と複素関数
　　　1－1－1　三角関数／1－1－2　複素数／1－1－3　オイラーの公式／1－1－4　帯域信号
　　1－2　フーリエ級数とフーリエ変換
　　　1－2－1　フーリエ級数／1－2－2　フーリエ変換
　　1－3　サンプリング定理
　　　1－3－1　パルス列／1－3－2　帯域制限／1－3－3　ナイキスト周波数
　　1－4　フィルタ理論
　　　1－4－1　畳み込み／1－4－2　アナログフィルタ／1－4－3　デジタルフィルタ／1－4－4　ウィナーフィルタ
　　1－5　確率過程
　　　1－5－1　ランダムパルス列／1－5－2　自己相関／1－5－3　電力スペクトル／1－5－4　白色過程
　2．無線通信理論
　　2－1　信号システム
　　　2－1－1　線形時不変システム／2－1－2　等価低域表現／2－1－3　自己相関と電力スペクトル／2－1－4　加法性雑音
　　2－2　情報の理論的表現
　　　2－2－1　情報量とエントロピー／2－2－2　通信路と条件付エントロピー／2－2－3　相互情報量／2－2－4　通信路容量／2－2－5　連続信号の情報量
　　2－3　送受信機の構成
　　　2－3－1　デジタル変調／2－3－2　波形整形／2－3－3　アップコンバータ／2－3－4　受信機／2－3－5　ダウンコンバータ／2－3－6　整合フィルタとシンボル同期／2－3－7　同期検波／2－3－8　デジタル復調
　　2－4　検出理論
　　　2－4－1　確率分布／2－4－2　最尤推定／2－4－3　しきい値判定／2－4－4　判定誤り／2－4－5　QPSK変調の誤り率
　　2－5　伝送試験
　　　2－5－1　システムモデル／2－5－2　伝搬路の利得／2－5－3　フェージング

III 送受信機の信号処理の要素技術
　1．送受信機の構成と要素技術
　　1－1　符号化と復号
　　1－2　信号処理の実装とアナログ・ディジタル信号処理の関係
　　1－3　ディジタル信号処理
　　1－4　高周波回路技術
　2．変調と復調
　　2－1　変調の目的と種類
　　　2－1－1　変調とは／2－1－2　無線通信における変調の目的／2－1－3　変調方式の大分類
　　2－2　アナログ変調
　　　2－2－1　アナログ変調とは／2－2－2　振幅変調(AM)／2－2－3　各種AMの数式表現／2－2－4　周波数変調(FM)／2－2－5　FMとPM／2－2－6　AMとFM
　　2－3　ディジタル変調
　　　2－3－1　ASK：amplitude shift keying／2－3－2　FSK：frequency shift keying／2－3－3　PSK：phase shift keying／2－3－4　多値変調とシンボル／2－3－5　変調出力の一般表現と複素数表現／2－3－6　コンスタレーション／2－3－7　QAM／2－3－8　変調パルスの狭帯域化／2－3－9　FSKの狭帯域化：GMSK／2－3－10　ASK、PSK、QAMの帯域制限
　　2－4　復調
　　　2－4－1　復調と検波／2－4－2　同期検波／2－4－3　遅延検波(differential detection)／2－4－4　周波数検波／2－4－5　準同期検波による各種変調方式について
　3．スペクトル拡散とOFDM
　　3－1　スペクトル拡散通信
　　3－2　直交周波数多重
　4．直接スペクトル拡散信号のシンボル同期
　5．チャネル推定
　　5－1　時間領域におけるチャネル推定
　　5－2　周波数領域におけるチャネル推定
　6．ダイバーシチ受信
　　6－1　移動体通信路
　　　6－1－1　フラットフェージングおよび周波数選択性フェージング／6－1－2　ダイバーシチ受信方式／6－1－3　ダイバーシチ通信における復調特性
　7．MIMO伝送
　　7－1　MIMOシステムの容量

　　7－2　MIMOシステムの受信処理
　　　7－2－1　Zero-Forcingアルゴリズム／7－2－2　最尤推定復調アルゴリズム
　コラム
　　無線機の機能ブロックと信号処理の用語について
　　アップコンバート／直交変調と等価低域表現、複素ベースバンド、複素包絡線
　　検波と復調
　　ダウンコンバート、準同期検波の同義語
　　その他

IV 送受信機構成と信号処理のディジタル化・ソフトウェア化
　1．送受信機のアーキテクチャ
　　1－1　送受信機の構成要素
　　　1－1－1　周波数変換の目的／1－1－2　ミクサと周波数変換／1－1－3　局部発振器（local oscillator）
　　1－2　送信機アーキテクチャ
　　　1－2－1　直交変調による構成／1－2－2　FMまたはFSK送信機／1－2－3　終段変調によるAM送信機
　　1－3　受信機アーキテクチャ
　　　1－3－1　スーパーヘテロダイン方式／1－3－2　スーパーヘテロダイン方式とイメージ妨害／1－3－3　ダイレクトコンバージョン方式／1－3－4　RFダイレクトサンプリング方式／1－3－5　ローカルの位相雑音とレシプロカルミキシング
　2．アナログ処理とディジタル処理の切り分け
　　2－1　送信機のディジタル化
　　　2－1－1　サンプリング周波数／2－1－2　量子化雑音と量子化ビット数／2－1－3　オーバサンプリングによるD/A変換
　　2－2　受信機のディジタル化
　　　2－2－1　RFサンプリング／2－2－2　IFサンプリング／2－2－3　ベースバンドサンプリングおよびLow IFサンプリング／2－2－4　受信機のダイナミックレンジとADCの量子化ビット数
　　2－3　ADCとオーバサンプリング
　　　2－3－1　サンプルホールド回路のLPF効果と実効ビット数低下／2－3－2　アンダーサンプリングと留意点
　　2－4　ADCにおけるSNR劣化とオーバーサンプリングによる改善
　　　2－4－1　サンプリング量子化雑音／2－4－2　サンプリングクロックのジッタによる雑音とオーバーサンプリングとデシメーションによるSNR改善
　3．信号処理のソフトウェア化とハードウェアのリコンフィギャラブル化
　　3－1　ソフトウェアディジタル信号処理とリコンフィギャラブルハードウェア
　　3－2　アナログ回路のリコンフィギャラブル化
　　　3－2－1　RFサンプリング受信機の場合／3－2－2　IFサンプリングまたはベースバンドサンプリング受信機の場合
　　3－3　ディジタル信号処理のリコンフィギャラブル化

V ソフトウェア無線のための高周波回路技術
　1．送受信機周波数部のシステム設計
　　1－1　システム要求性能と送受信機特性
　　1－2　無線システムと送受信機周波数部構成
　　1－3　受信機周波数部の構成
　　1－4　送信機周波数部の全体構成
　2．マルチバンド・広帯域RF回路
　　2－1　求められる特性と回路技術
　3．可変フィルタ
　　3－1　可変RFフィルタ
　　3－2　可変BBフィルタ
　4．広帯域マルチモード受信機への応用
　　4－1　RFダイレクトサンプリングHF受信機
　　　4－1－1　概要／4－1－2　理想的なアーキテクチャと現実的アーキテクチャ
　　4－2　実用マルチバンド、マルチモード受信機への挑戦
　　　4－2－1　従来方式の問題と本方式の利点／4－2－2　感度と実効感度／4－2－3　SDRのアナログ自動利得制御(AGC)についての問題／4－2－4　インターセプトポイント（IP3、IP2）の問題／4－2－5　ADCのサンプリングジッタの問題
　　4－3　システムプランと設計
　　　4－3－1　受信機フロアノイズ　レベルプラン1（受信機のMDS計算）／4－3－2　レベルプラン2（ADC選択とプロセスゲイン）／4－3－3　レベルプラン3（フロントエンドの利得計算）／4－3－4　IPバックエンドのノイズフィギュア／4－3－5　ADCのノイズフィギュア／4－3－6　ADCのノイズフィギュア／4－3－7　デジタル信号処理部でのノイズ／4－3－8　インターセプトポイント／4－3－9　フロントエンドのノイズフィギュア／4－3－10　インターセプトポイント（IP3）のデザイン／4－3－11　フロントエンドのデザイン／4－3－12　ミクサのデザイン／4－3－12　ベースアンプのデザイン／4－3－12　RFアンプのデザイン
　　　4－3－13　総合評価と確認
　　4－4　検出理論
　　　2－4－1　確率分布／2－4－2　最尤推定／2－4－3　しきい値判定／2－4－4　QPSK変調の誤り率

VI ソフトウェア無線機の具体例と設計上の留意点
　1．GNU Radio－オープンソースによるソフトウェア無線機
　　1－1　概要
　　1－2　GNU Radioの構造
　　1－3　GNU Radioの動作するハードウェア
　　1－4　GNU Radioによるソフトウェア無線機の実装
　　1－5　GNU Radioを使った研究開発事例
　　1－6　おわりに
　2．コグニティブ無線へのSDRの応用
　　2－1　概要
　　2－2　ヘテロジニアス型コグニティブ無線技術の開発事例
　3．リコンフィギャラブルプロセッサを用いたソフトウェア無線機（送受信機）の実装例
　　3－1　概要
　　3－2　RF BoardおよびAD/DA Boardの構成と周波数関係
　4．LTE基地局への応用
　　4－1　市場動向
　　4－2　ソフトウェア無線ベースの基地局
　　　4－2－1　ソフトウェア無線ベースの基地局アーキテクチャ／4－2－2　LTE基地局への応用

発行／科学情報出版（株）